教材+教案+授课资源+考试系统+题库+教学辅助案例

一站式IT系列就业应用课程

# jQuery前端开发实战教程

jQuery QIANDUAN KAIFA SHIZHAN JIAOCHENG

黑马程序员　编著



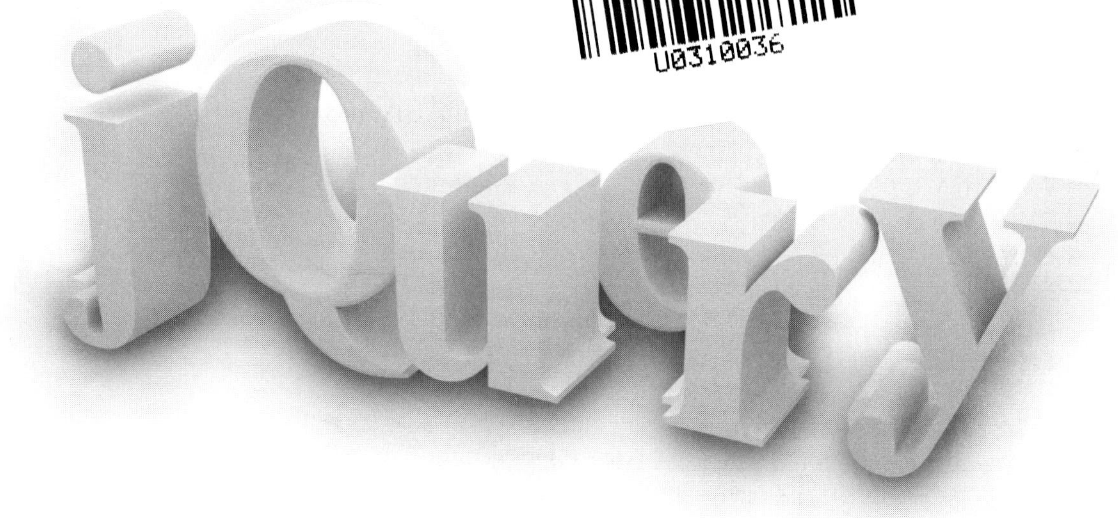


中国铁道出版社有限公司
CHINA RAILWAY PUBLISHING HOUSE CO., LTD.

## 内 容 简 介

jQuery 是一个被广泛使用的 JavaScript 库，实现了对 JavaScript 常用功能的封装和对浏览器兼容问题的处理。jQuery 的设计宗旨是“write less,do more”，以简洁的代码实现较为丰富的功能。jQuery 代码简洁，提高了开发效率，对浏览器兼容性问题的处理使得开发人员能更集中精力处理业务逻辑。以上优点让掌握 jQuery 成为前端从业人员必备的开发技能。

本书分为 9 章，内容主要包括 jQuery 的基本使用方式、jQuery 的选择器、DOM 元素操作、事件处理机制、动画方法、Ajax 交互、插件和用户界面库。为了加深读者对 jQuery 的认识，书中配有生动的案例，让读者可以快速理解吸收 jQuery 知识。本书还提供了图书管理系统、在线商城等综合项目，读者可以依照项目进行相应训练，以增强实践能力。

本书适合作为高等院校本、专科计算机相关专业的教材使用，也可作为网页制作爱好者的参考书自学使用，是一本适合广大计算机编程爱好者的优秀读物。

**图书在版编目（CIP）数据**

jQuery前端开发实战教程/黑马程序员编著. —北京：中国铁道出版社，2018.10（2025.1重印）

国家软件与集成电路公共服务平台信息技术紧缺人才培养工程指定教材

ISBN 978-7-113-24768-3

Ⅰ. ①j… Ⅱ. ①黑… Ⅲ. ①JAVA语言-程序设计-高等学校-教材 Ⅳ. ①TP312.8

中国版本图书馆CIP数据核字(2018)第226206号

书　　名：jQuery 前端开发实战教程
作　　者：黑马程序员

策　　划：翟玉峰　　　　编辑部电话：（010）51873135
责任编辑：翟玉峰　徐盼欣
封面设计：徐文海
封面制作：刘　颖
责任校对：张玉华
责任印制：赵星辰

出版发行：中国铁道出版社有限公司（100054，北京市西城区右安门西街 8 号）
网　　址：https://www.tdpress.com/51eds
印　　刷：北京市科星印刷有限责任公司
版　　次：2018 年 10 月第 1 版　2025 年 1 月第 12 次印刷
开　　本：787 mm×1 092 mm　1/16　印张：18　字数：390 千
印　　数：61 001 ～ 65 000 册
书　　号：ISBN 978-7-113-24768-3
定　　价：55.00 元

# 前言

jQuery 是一个 JavaScript 库，是当下非常流行的 Web 前端开发工具。通过 jQuery 可以非常便捷地实现网页交互、制作动态效果以及服务器通信等功能。近几年来，互联网行业日益繁荣，市场需求对网页制作提出更高要求，Web 前端开发职能重要性愈加凸显。jQuery 作为一款非常强大的网页制作工具，逐渐成为 Web 前端从业者的必备技能。

**为什么要学习本书**

本书面向具有 JavaScript 编程基础的人群，讲解了 jQuery 在网页制作过程中的功能和使用方式。

本书从浅到深，依照开发者对网页操作实际需求开展知识的讲解。书中采用“知识讲解 + 案例实践”的方式，在知识可视化展示的同时，配备贴切可读性极强的案例，从原理出发，由案例落地，让读者在理解书中知识的同时，也得到一定的实践训练。这种方式可以帮助读者建立开发者思维，有利于培养读者的自学能力。

**如何使用本书**

本书讲解的内容主要包括 jQuery 的基本使用、选择器、DOM 操作、事件机制、动画方法、Ajax 交互、第三方工具使用等。在最后的章节，通过综合性项目——“在线商城”来对全书知识进行总结和实践运用。

全书分为 9 章，具体如下。

第 1 章主要讲解 jQuery 的基本使用方式，包括 jQuery 的设计理念、引入方式，jQuery 对象与 DOM 对象的转换等。为了帮助读者快速理解 jQuery 的开发方式，本章详细讲解了 jQuery 的本质以及其具体使用优势，同时比较 JavaScript 和 jQuery 两种编程方式的区别。

第 2、3 章分别讲解围绕 jQuery 的获取元素和操作元素方法。通过 jQuery 强大的选择器获取元素之后，再调用相关方法对元素进行操作，包括对元素样式、内容和节点的操作。书中对这一部分的讲解细致入微、层层深入，同时配备“精品展示”“留言板”等案例，提高读者的阅读兴趣，加深对知识理解，为后面的学习打好基础。

第 4 章主要讲解 jQuery 的事件处理机制，包括事件绑定、事件解绑、事件触发、事件代理、事件对象等操作，以及事件冒泡的运行和阻止方式。通过“动态添加和删除表格数据”案例，让读者体会 jQuery 对事件机制处理优化带来的方便。

第 5 章主要讲解 jQuery 动画效果的实现。读者可以使用 jQuery 的预定义动画方法，非常便捷地实现元素的动画效果；或使用 jQuery 自定义动画方法，按照自定义方式驱动元素执行动画行为。

第 6 章主要讲解 jQuery 的 Ajax 方法，这些方法可实现按照 GET 或 POST 方式与服务器异步通信，获取 HTML、JSON、JavaScript 等规定格式的数据。通过 Ajax 的相关事件，可以更灵活地操作 Ajax 请求。该章最后提供了综合案例——“图书管理系统”，模拟实现了网页前后端通信的整体流程。

第 7、8 章主要讲解 jQuery 的插件和界面库。jQuery 具有数量庞大的插件，可供开发人员快捷、高效地完成工作；jQuery 界面库则提供了风格统一、功能齐全的用户界面组件，从而快速地搭建项目。

第 9 章主要讲解“在线商城”项目，该项目是对本书中所有知识的综合运用。在项目开发中，不仅用到了 jQuery 的基本功能，还使用了大量的第三方组件，其中包括 jQuery EasyUI（tree、treegrid 和 datagrid 组件）、WebUploader 上传组件、UEditor 编辑器和 art-template 模板引擎。从宏观上展示了 jQuery 在网页制作开发工作中的使用方式。

上述 9 章中，第 1~3 章是基础课程，主要帮助初学者认识 jQuery，利用 jQuery 完成基本的网页搭建工作；第 4、5 章是 jQuery 的进阶课程，涉及事件操作的部分会稍显复杂，希望初学者多加思考，认真完成书中所讲的每个案例；第 6 章是学习的重点，建议读者主要理解 Ajax 与服务器通信的方式；第 7~9 章是扩展知识，当前开发市场上插件和组件库种类较多，使用方式也多种多样，读者按照对应文档使用即可。

学习编程过程中，养成编程思维很重要。读者在学习中遇到疑惑时，可以试着从基础知识着手分析、解决问题，这样不但可以加深对新知识的理解，而且可以锻炼思考能力。同时还要养成举一反三的习惯，对同类知识多做比较剖析。这样利于快速掌握知识，也利于增强学习能力。

**配套服务**

为了提升您的学习或教学体验，我们精心为本书配备了丰富的数字化资源和服务，包括在线答疑、教学大纲、教学设计、教学 PPT、教学视频、测试题、源代码等。通过这些配套资源和服务，您的学习或教学可以变得更加高效。请扫描二维码获取配套资源和服务说明。

配套资源和服务说明

**致谢**

本书的编写和整理工作由江苏传智播客教育科技股份有限公司完成。全体编写人员在编写过程中付出了辛勤的汗水，此外，还有很多人员参与了本书的试读工作并给出了宝贵的建议，在此向大家表示由衷的感谢。

**意见反馈**

尽管我们付出了最大的努力，但教材中难免会有不妥之处，欢迎各界专家和读者朋友来信给予宝贵意见，我们将不胜感激。您在阅读本书时，如发现任何问题或有不认同之处，可以通过电子邮件与我们取得联系。

请发送电子邮件至：itcast_book@vip.sina.com

黑马程序员

2024 年 12 月于北京

# 目 录

# 第1章

# 初识 jQuery

在实际开发中，为了构建更具吸引力的交互式网站，开发者通常需要编写大量的JavaScript 代码来操作 DOM，并处理浏览器的兼容性问题，而 jQuery 的出现完美解决了这些问题。为帮助读者快速了解 jQuery，本章将针对 jQuery 的概念、如何使用 jQuery、jQuery 对象与 DOM 对象的转换以及开发工具的使用进行详细地讲解。

【教学导航】

| | |
|---|---|
| 学习目标 | 1．掌握 jQuery 的概念及优势<br>2．掌握 jQuery 的下载和引入<br>3．掌握 jQuery 对象与 DOM 对象的转换<br>4．熟悉开发和调试工具的使用 |
| 学习方式 | 本章内容以理论讲解为主 |
| 重点知识 | 1．jQuery 的概念及优势<br>2．jQuery 的下载和引入<br>3．jQuery 对象与 DOM 对象的转换 |
| 关键词 | 轻量级、语法简洁、兼容性 |

## 1.1 jQuery 简介

### 1.1.1 什么是 jQuery

jQuery 是一款跨浏览器的开源 JavaScript 库，它的核心理念是 write less，do more（写

得更少，做得更多）。通过对 JavaScript 代码的封装，使得 DOM、事件处理、动画效果、Ajax 等功能的实现代码更加简洁，有效地提高程序开发效率。

jQuery 最初由 John Resig 在 2006 年 1 月正式发布，吸引了众多来自世界各地的 JavaScript 高手的关注。与 jQuery 相继诞生的 JavaScript 库还有很多，常见的有 Prototype、ExtJS、Mootools 和 YUI 等。在众多的 JavaScript 库中，jQuery 为何能够受到众多 Web 开发人员的青睐呢？这主要归功于 jQuery 具有如下优势。

- 轻量级的文件包：jQuery 是一个轻量级的脚本，其代码非常小巧，生产版本的文件包大小仅有 94.8 KB。
- 简洁的语法：语法简洁易懂，学习速度快。
- 全面的文档：jQuery 的文档资料很全面，方便开发者使用。
- 强大的选择器：支持 CSS1~CSS3 定义的属性和选择器，与原生 JavaScript 相比，获取元素的方式更加灵活。
- 出色的跨浏览器兼容性：jQuery 解决了 JavaScript 中跨浏览器兼容性的问题，支持的浏览器包括 IE6~IE11 和 Firefox、Chrome 等。
- 脚本与标签分离：jQuery 中实现 JavaScript 代码和 HTML 代码的分离，便于代码的管理和后期的维护。
- 丰富的插件：jQuery 具有很多成熟的插件，如表单验证插件、UI 插件等，开发者可以通过插件扩展更多功能。

### 1.1.2 jQuery 的版本

目前，jQuery 已发布了 3 个系列的版本，分别为 jQuery 1.x、jQuery 2.x 和 jQuery 3.x，各系列版本的特点如下所示。

- jQuery 1.x：兼容 IE6/7/8，使用最为广泛，目前官方对其只做 Bug 维护，不再新增其他功能。对于非特殊要求的项目来说，使用 jQuery 1.x 系列版本即可。jQuery 1.x 的最新版本为 1.12.4（2016 年 5 月 20 日发布）。
- jQuery 2.x：不兼容 IE6/7/8，由于不支持低端 IE 浏览器，目前用户量不多。同样的，官方也对其只做 Bug 维护，不再新增其他功能。如果不考虑兼容低版本的浏览器，可以使用 jQuery 2.x 系列版本。jQuery 2.x 的最新版本为 2.2.4（2016 年 5 月 20 日发布）。
- jQuery 3.x：不兼容 IE6/7/8，只支持最新的浏览器。由于很多比较成熟的 jQuery 插件还不支持 jQuery 3.x 版本，所以 jQuery 3.x 系列的版本不常用。目前 jQuery 3.x 版本是官方主要更新维护的版本。

在了解 jQuery 各系列版本之间的差异后，考虑更强的实用性，本书选择以应用较为广泛的 jQuery 1.x 系列的最新版本 jQuery 1.12.4 为例进行讲解。

# 1.2 如何使用 jQuery

了解 jQuery 的基本概念之后，接下来为读者介绍 jQuery 的具体使用方法，即如何下载和引入 jQuery 文件，然后调用 jQuery 文件中提供的方法，完成实际业务需要的功能。

## 1.2.1 jQuery 的下载和引入

1. 下载 jQuery

访问 jQuery 官方网站（http://jquery.com），如图 1–1 所示。

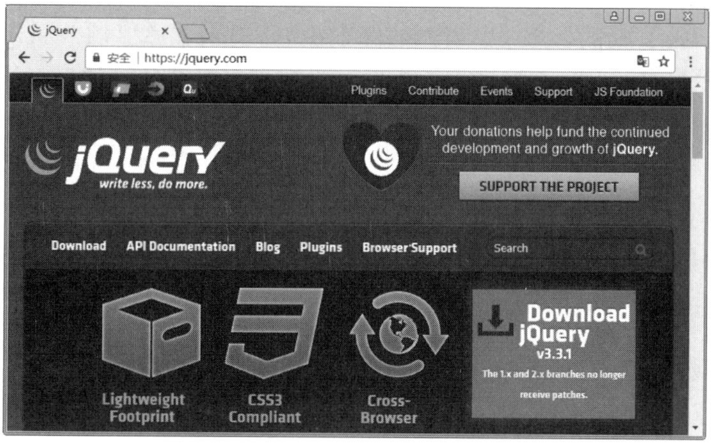


图 1–1　jQuery 官方网站

图 1–1 中，在页面右上方可以看到 Download jQuery 按钮，该按钮上的 v3.3.1 是 jQuery 当前最新版本的版本号，单击该按钮后，进入下载页面。

为了获取其他版本的 jQuery，在下载页面的下半部分找到 https://code.jquery.com 链接，获取 jQuery 所有版本的下载链接地址，如图 1–2 所示。

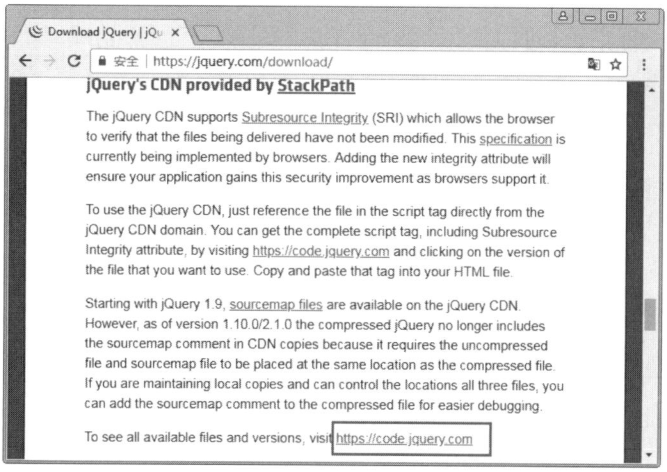


图 1–2　获取 jQuery 下载地址

单击图1–2中标示出的链接，进入jQuery所有版本的下载页面，即可看到jQuery 1.12.4版本的jQuery文件下载链接，如图1–3所示。

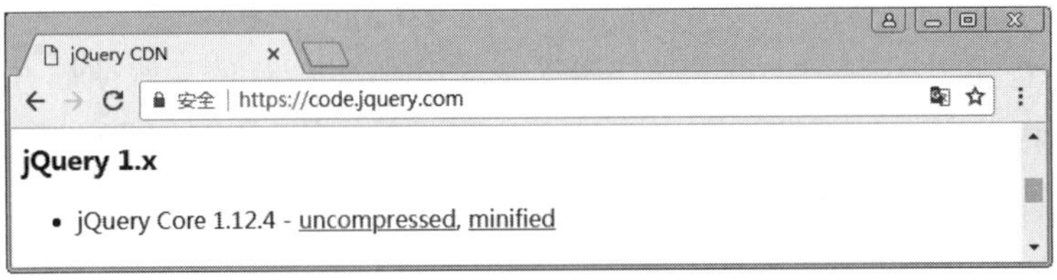


图1–3　jQuery 1.12.4 压缩版和未压缩版

从图1–3中可以看出，jQuery文件的类型主要包括未压缩（uncompressed）的开发版和压缩（minified）后的生产版。它们的区别在于，压缩版本是将jQuery文件中的空白字符、注释、空行等与逻辑无关的内容删除，并进行一些优化，使得文件体积减小，加载速度比未压缩版快。而未压缩版本的代码可读性更好，所以建议读者在学习期间选择未压缩版本。

2. 引入jQuery

在项目中引入jQuery时，只需要把下载好的jQuery文件保存到项目目录中，在项目的HTML文件中使用<script>标签引入即可。示例代码如下。

```
<!-- 引入本地下载的 jQuery -->
<script src="jquery-1.12.4.js"></script>
```

许多网站提供了静态资源公共库，通过CDN（内容分发网络）可以提高jQuery的下载速度。示例代码如下。

```
<!-- 引入 CDN 加速的 jQuery -->
<script src="https://code.jquery.com/jquery-1.12.4.js"></script>
```

### 1.2.2　第一个jQuery程序

引入jQuery文件后，就可以使用jQuery提供的功能。下面开始编写第一个jQuery程序，如demo1–1.html所示。

demo1–1.html

```
<!DOCTYPE html>
<html>
    <head>
        <meta charset="UTF-8">
        <title>第一个 jQuery 程序 </title>
        <script src="jquery-1.12.4.js"></script>
    </head>
    <body>
        <button>say hello</button>
        <script>
```

```
11              $('button').click(function() {
12                  alert('Hello jQuery');
13              });
14          </script>
15      </body>
16  </html>
```

上述代码中，第 9 行是一个名称为 say hello 的按钮，第 11~13 行通过 jQuery 提供的方法获取该按钮，并为其绑定 click 单击事件。say hello 按钮被单击后，页面将会弹出提示框，提示框的内容为 Hello jQuery。

使用 Chrome 浏览器打开 demo1−1.html，页面效果如图 1−4 所示。

在图 1−4 中单击 say hello 按钮，弹出提示框，页面效果如图 1−5 所示。

图 1−4 demo1−1.html 页面效果

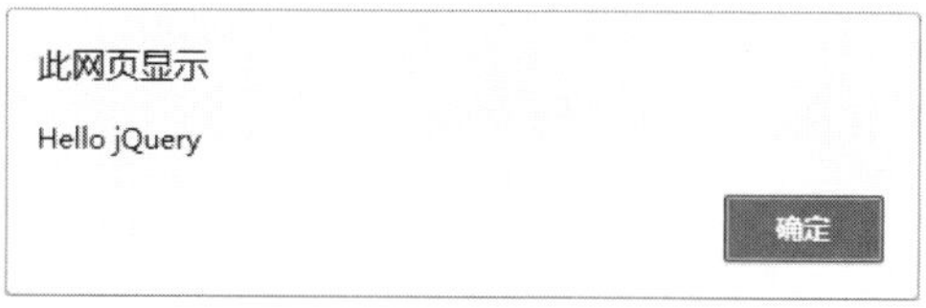


图 1−5 提示框页面效果

### 1.2.3 jQuery 的语法特点

jQuery 的常用操作包括选择器的使用、元素对象的操作、事件的绑定、链式编程等。接下来介绍 jQuery 的一些常用操作，以使读者快速体验 jQuery 的语法特点。

1. 选择器的使用

jQuery 选择器用于获取网页元素对象，然后对其进行操作。示例代码如下。

```
<div id="myId"></div>
<script>
    $('#myId');                          // 获取 id 值为 myId 的元素对象
</script>
```

2. 元素对象的操作

jQuery 中对获取的元素对象可以进行一系列的操作。例如，元素的取值、赋值、属性设置等。示例代码如下。

```
<div id="myId">content</div>
<script>
    // ① 获取元素的内容
    var html = $('#myId').html();
    alert(html);                         // 输出结果：content
    // ② 设置元素的内容
    $('#myId').html('Hello');            // 执行后，网页中元素的内容变为 Hello
</script>
```

3. 事件的绑定

jQuery 中事件一般直接绑定在元素上。例如，为指定元素对象绑定单击事件。示例代码如下。

```
<button>say hello</button>
<script>
    // 为 button 元素绑定单击（click）事件，参数是事件的处理程序
    $('button').click(function() {
        alert('Hello');
    });
</script>
```

4. 链式编程

jQuery 中支持多个方法链式调用的形式，让开发者在完成相同功能的情况下，编写最少的代码。示例代码如下。

```
<ul>
    <li>0</li> <li>1</li>
    <li>2</li> <li>3</li>
</ul>
<script>
    // 将 ul 中索引为 2 的 li 元素的内容设置为 Hello
    $('ul').find('li').eq(2).html('Hello');
</script>
```

以上示例中涉及的知识点将在本书后面的章节中一一讲解，读者此时只需对 jQuery 语法和使用有初步印象即可。

## 1.3 DOM 对象与 jQuery 对象

初次接触 jQuery 的读者经常分辨不清哪些是 DOM 对象，哪些是 jQuery 对象。但是在实际开发中，有时需要应用到两者的转换。例如，要在 jQuery 代码中使用原生 JavaScript 的属性，就需要将 jQuery 对象转换为 DOM 对象才能调用。因此，读者有必要了解什么是 jQuery 对象和 DOM 对象，以及它们之间如何进行相互转换。

### 1.3.1 什么是 DOM 对象

JavaScript 中，经常需要操作 DOM。所谓 DOM 指的是文档对象模型（Document Object Model）。它提供了对文档结构化的描述，并将 HTML 页面与脚本、程序语言联系起来。

为了大家更好地理解，下面演示一段 HTML 代码以及其对应的 DOM 树形结构图，如下所示。

```
<html>
    <head>
        <meta charset="UTF-8">
        <title>测试</title>
    </head>
    <body>
        <h1>标题</h1>
        <ul>
            <li>
                <a href="#">链接</a>
            <li>
        </ul>
    </body>
</html>
```

上述代码中，层层嵌套的 HTML 标签就是一个类似树形的 DOM 文档。其中，最外面的一层是 <html> 标签，<html> 标签中嵌套着 <head> 标签和 <body> 标签，而这两个标签中也会嵌套其他标签，这样一层层的延伸很像一棵倒着的树。

对应上述 HTML 代码的 DOM 树形结构如图 1–6 所示。

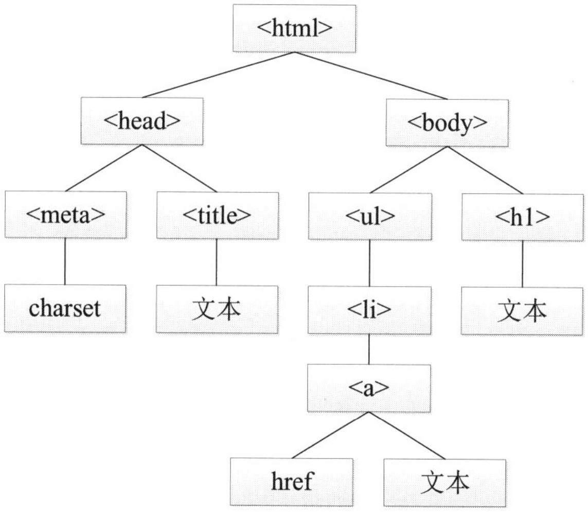


图 1–6　DOM 树形结构图

图 1–6 中，所有的元素内容都是一个节点。其中，<html> 是所有内容的根节点，<body> 是 <h1> 和 <ul> 的父节点。<a> 和 <meta> 标签下面的分支 href 与 charset 是标签的属性，在 DOM 中称为属性节点；标签下面的文本是属于该标签内部的文字，在 DOM 中称为文本节点。

在了解什么是 DOM 后，就不再难理解什么是 DOM 对象。DOM 对象就是 JavaScript 操作 DOM 所使用的对象。例如，获取以上 HTML 代码中 li 标签的 DOM 对象，并调用 innerText 属性获取第一个 li 标签的文本，如下所示。

```
//获取li标签对象集合：HTMLCollection(2) [li, li]
var lis = document.getElementsByTagName('li');
var firstLi = lis[0];                           //获取第1个li标签的DOM对象
var text = firstLi.innerText;                   //获取第1个li标签的文本内容
```

### 1.3.2 什么是 jQuery 对象

在前面演示过的 jQuery 代码中，“$()”是一个工厂函数，通过“$( 参数 )”的形式可以创建 jQuery 的实例对象，即 jQuery 对象。创建 jQuery 对象后，就可以调用一些 jQuery 提供的方法来完成具体操作。示例代码如下。

```
<div>Hello jQuery</div>
<script>
    //创建div元素对象，保存为obj
    var obj = $('div');
    //判断obj是否为jQuery对象
    alert(obj instanceof jQuery);               //输出结果：true
    //调用html()方法获取元素内容
    alert(obj.html());                          //输出结果：Hello jQuery
</script>
```

上述代码中，首先利用 $() 将 div 标签转为 jQuery 对象，然后利用该对象调用 jQuery 中提供的 html() 方法获取元素内容。

另外，当创建的对象只需要使用一次时，可以简写为“$('div').html()”的形式，即通过一行代码完成创建对象与调用方法的操作。

值得一提的是，在引入 jQuery 后，除了可以使用“$”，还可以使用“jQuery”来进行操作，两者本质上是同一个对象，即“$( 参数 )”等价于“jQuery( 参数 )”。若在项目中“$”被用于其他的功能，则可使用“jQuery”进行操作。

**多学一招：** jQuery 的静态方法

在使用 jQuery 时，不仅可以通过 jQuery 对象调用实例方法，还可以直接通过“$. 方法名 ()”的形式调用静态方法。jQuery 的静态方法是 jQuery 提供的便捷功能，用于完成一些与具体 DOM 对象无关的操作。合理利用这些静态方法可以为代码编写提供许多便利。

下面通过代码演示 jQuery 静态方法的使用，示例代码如下。

```
<script>
    var str = '  test  ';
    //调用静态方法trim()过滤字符串两端的空白字符
    var result = '[' + $.trim(str) + ']';
    alert(result);                         //输出结果：[test]
</script>
```

从上述代码可以看出，使用静态方法“$.trim()”可以轻松过滤字符串两端的空白字符。关于 jQuery 的其他静态方法将在后面的章节详细介绍。

### 1.3.3 jQuery 对象与 DOM 对象的转换

在网页开发中，jQuery 对象只能调用 jQuery 中的属性或方法，DOM 对象也只能调用 DOM 中的属性或方法。示例代码如下。

```
//jQuery 对象不存在 innerHTML 属性，访问结果为 undefined
$('div').innerHTML;
//DOM 对象不存在 html() 方法，调用不存在的方法会出错
document.getElementById('myId').html();
```

为了解决上述问题，DOM 对象与 jQuery 对象之间在使用时经常需要转换。下面对 jQuery 对象与 DOM 对象的互相转换进行详细讲解。

1. jQuery 对象转换成 DOM 对象

jQuery 对象属于类数组对象，其内部将 DOM 对象作为数组元素。jQuery 对象转换成 DOM 对象有两种方式，分别为“obj[index]”和“obj.get(index)”。其中 index 表示 DOM 对象在 jQuery 对象中的索引。下面分别讲解这两种转换方式。

（1）obj[index]

通过 obj[index] 方式将 jQuery 对象转换成 DOM 对象，示例代码如下。

```
<div>第 1 个 div</div>
<div>第 2 个 div</div>
<script>
    // 获取 jQuery 对象
    var divs = $('div');
    // 通过索引的方式，将 jQuery 对象转换成 DOM 对象
    var div1 = divs[0];
    var div2 = divs[1];
    // 输出 div 元素的内容
    alert(div1.innerHTML);              // 输出结果：第 1 个 div
    alert(div2.innerHTML);              // 输出结果：第 2 个 div
</script>
```

从上述代码可以看出，一个 jQuery 对象中可以包含多个 DOM 元素，通过索引即可取出某个具体的 DOM 对象。

（2）obj.get(index)

通过 obj.get(index) 方式将 jQuery 对象转换成 DOM 对象，示例代码如下。

```
<div>第 1 个 div 元素</div>
<script>
    var result = $('div').get(0).innerHTML;
    alert(result);                      // 输出结果：第 1 个 div 元素
</script>
```

2. DOM 对象转换成 jQuery 对象

将 DOM 对象作为 $() 函数的参数，即可转换成 jQuery 对象，示例代码如下。

```
<button id="btn">say hello</button>
<script>
    // 获取 DOM 对象 btn
    var btn = document.getElementById('btn');
    // 将 DOM 对象转换成 jQuery 对象
    var btn1 = $(btn);
    // 验证转换结果
    alert(btn === btn1[0]);          // 输出结果: true
</script>
```

通过上述代码可以看出，DOM 对象和 jQuery 对象可以在开发中灵活地互相转换。

# 1.4 开发和调试工具的使用

## 1.4.1 开发工具——HBuilder

HBuilder 是一款深度集成 Eclipse 的 IDE 编辑器，但其主要集中在 Web 前端的开发，不能进行 Java 等后台开发。HBuilder 提供了对 JavaScript、jQuery、HTML5+、MUI 等语法的提示功能，同时包含很多快捷键，让前端开发更加便捷。

访问 HBuilder 官方网站（http://www.dcloud.io），下载最新版的 HBuilder，如图 1-7 所示。

图 1-7　HBuilder 下载页面

在图 1-7 中单击“下载”按钮，会出现下载提示框，如图 1-8 所示。

在图 1-8 中可以看到 HBuilder 的当前版本、历史版本以及各平台的不同版本，读者在下载时根据自己的设备选择适合的版本即可。

HBuilder 下载完成，解压到指定的路径后，双击启动文件 HBuilder.exe，会出现一个启动页面，完成用户注册并登录后，便可开始使用 HBuilder。HBuilder 开发界面如图 1-9 所示。

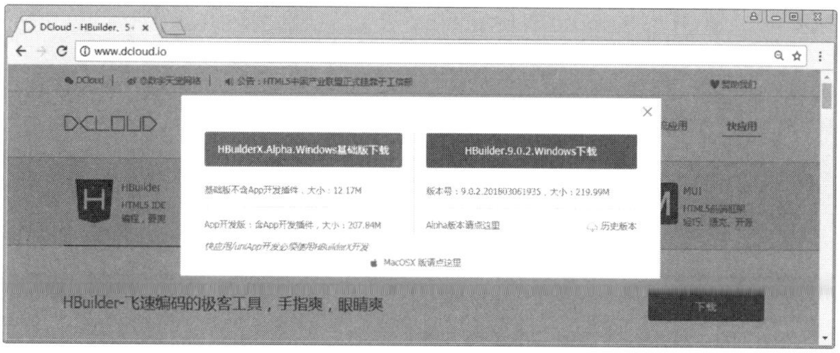


图 1–8　HBuilder 下载提示框

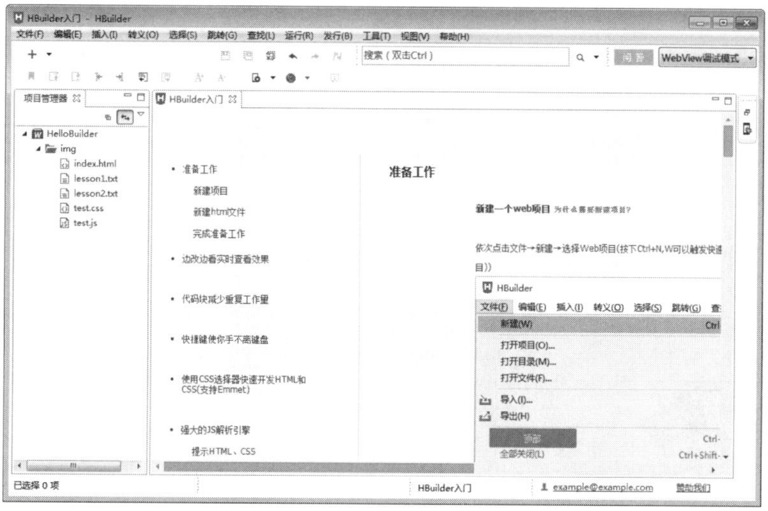


图 1–9　HBuilder 开发界面

在图 1–9 中，左侧项目管理器中会出现一个名称为 HelloHBuilder 的示例项目，右侧会出现一个 HBuilder 入门的窗口，该窗口中显示的内容是 HBuilder 官方的使用教程，提供了 HBuilder 的详细使用方法。

下面以新建项目、新建文件以及运行文件为例简单讲解 HBuilder 的使用。

首先，在 C 盘下创建 jQuery 目录用于保存项目文件。然后选择“文件”→“新建”→“Web 项目”命令，打开“创建 Web 项目”对话框，如图 1–10 所示。

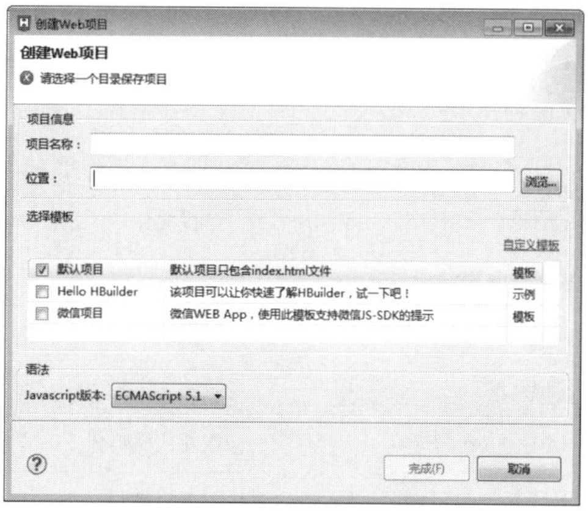


图 1–10　新建 Web 项目

在图 1–10 中，填写项目名称（如 chapter01），选择项目的保存位置（如 C:\jQuery），单击“完成”按钮创建 Web 项目。

最后，编写项目中默认的文件 index.html，利用 HBuilder 提供的工具完成文件的运行，页面效果如图 1–11 所示。

在图 1–11 中，单击方框内的图标，即可在浏览器运行此文件，页面效果如图 1–12 所示。

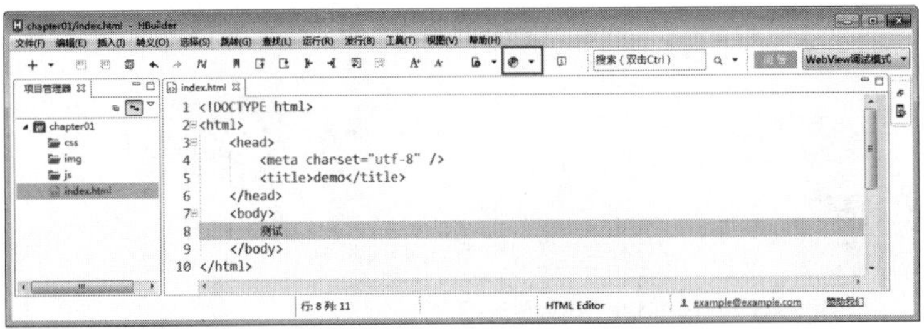

图 1–11　编写文件

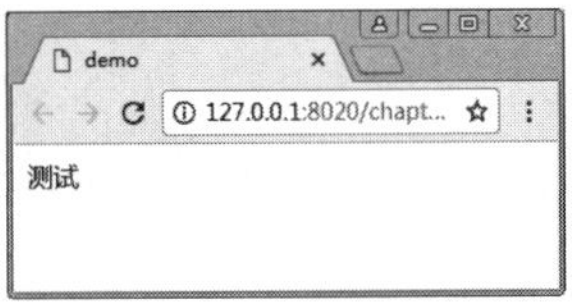

图 1–12　运行文件

HBuilder 开发工具还有很多其他功能，读者可参考其提供的教程进行参考学习，此处不再赘述。

### 多学一招：HBuilder 常用快捷键

HBuilder 中有很多快捷键，开发者使用这些快捷键，可以更加高效地工作。HBuilder 常用快捷键如表 1–1 所示。

表 1–1　HBuilder 常用快捷键

| 快捷键 | 作用 |
|---|---|
| Ctrl + N | 新建文件 |
| Ctrl +W | 关闭文件 |
| Ctrl + Shift + W | 关闭全部文件 |
| Ctrl + S | 保存文件 |
| Ctrl + Shift + S | 保存全部文件 |
| Alt + / | 激活代码助手 |
| Ctrl + / | 开启关闭注释行 |
| Ctrl + Shift + / | 开启关闭注释已选内容 |
| Ctrl + F | 打开搜索条，可以查找替换指定内容或者全部内容 |
| Ctrl + H | 打开搜索框，可以搜索指定内容的位置 |
| Ctrl + T | 查找文件 |
| Ctrl + R | 运行 |
| Ctrl + P | 激活边看边改视图 |
| Ctrl + Z | 撤销 |
| Ctrl + Shift + F | 整理代码格式 |
| Ctrl + ↑ | 向上移动行 |
| Ctrl + ↓ | 向下移动行 |

## 1.4.2 调试工具——Chrome 开发者工具

前端开发中，经常需要调试代码，所以各种调试工具及浏览器控制台的使用会对开发起到很大的作用。下面对目前很受喜欢的 Chrome 开发者工具进行介绍。

Chrome 开发者工具是一套内嵌到 Chrome 浏览器的 Web 开发工具和调试工具，只要安装了 Chrome 浏览器，就可以使用。

在 Chrome 浏览器中，开发者工具的打开方式主要有以下几种。

- 按“F12”键。
- 按“Ctrl + Shift + I”组合键。
- 右击页面的任意位置，选择快捷菜单中的“检查”命令。
- 单击 Chrome 浏览器右上角的自定义图标，展开菜单，选择“更多工具”→“开发者工具”命令，如图 1–13 所示。

图 1–13　Chrome 菜单

打开开发者工具后，会看到有许多标签的面板，如图 1–14 所示。

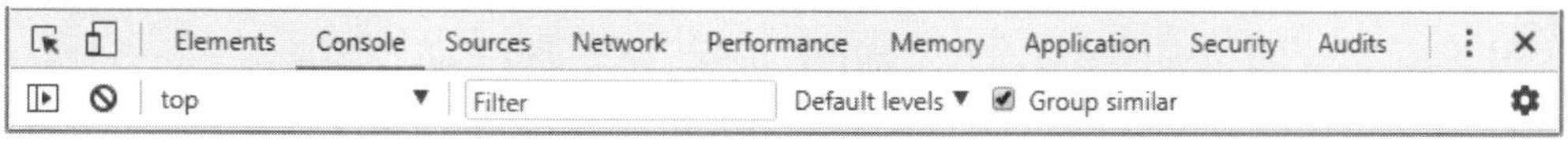


图 1–14　Chrome 开发者工具面板

在图 1–14 中，比较常用的是 Elements、Console、Sources 和 Network 这 4 个面板，接下来一一为读者介绍其使用方式。

### 1. Elements 面板

Elements 面板即元素面板，使用该面板可以直接操作 DOM 元素和样式，包括查看元素属性或者修改元素属性、修改样式等，非常方便开发者调试 HTML 结构和 CSS 样式，页面效果如图 1–15 所示。

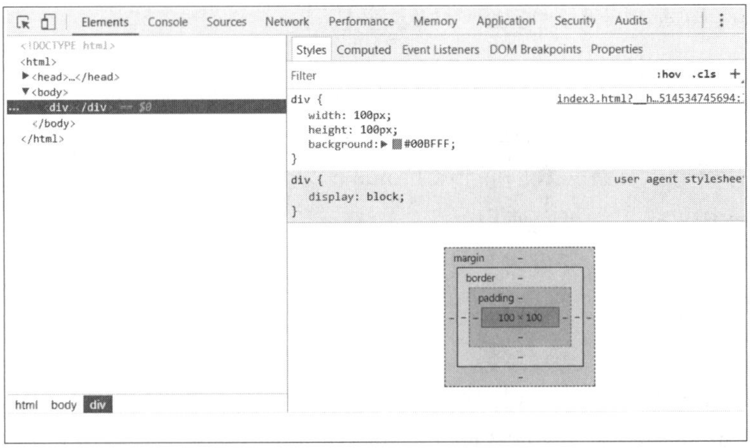

图 1–15　Elements 面板

在图 1–15 中，选中 Elements 面板，左侧栏会显示页面的 DOM 结构，右侧栏显示对应的选中节点样式以及标准盒模型，可以方便查看页面任意内容的宽、高等属性。

在 Elements 面板中无论修改 HTML 结构还是 CSS 代码，修改以后的效果都会实时同步到页面中。例如，修改当前选中的 <div> 标签的 width 属性为 500 px，页面中的 div 宽度就会发生变化，同时右侧栏中该元素的盒模型值也会更新。

2. Console 面板

Console 面板即控制台面板，使用该面板不仅可以输出开发过程中的日志信息，而且可以直接编写代码，作为与 JavaScript 进行交互的 Shell 命令行，页面效果如图 1–16 所示。

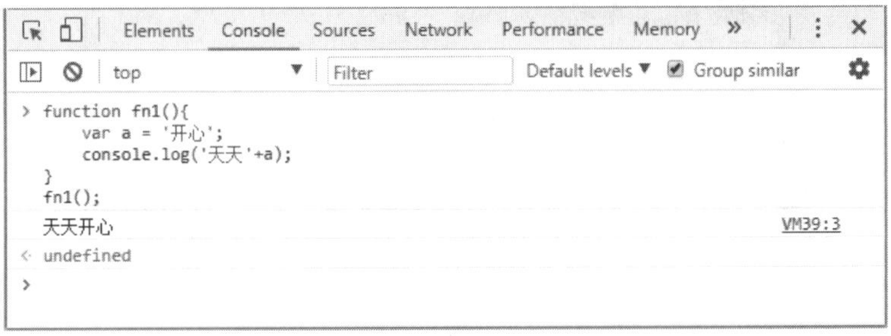

图 1–16　Console 面板

在 Console 面板可直接定义函数并调用。另外，除了在 Console 面板中直接定义代码，使用 JavaScript 中注入的 Console 对象中的常用方法，也可以快速显示页面中元素的信息。

值得一提的是，在 Console 面板中编写代码时，按“Shift+Enter”组合键可以实现代码的换行。

3. Sources 面板

Sources 面板即源代码面板，如果在工作区打开本地文件，可以实时编辑代码，并支持断点调试，如图 1–17 所示。

在图 1–17 中，打开 JavaScript 文件，单击代码前面的编号就可以设置断点进行调试，例如单击代码序号 137 和 141，设置的所有断点都会显示在右侧的 Breakpoints 断点区。

然后重新刷新页面，即可看到设置断点位置的代码运行情况。

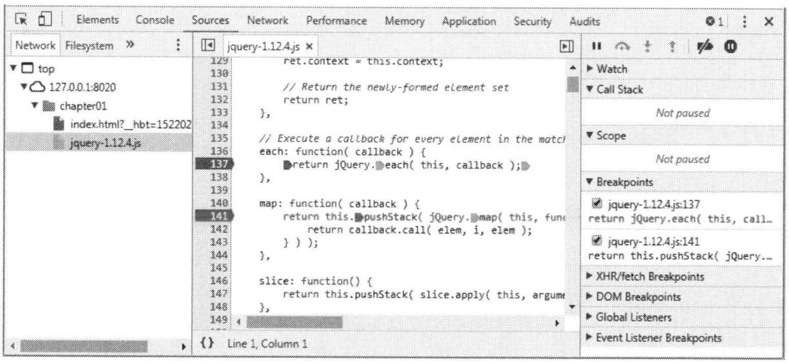


图 1–17　Sources 面板

4. Network 面板

Network 面板即网络面板，用于记录页面上网络请求的详情信息，根据它可进行网络性能优化，如图 1–18 所示。

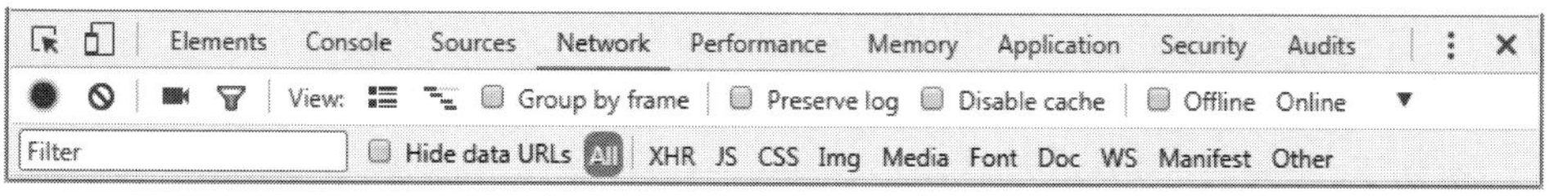


图 1–18　Network 面板

在图 1–18 中，点亮左上角摄像机形状的小图标，会打开扩展的 Network 面板，查看所有请求的运行状况，页面效果如图 1–19 所示。

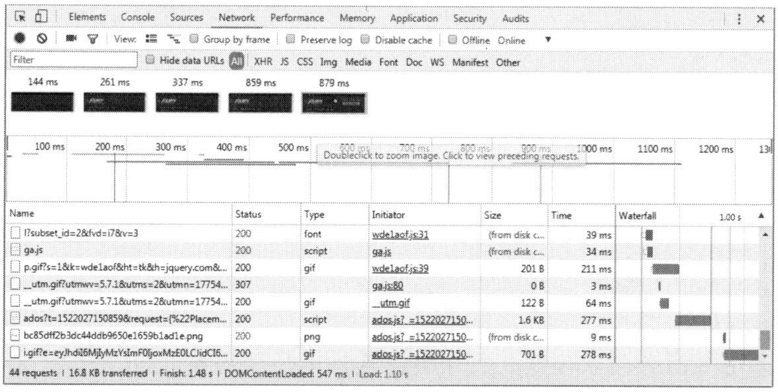


图 1–19　扩展的 Network 面板

## 本章小结

本章首先介绍了 jQuery 的概念和语法特点，然后讲解了 jQuery 的使用方法以及 DOM 对象与 jQuery 对象的关系，最后演示如何运用前端常用的开发工具和调试工具。

学习本章内容后，读者需要掌握jQuery的语法特点，熟练进行jQuery对象与DOM对象的相互转换，熟悉开发工具和调试工具的使用。

## 课后习题

### 一、填空题

1. jQuery通过对______的封装，简化了HTML与JavaScript之间的操作。
2. jQuery中，$() 函数中的 $ 可以替换为______。
3. Chrome开发者工具中，______面板提供断点调试代码的功能。
4. 判断一个对象是否为jQuery对象可使用______运算符。
5. HTML页面中利用______标签可引入jQuery库。

### 二、判断题

1. Chrome开发者工具提供了Web开发工具和调试工具。（　　）
2. jQuery是一个常用的JavaScript库，但不属于轻量级的库。（　　）
3. jQuery对象可以转化为DOM对象，但DOM对象不能转换为jQuery对象。（　　）
4. jQuery对象可以调用DOM中的方法。（　　）
5. HBuilder是DCloud推出的一款支持HTML5的Web开发IDE。（　　）

### 三、选择题

1. 下列关于jQuery库的作用，说法错误的是（　　）。
   A. 节省开发时间　　B. 提高代码复用性
   C. 提高代码的耦合度　　D. 解决浏览器的差异性
2. Chrome的（　　）可以在程序出错时输出错误信息。
   A. Elements面板　　B. Console面板
   C. Sources面板　　D. Network面板
3. 下列选项中，不能打开Chrome浏览器开发者工具的方式是（　　）。
   A. 按“F12”键
   B. 按“Ctrl + Shift + U”组合键
   C. 右击页面的任意位置，选择快捷菜单中的“检查”命令
   D. 单击Chrome浏览器右上角的图标，展开菜单，选择“更多工具”→“开发者工具”命令
4. 下列关于jQuery的优势，说法正确的有（　　）。
   A. 文档很全面　　B. 兼容性很好
   C. 少量的代码实现更多的效果　　D. 拥有成熟的插件
5. 下列关于jQuery对象与DOM对象的说法，错误的是（　　）。
   A. DOM对象是使用JavaScript操作DOM返回的对象
   B. jQuery对象是使用jQuery提供的操作DOM的方法返回的对象

C. jQuery 对象命名时必须使用 $ 符号

D. jQuery 对象与 DOM 对象之间可以进行转换

## 四、简答题

1. 简述什么是 jQuery。
2. 列举 jQuery 库的特性。
3. 列举 jQuery 对象转化为 DOM 对象的方法。

# 第2章 jQuery选择器

选择器的应用体现了jQuery的一个设计思想，即获取（选择）网页中的元素，然后根据实际需求对元素进行各种操作。jQuery选择器是学习jQuery的必备知识，本章将针对jQuery选择器进行详细讲解。

【教学导航】

| | |
|---|---|
| 学习目标 | 1．了解jQuery选择器的优势<br>2．掌握jQuery基本选择器的使用<br>3．掌握jQuery层次选择器的使用<br>4．熟悉jQuery过滤选择器的使用 |
| 学习方式 | 本章内容以理论讲解、案例演示为主 |
| 重点知识 | 1．jQuery基本选择器的使用<br>2．jQuery层次选择器的使用 |
| 关键词 | #id、.class、element、parent、prev、next、siblings、:even、:odd、:visible、:hidden、:contains(text)、:nth−child(eq\|even\|odd\|index) |

## 2.1 jQuery选择器简介

在程序开发中，无论是操作DOM还是为元素添加事件，都需要先获取到指定元素。为此，jQuery提供了选择器，通过选择器可以获取元素并对元素进行操作。本节将针对什么是jQuery选择器，以及jQuery选择器的优势进行讲解。

### 2.1.1 什么是 jQuery 选择器

通过 CSS 选择器获取元素的方式是非常灵活的，但是 CSS 选择器获取元素后只能操作该元素的样式，要想为元素添加行为（如处理单击事件），还需要通过 JavaScript 代码来实现。为此，jQuery 模仿 CSS 选择器实现了 jQuery 选择器，通过 jQuery 选择器来获取元素，不仅让获取元素的方式更加多样化，而且可以在获取元素后为元素添加行为。

jQuery 选择器的基本语法格式如下所示。

```
$(selector);
```

上述代码中，selector 代表 jQuery 选择器，代码执行后，返回一个 jQuery 对象。

为了读者更好地理解，接下来通过与 CSS 选择器对比的方式演示 jQuery 选择器的基本用法。具体操作步骤如下所示。

（1）准备页面结构

```
<div id="myDiv">我是一个 div</div>
```

（2）通过 CSS 添加样式

```
#myDiv {
    border: 1px solid black;
}
```

上述代码中，使用 CSS 选择器获取 id 值为 myDiv 的 div 元素，并为 div 元素添加样式，页面效果如图 2-1 所示。

图 2-1 添加样式的 div

（3）通过 jQuery 添加样式

在不使用 CSS 代码的情况下，使用 jQuery 代码也可以实现和图 2-1 相同的效果，如下所示。

```
$('#myDiv').css('border', '1px solid black');
```

上述代码中，使用 jQuery 选择器获取 id 值为 myDiv 的 div 元素，然后调用 jQuery 的 css() 方法为该元素添加样式。

需要注意的是，使用 jQuery 选择器获取元素后，由于返回的是 jQuery 对象，所以不仅能为元素添加样式，而且支持为元素添加行为。例如，为元素绑定事件、操作元素属性等操作。此处只要了解 jQuery 选择器的使用即可。

### 2.1.2 jQuery 选择器的优势

不使用 jQuery 选择器的情况下，开发者经常通过 JavaScript 来获取 DOM 元素，示例代码如下所示。

```
// 根据 id 值获取元素
document.getElementById('id的值');
```

```
//根据元素的名称获取元素
document.getElementsByTagName('元素的名称');
```

与上述代码不同的是，jQuery 选择器获取元素对象的方式更加简洁，如下所示。

```
//根据 id 值获取元素
$('#id的值');
//根据元素的名称获取元素
$('元素的名称');
```

实际上 jQuery 选择器的出现不仅是为了简化 JavaScript 的写法，也是由于 JavaScript 提供的选择 DOM 的方式较少，难以满足实际开发的众多需求。因此，jQuery 选择器中提供了更多选择 DOM 的方式，支持从 CSS1 到 CSS3 所有的选择器以及其他常用的选择器。

jQuery 选择器按照功能可以分为基本选择器、层次选择器、过滤选择器，在接下来的小节中会一一为读者进行介绍。

## 2.2 基本选择器

jQuery 中基本选择器是最简单直观的选择器，包括 id 选择器、类选择器、元素选择器和通配符选择器，详细介绍如表 2–1 所示。

表 2–1 基本选择器

| 选择器 | 描述 | 返回值 |
|---|---|---|
| #id | id 选择器，根据 id 值匹配一个元素 | 单个元素 |
| .class | 类选择器，根据类名匹配元素 | 元素集合 |
| element | 元素选择器，根据元素名匹配所有元素 | 元素集合 |
| * | 通配符选择器，匹配所有元素 | 元素集合 |
| selector1,selector2,…,selectorN | 同时获取多个元素 | 元素集合 |

表 2–1 中，jQuery 提供的同时获取多个元素的选择器，是利用逗号（,）分隔，将每一个选择器匹配到的元素合并后一起返回。

为了读者更好地理解基本选择器的使用，接下来通过一个案例进行演示，HTML 代码片段如 demo2–1.html 所示。

demo2–1.html

```
<style>
    div {
        border: 1px solid black;
    }
</style>
<div id="byId">第 1 个 div 元素，id 值为 byDiv</div>
```

```
<p>第 1 个 p 元素</p>
<p class="byClass">第 2 个 p 元素，类名为 byClass</p>
<div class="byClass">第 2 个 div 元素，类名为 byClass</div>
```

上述代码中，定义了两个 div 元素和两个 p 元素，第 1 个 div 元素的 id 值为 byId，第 2 个 div 元素与第 2 个 p 元素设置了相同的类名 byClass。

使用浏览器访问 demo2−1.html 页面的初始效果如图 2−2 所示。

下面使用不同的 jQuery 基本选择器操作以上的 HTML 页面。

1. id 选择器

与类选择器不同的是，一个规范的 HTML 文档中不会出现多个元素具有相同 id 值的情况。因此，一个 id 选择器只能获取一个元素。

下面为 id 是 byId 的元素设置背景色。在 demo2−1.html 文件中添加 jQuery 代码，如下所示。

```
$('#byId').css('background', 'pink');
```

上述代码中，css() 是 jQuery 提供的方法，用于设置元素的 CSS 样式。其中，background 用于设置背景，pink 是背景颜色的值。修改完成后，重新使用浏览器访问 demo2−1.html，页面效果如图 2−3 所示。

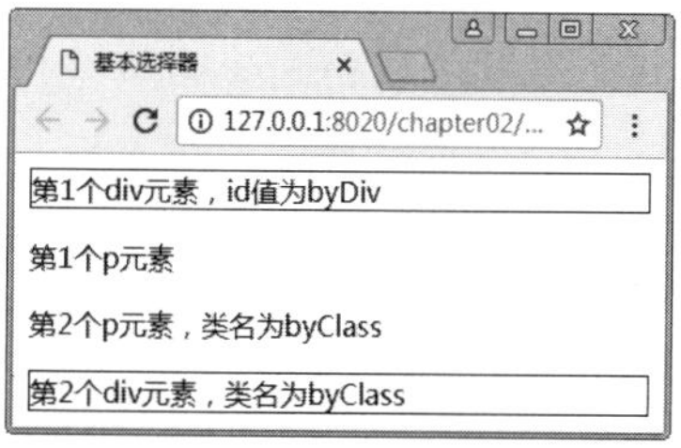


图 2−2　页面初始效果

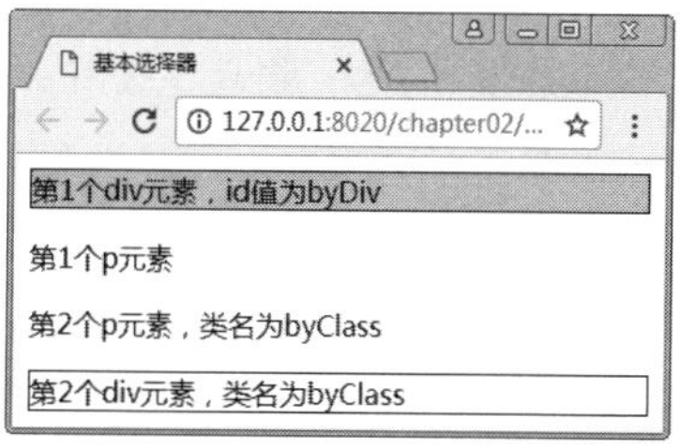


图 2−3　id 选择器

2. 类选择器

一个 HTML 文档中，可以为不同元素设置同名的 class 值，这样便可以同时设置不同元素的相同样式或行为。

修改 demo2−1.html 中的 jQuery 代码，为页面中类名为 byClass 的所有元素设置相同的背景色。如下所示。

```
$('.byClass').css('background', '#a0edbc');
```

修改完成后，重新使用浏览器访问 demo2−1.html，页面效果如图 2−4 所示。

从图 2−4 可以看出，引用了类名为 byClass 的 p 元素和 div 元素都被设置了背景色。

3. 元素选择器

元素选择器适用于开发中需要为页面中的所有匹配元素添加样式或行为。修改 demo2−1.html 中的 jQuery 代码，将 p 元素中的文本大小设置为 10 px，如下所示。

```
$('p').css('font-size', '10px');
```

修改完成后，重新使用浏览器访问 demo2−1.html，页面效果如图 2−5 所示。

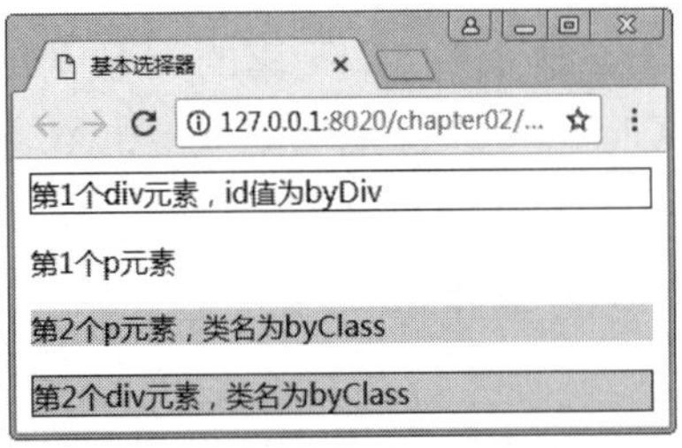


图 2−4 类选择器

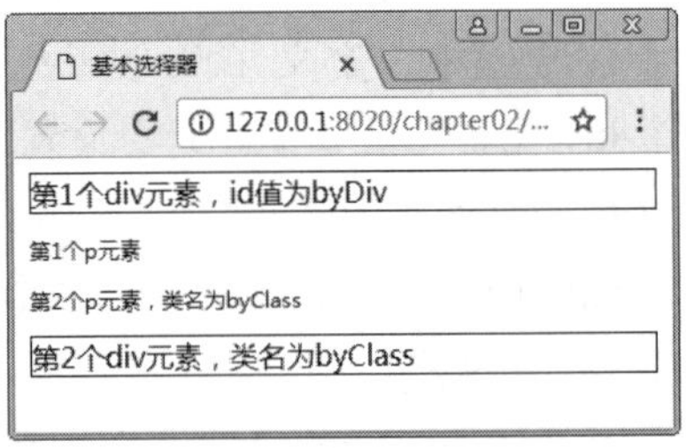


图 2−5 元素选择器

4. 通配符选择器

在实际开发中，若需要为页面上的所有元素添加相同的样式或者行为，此时便可用通配符选择器“*”一次性获取页面所有元素。修改 demo2−1.html 中的 jQuery 代码，将页面的背景色设为 yellow，如下所示。

```
$('*').css('background', 'yellow');
```

修改完成后，重新使用浏览器访问 demo2−1.html，页面效果如图 2−6 所示。

需要注意的是，虽然通配符选择器可匹配所有的元素，但会影响网页渲染的时间。因此，实际开发中应尽量避免使用通配符选择器。需要时，在 jQuery 的 $() 中使用逗号，即可同时获取多个元素。

例如，修改以上的 jQuery 代码，为 class 值为 byClass 和 id 值为 byId 的元素设置背景色，如下所示。

```
$('.byClass,#byId').css('background', 'yellow');
```

修改完成后，重新使用浏览器访问 demo2−1.html，页面效果如图 2−7 所示。

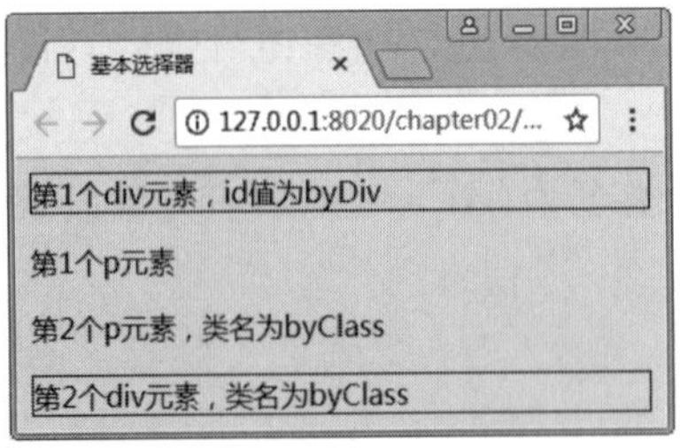


图 2−6 通配符选择器

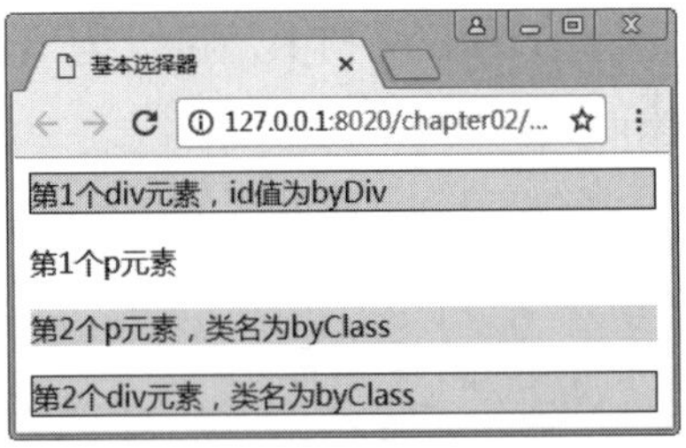


图 2−7 同时获取多个元素

## 2.3 层次选择器

层次选择器中的“层次”是指 DOM 元素的层次关系。例如，按照层次结构关系可以获取指定 DOM 元素的子元素、后代元素、兄弟元素、父元素等。

jQuery 的层次选择器可以快速定位与指定元素具有层次关系的元素。层次选择器按照 DOM 元素的层次可以分为子元素选择器、后代选择器和兄弟选择器，具体如表 2–2 所示。

表 2–2 层次选择器

| 选 择 器 | 描 述 | 返回值 |
|---|---|---|
| parent > child | 子元素选择器，根据父元素匹配所有的子元素 | 元素集合 |
| selector selector1 | 后代选择器，根据祖先元素（selector）匹配所有的后代元素（selector1） | 元素集合 |
| prev + next | 兄弟选择器，匹配 prev 元素紧邻的兄弟元素 | 元素集合 |
| prev ~ siblings | 兄弟选择器，匹配 prev 元素后的所有兄弟元素 | 元素集合 |

为了读者更好地理解层次选择器的使用，接下来通过一个案例为读者进行演示，HTML 代码片段如 demo2–2.html 所示。

demo2–2.html

```
<p>这是div前面的p元素</p>
<div id="dv">
    <p>这是div中的第1个p元素</p>
    <ul>
        <li>这是第1个li元素</li>
        <li><p>这是第2个li中的p元素</p></li>
    </ul>
    <p>这是div中的第2个p元素</p>
</div>
<p>这是div后面的第1个p元素</p>
<p>这是div后面的第2个p元素</p>
<p>这是div后面的第3个p元素</p>
```

页面结构设计完成后，下面将最外层的 div 元素当做默认的元素，子元素、后代元素以及兄弟元素都是相对于该 div 元素进行操作。使用浏览器访问 demo2–2.html，页面的初始效果如图 2–8 所示。

下面使用不同的 jQuery 基本选择器操作以上的 HTML 页面。

1. 子元素选择器

子元素选择器指的是通过父元素（parent）获取其下的指定子元素（child）。下面在 demo2–2.html 文件中添加如下 jQuery 代码，为图 2–8 中 div 元素的子元素添加背景色。

```
$('#dv > p').css('backgroundColor', 'red');
```

上述代码中，在选择器中通过符号“>”获取 id 值为 dv 下的所有子元素 p，并修改它们的背景色。修改完成后，使用浏览器访问 demo2–2.html，页面效果如图 2–9 所示。

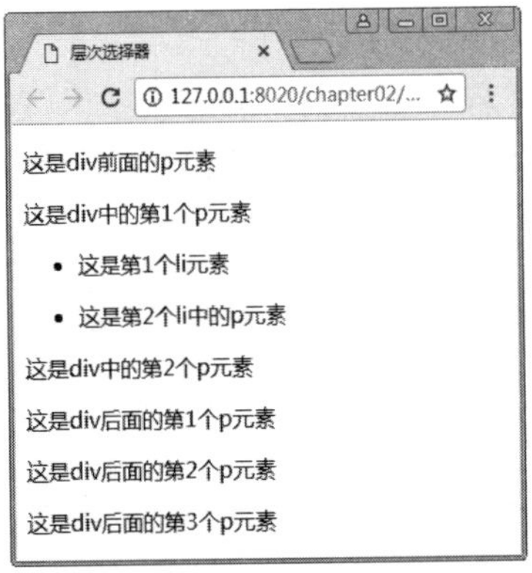


图 2-8　页面初始效果

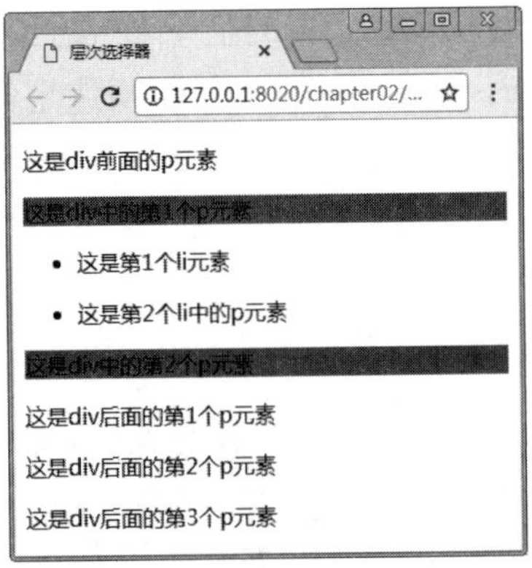


图 2-9　子元素选择器

从图 2-9 可以看出，程序仅为 id 值为 dv 的元素下的 p 元素添加背景色，不会影响其他 p 元素的样式。

**多学一招：** children() 方法

在 jQuery 中，还可以使用 children() 方法代替子元素选择器，获取指定元素的子元素。例如，获取 demo2-2.html 中，id 值等于 dv 的元素下所有的子元素 p，如下所示。

```
$('#dv > p');                        // 使用子元素选择器获取
$('#dv').children('p');              // 使用 children() 方法获取
```

上述代码中，children() 方法的参数 p 表示要获取的子元素，调用该方法的是子元素的父元素对象，如 $('div')。

2. 后代选择器

后代元素与子元素的区别在于，后代元素不仅包括子元素，还包括子元素下的所有其他元素。

替换 demo2-2.html 中的 jQuery 代码，为 id 值等于 dv 的所有后代 p 元素添加背景色，如下所示。

```
$('#dv p').css('backgroundColor', 'red');
```

上述代码中，在选择器中通过空格，获取 id 值为 dv 下的所有后代 p 元素，并修改它们的背景色。修改完成后，使用浏览器访问 demo2-2.html，页面效果如图 2-10 所示。

对比图 2-10 与图 2-9，可以清楚地看出 jQuery 的子选择器和后代选择器的区别。

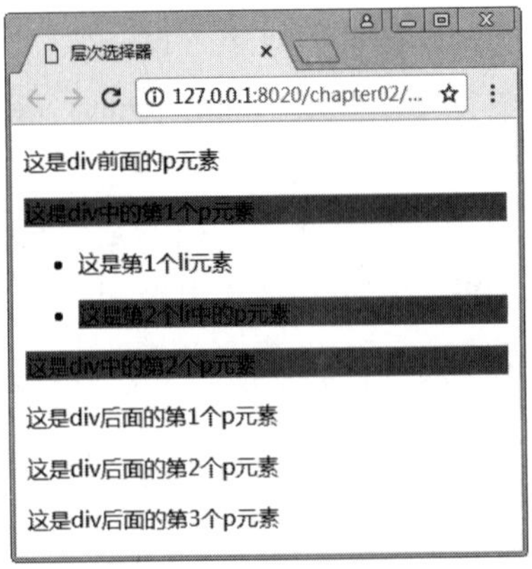


图 2-10　后代选择器

**多学一招：** find() 方法

在 jQuery 中，还可以使用 find () 方法获取指定元素的后代元素。例如，获取 demo2-2.html 中 id 值等于 dv 的元素下所有后代 p 元素，如下所示。

```
$('#dv p');                          // 使用后代选择器获取
$('#dv').find('p');                  // 使用 find() 方法获取
```

上述代码中，find() 方法传递的参数 p 表示要获取的所有后代 p 元素。

3. 兄弟选择器

通过兄弟选择器可以获取指定元素的兄弟元素，兄弟元素可以理解为同辈元素或同级元素。

修改 demo2-2.html 中的 jQuery 代码，为 id 为 dv 下一个 p 元素设置背景色，如下所示。

```
$('#dv + p').css('backgroundColor', 'red');
```

上述代码中，在选择器中通过符号“+”获取紧邻 id 值为 dv 的下一个兄弟元素 p，并修改它的背景色。修改完成后，使用浏览器访问 demo2-2.html，页面效果如图 2-11 所示。

另外，若要获取指定元素后的所有兄弟元素，可以在选择器中使用符号“~”。修改 demo2-2.html 页面中的 jQuery 代码，如下所示。

```
$('#dv ~ p').css('backgroundColor', 'red');
```

修改完成后，使用浏览器访问 demo2-2.html，页面效果如图 2-12 所示。

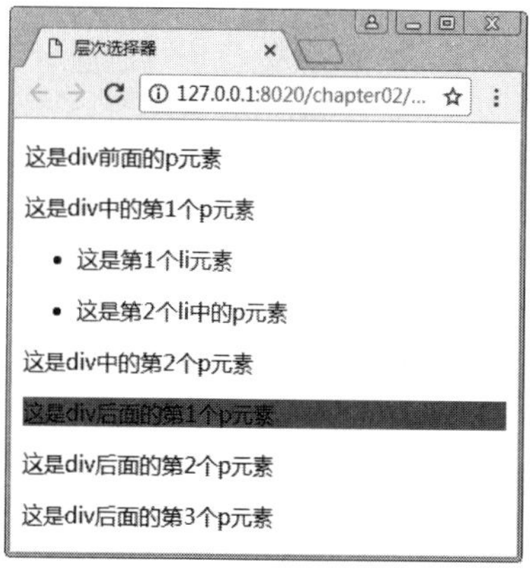


图 2-11　获取相邻兄弟元素

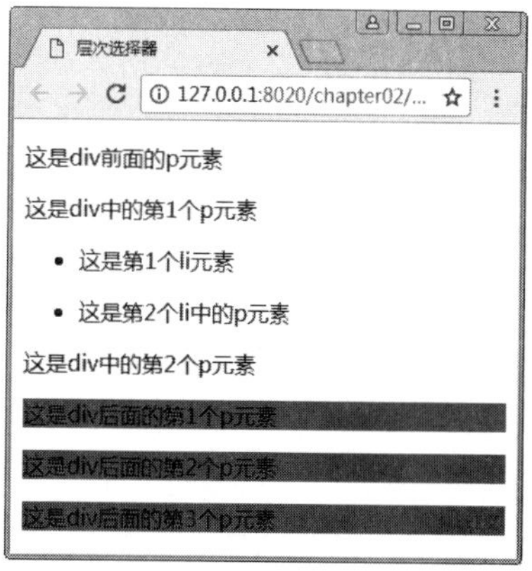


图 2-12　获取所有兄弟元素

对比图 2-12 与图 2-11 可以清楚地看出，“prev + next”仅能获取 prev 元素紧邻的下一个同级元素，“prev ~ siblings”可获取 prev 后的所有同级元素。

**多学一招：** next()、nextAll() 和 siblings() 方法的使用

jQuery 中提供的 next() 方法可获取指定元素紧邻的下一个兄弟元素，nextAll() 方法可获取指定元素后的所有兄弟元素，而 siblings() 方法则可获取指定元素的所有兄弟元素。

下面以 demo2-2.html 为例进行演示，示例代码如下。

```
    // 获取 id 为 dv 后紧邻的兄弟元素 p
    $('div').next('p').css('background',
'red');
    // 获取 id 为 dv 后所有兄弟元素 p
    $('div').nextAll('p').css('background',
'red');
    // 获取 id 为 dv 的所有兄弟元素 p
    $('div').siblings('p').css('background',
'red');
```

上述代码中，前两行代码获取的 p 元素分别与图 2-11 和图 2-12 相同。最后一行获取的 p 元素页面效果如图 2-13 所示。

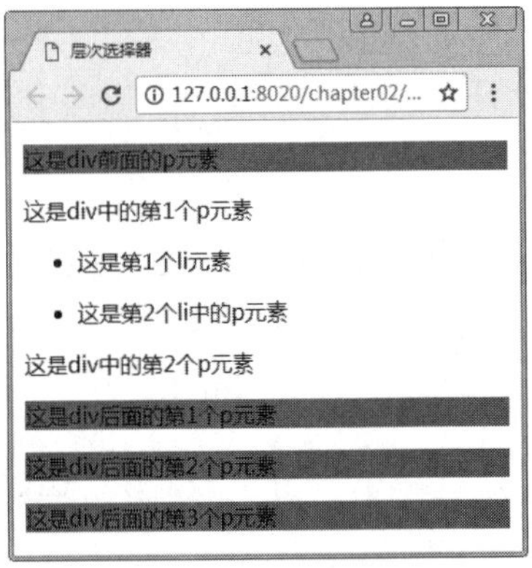

图 2-13　siblings() 获取所有兄弟元素

## 2.4 【案例】折叠式菜单

网页开发中，折叠式菜单可解决导航菜单过多的问题，实现简洁的导航菜单功能，可以很大程度上提升用户体验。本案例将带领读者使用 jQuery 实现折叠式菜单的特效。

**【案例展示】**

本案例要完成折叠式菜单的初始页面效果如图 2-14 所示。

单击图 2-14 中的一级菜单项“会议管理”，此菜单下的内容会被展开，页面效果如图 2-15 所示。

值得一提的是，菜单折叠时，右侧的图标为“ ”，菜单展开时，右侧的图标为“ ”。

图 2-14　页面默认效果

**【案例分析】**

该案例首先需要实现 HTML 结构，然后在静态的 HTML 上添加 jQuery 特效，具体如下。

（1）HTML 结构

根据图 2-15 的页面效果，设计折叠菜单的 HTML 结构，如图 2-16 所示。

从图 2-16 可以看出，整个折叠菜单是一个 ul 元素，ul 中的每一个 li 元素就是一级菜单项，如会议管理。其中，一级菜单项的标题使用 p 元素实现，如会议管理；一级菜单项下的子菜单（二级菜单）是一个 div 元素，子菜单项是通过 a 元素实现的，如主题空间。

（2）jQuery 特效

默认情况下，将所有二级菜单折叠起来，当单击某个一级菜单后，显示该菜单项的子菜单，隐藏其他同级菜单的子菜单。同时，切换一级菜单右侧显示的对应图标。

图 2–15 展开折叠菜单

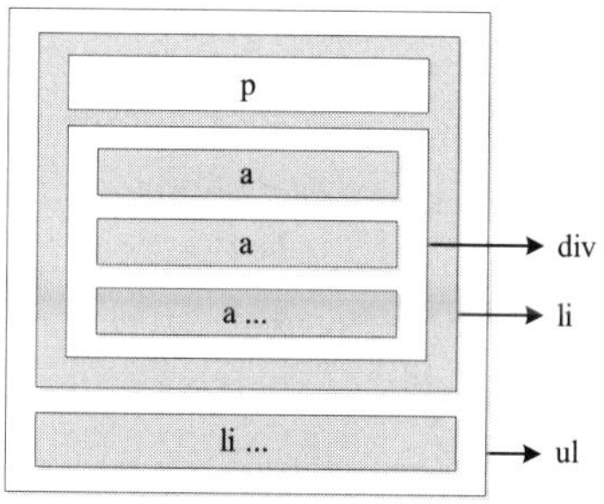


图 2–16 HTML 结构

**【案例实现】**

分析该案例要实现的功能后，接下来通过代码演示该案例的具体实现。

**注意：** 由于本书主要讲解 jQuery 的使用，CSS 代码部分建议读者直接引用案例源码中的 chapter02\menu\css\menu.css 文件。

（1）设计 HTML 结构与样式

本案例的 HTML 代码如 chapter02\menu\menu.html 所示。

menu.html

```
<!DOCTYPE html>
<html>
    <head>
        <meta charset="UTF-8">
        <title>折叠式菜单特效</title>
        <link rel="stylesheet" href="css/menu.css">
    </head>
    <body>
        <ul class="menu-list">
            <li>
                <p class="menu-head">目标管理</p>
                <div class="menu-body">
                    <a href="#">主题空间</a>
                    <a href="#">项目任务</a>
                    <a href="#">工作计划</a>
                    <a href="#">日程事件</a>
                    <a href="#">时间视图</a>
                </div>
            </li>
            <li>
                <p class="menu-head">会议管理</p>
```

```
22                <div  class="menu-body">
23                    <a href="#">主题空间</a>
24                    <a href="#">会议安排</a>
25                    <a href="#">待开会议</a>
26                    <a href="#">已开会议</a>
27                    <a href="#">会议资源</a>
28                </div>
29            </li>
30            <li>
31                <p class="menu-head">知识社区</p>
32                <div class="menu-body">
33                    <a href="#">我的收藏</a>
34                    <a href="#">知识广场</a>
35                    <a href="#">文档中心</a>
36                    <a href="#">我的博客</a>
37                    <a href="#">文档库管理</a>
38                </div>
39            </li>
40            <li>
41                <p class="menu-head">我的工具</p>
42                <div class="menu-body">
43                    <a href="#">综合查询</a>
44                    <a href="#">通讯录</a>
45                    <a href="#">便签</a>
46                    <a href="#">计算器</a>
47                    <a href="#">万年历</a>
48                    <a href="#">常用链接</a>
49                </div>
50            </li>
51        </ul>
52    </body>
53 </html>
```

上述代码中，class 值为 menu-head 的元素表示一级菜单项标题，class 值为 menu-body 的元素表示子菜单（二级菜单）。

其中，第 6 行代码用于引入 CSS 样式文件。使用浏览器访问 menu.html，可以看到完成结构和样式设计后的静态二级菜单均为展开状态，页面效果如图 2-17 所示。

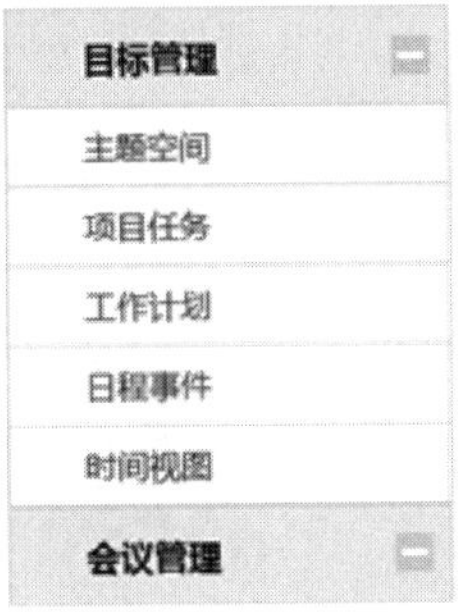


图 2-17　静态页面效果

（2）添加折叠特效

在 menu.html 中添加 jQuery 代码，实现菜单的折叠特效。

menu.html

```
<script src="js/jquery-1.12.4.js"></script>
<script>
```

```
3      // 隐藏所有二级菜单
4      $('.menu-head + div').hide();
5      // 显示当前，隐藏其他
6      $('.menu-head').click(function() {
7          // 设置当前菜单右侧图标样式
8          $(this).css('backgroundImage', 'url(img/pro_down.png)');
9          // 显示当前菜单对应的子菜单
10         $(this).next('div').show();
11         // 获取其他菜单外层的 li 元素
12         var parentli = $(this).parent('li');
13         var lis = parentli.siblings('li');
14         // 找到每个 li 元素下的主菜单，设置主菜单右侧图标样式
15         lis.children('p').css('backgroundImage',
16                                'url(img/pro_left.png)');
17         // 隐藏其他主菜单下的子菜单
18         lis.children('div').hide();
19     });
20 </script>
```

上述代码中，选择器“.menu-head + div”可获取所有菜单项下的子菜单，调用jQuery 提供的 hide() 方法即可完成所有子菜单的隐藏。然后在 class 值为 menu-head 的元素上注册单击事件，每当单击事件被触发时，执行第 7~18 行代码进行相关的处理。

下面分别对第 7~18 行代码进行重点讲解，具体如下所示。

- 第 8 行使用 css() 方法设置被单击的 p 元素的图标。
- 第 10 行使用 next() 方法找到 p 元素下的 div 元素，并调用 jQuery 提供的 show() 方法显示匹配到的元素。
- 第 12 行使用 parent() 方法找到 p 元素上级的 li 元素，并使用变量 parentli 保存。
- 第 13 行使用 parentli 调用 siblings() 方法找到其他同级的 li 元素，即一级菜单。
- 第 15 行使用 children() 方法找到同级 li 元素的子元素 p，并使用 css() 方法设置要显示的图标。
- 第 18 行使用 children() 方法获取同级 li 元素下的 div 元素，并调用 jQuery 提供的 hide() 方法隐藏匹配到的元素。

添加上述 jQuery 代码后，本案例的全部代码已经给出，测试方法读者可以参考案例展示。

## 2.5 过滤选择器

为了快速筛选 DOM 元素，jQuery 提供了一些过滤选择器。过滤选择器支持不同的过滤规则筛选 DOM 元素，与 CSS 中的伪类选择器类似。过滤选择器通常以“:”开头，“:”后面用于指定过滤规则，例如“:first”用于获取第一个元素。

jQuery 过滤选择器按照过滤规则的不同可分为基本过滤选择器、可见性过滤选择器、内容过滤选择器、属性过滤选择器、子元素过滤选择器、表单过滤选择器和表单对象属性过滤选择器。本节对以上 7 种过滤选择器进行详细讲解。

### 2.5.1 基本过滤选择器

在 jQuery 中，基本过滤选择器的过滤规则多数与元素的索引值有关。例如，获取 DOM 中的第一个 p 元素，示例代码如下。

```
$('p:eq(0)');
```

上述代码中，0 代表索引值，第一个 p 元素的索引值为 0。除上述方式外，jQuery 还提供了一个快捷方式，使用“:first”选择器获取第一个元素，示例代码如下。

```
$('p:first');
```

了解基本过滤选择器的使用规律后，下面介绍 jQuery 中常用的与索引和快捷方式筛选元素的基本过滤选择器，具体如表 2–3 所示。

表 2–3 基本过滤选择器

| 选 择 器 | 描 述 | 返 回 值 |
|---|---|---|
| :first | 获取第一个元素 | 单个元素 |
| :last | 获取最后一个元素 | 单个元素 |
| :not(selector) | 获取除给定选择器外的所有元素 | 元素集合 |
| :even | 获取所有索引值为偶数的元素，索引号从 0 开始 | 元素集合 |
| :odd | 获取所有索引值为奇数的元素，索引号从 0 开始 | 元素集合 |
| :eq(index) | 获取指定索引值得元素，索引号从 0 开始 | 单个元素 |
| :gt(index) | 获取所有大于给定索引值的元素，索引号从 0 开始 | 元素集合 |
| :lt(index) | 获取所有小于给定索引值的元素，索引号从 0 开始 | 元素集合 |
| :header | 获取所有标题类型的元素，如 h1，h2，… | 元素集合 |
| :animated | 获取正在执行动画效果的元素 | 元素集合 |

在表 2–3 中，需要注意的是“:even”和“:odd”的使用，它们经常被应用到表格或者列表中。

为了读者更好地理解，接下来通过一个案例演示“:even”和“:odd”选择器的具体使用。HTML 代码片段如 demo2–3.html 所示。

demo2–3.html

```
<ul style="width:200px">
    <li>春天摇身一变</li>
    <li>成了有秘密的人</li>
    <li>枯萎是花瓣的秘密</li>
    <li>凋零是叶子的秘密</li>
```

```
</ul>
```

上述代码中，定义了一个 ul 列表，该列表中包含 4 个 li 元素。使用浏览器访问 demo2–3.html，页面效果如图 2–18 所示。

下面在 demo2–3.html 中添加 jQuery 代码，对获取到的偶数行和奇数行数据做不同的样式处理，如下所示。

```
1 // 索引值为偶数的 li
2 $('li:even').css('backgroundColor', 'pink');
3 // 索引值为奇数的 li
4 $('li:odd').css('border', 'solid 1px black');
```

上述代码中，第 2 行使用“:even”过滤选择器获取索引值为偶数的奇数行 li 元素，然后使用 css() 方法为匹配的 li 元素添加背景色。

第 4 行使用“:odd”过滤选择器获取索引值为奇数的偶数行 li 元素，然后使用 css() 方法为匹配的 li 元素添加边框。

修改完成后使用浏览器访问 demo2–3.html，页面效果如图 2–19 所示。

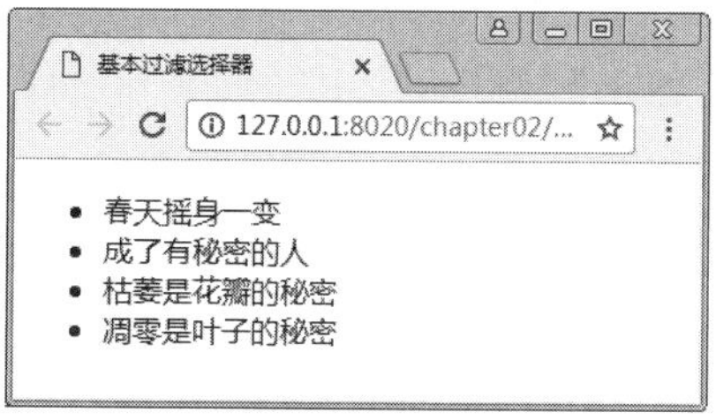


图 2–18　页面默认效果

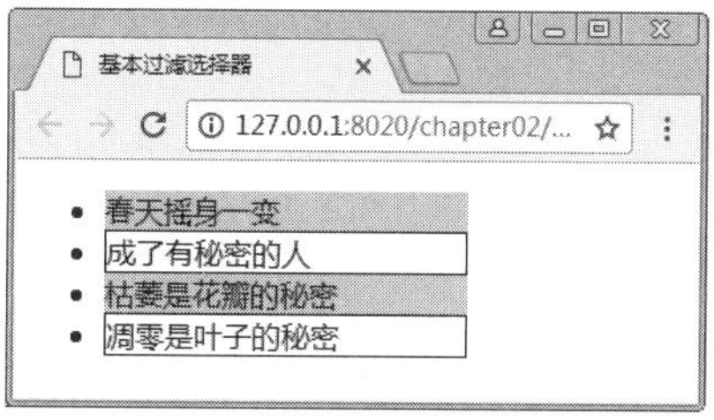


图 2–19　添加 jQuery 代码后页面效果

### 2.5.2　可见性过滤选择器

在网页开发中，具有动态效果的页面往往有很多元素被隐藏。例如，折叠式菜单中，折叠起来的子菜单实际上是被隐藏的元素，又称不可见元素，展开的子菜单即可见元素。

jQuery 中提供了可见性过滤选择器，可根据元素的可见性来获取元素，具体如表 2–4 所示。

表 2–4　可见性过滤选择器

| 选择器 | 描述 | 返回值 |
|---|---|---|
| :visible | 获取所有的可见元素 | 元素集合 |
| :hidden | 获取所有不可见元素 | 元素集合 |

表 2–4 中的“:hidden”选择器可以获取 CSS 样式为“display: none”，以及属性“type="hidden"”的文本隐藏域。

为了读者更好地理解，接下来通过一个案例演示“:visible”和“:hidden”选择器的具体用法，HTML 代码片段如 demo2–4.html 所示。

demo2-4.html

```
<p id="dis">显示文本1</p>
<p id="vis">显示文本2</p>
<input type="hidden" value="隐藏文本域">
```

上述代码中，定义了两个 id 值不同的 p 元素和一个 input 隐藏文本域，两个 p 元素默认在页面上可见，input 默认不可见。使用浏览器访问 demo2-4.html，页面效果如图 2-20 所示。

下面在 demo2-4.html 中添加 jQuery 代码，对获取到的可见元素设置背景色，并在控制台打印输出，如下所示。

```
1  // 获取所有可见元素，添加背景色
2  $(':visible').css('backgroundColor', 'yellow');
3  // 在控制台输出元素集合
4  console.log($(':visible'));
```

上述代码中，使用“:visible”选择器获取所有可见的元素，并为获取到的元素添加背景色，第 4 行代码用于在控制台输出使用“:visible”选择器获取的所有可见元素的集合。修改完成后使用浏览器访问 demo2-4.html，页面效果如图 2-21 所示。

在图 2-21 中，整个页面都被添加了背景色，展开控制台的“jQuery.fn.init(4)”集合，可以看到使用“:visible”选择器获取到的 4 个可见性元素，除自定义的两个 p 元素外，还包含 html 和 body 元素，如图 2-21 所示。

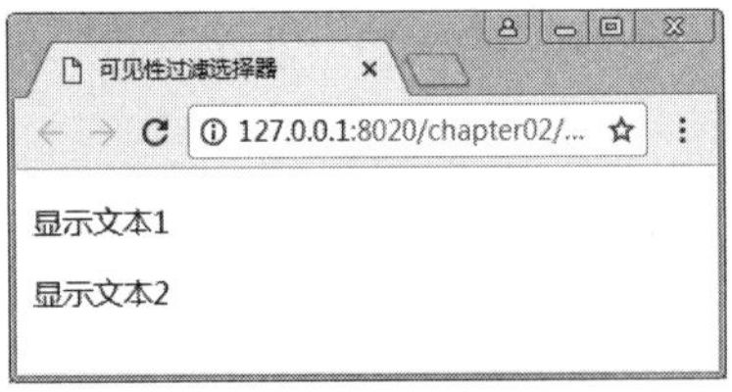


图 2-20　页面默认效果

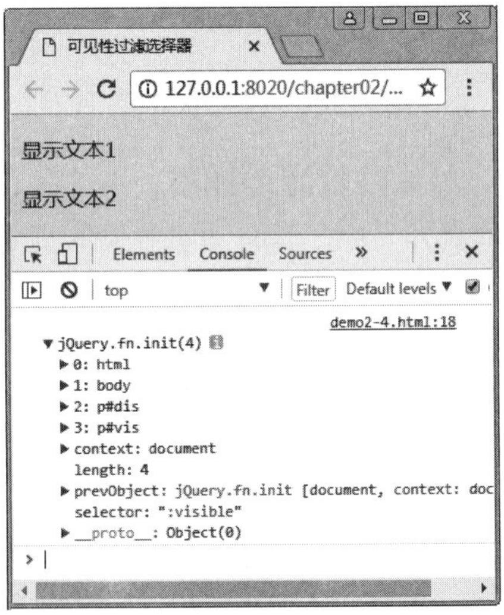


图 2-21　demo2-4.html 添加背景色

继续修改 demo2-4.html 中的 jQuery 代码，替换为如下代码。

```
// 获取显示的 p 元素，设置两种不同的隐藏方式
$('#dis:visible').css('display', 'none');
$('#vis:visible').css('visibility', 'hidden');
// 获取隐藏的元素，在控制台输出元素集合
```

```
5 console.log('隐藏的 p 元素：');
6 console.log($('p:hidden'));
7 console.log('隐藏域 input：');
8 console.log($('input:hidden'));
```

上述代码中，分别使用两种不同方式将两个 p 元素隐藏起来，第 2 行通过样式“display: none”隐藏 id 值为 dis 的 p 元素，第 3 行通过样式“visibility: hidden”隐藏 id 值为 vis 的 p 元素。第 6 行和第 8 行用于输出使用“:hidden”选择器获取的隐藏元素的集合。

修改完成后，使用浏览器访问 demo2-4.html，页面效果如图 2-22 所示。

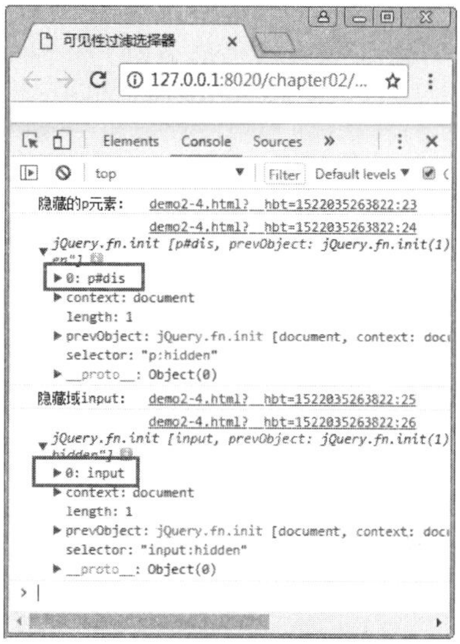


图 2-22 隐藏 p 元素的页面效果

从图 2-22 中可以看出，网页中的两个 p 元素都已被隐藏。展开控制台中通过“:hidden”获取的隐藏元素，可以看到，使用“:hidden”选择器获取到了 id 值为 dis 的 p 元素和 input 隐藏域，但是没有获取到 id 值为 vis 的 p 元素，说明“:hidden”选择器无法获取 CSS 样式为“visibility: hidden”的隐藏元素。

**注意：** input 隐藏域一般不会设置样式，但是如果为 input 隐藏域设置 CSS 样式为“visibility: hidden”，“:hidden”选择器同样可以获取到该元素。

## 2.5.3 内容过滤选择器

元素的内容是指它所包含的子元素或文本内容，jQuery 中提供的内容过滤选择器可根据元素的内容来获取元素，具体如表 2-5 所示。

表 2-5 内容过滤选择器

| 选 择 器 | 描 述 | 返 回 值 |
| --- | --- | --- |
| :contains(text) | 获取包含给定文本的元素 | 元素集合 |
| :empty | 获取所有不包含子元素或者文本的空元素 | 元素集合 |
| :has(selector) | 获取含有选择器所匹配的元素 | 元素集合 |
| :parent | 获取含有子元素或者文本的元素 | 元素集合 |

为了读者更好地理解，接下来通过一个案例演示内容过滤选择器的具体使用，HTML 代码片段如 demo2-5.html 所示。

demo2-5.html

```
<style>
    div {
        width: 200px;
```

```
            height: 30px;
            margin: 5px;
            border: solid 1px black;
        }
    </style>
    <div>我是div元素的文本</div>
    <div>我也是div元素的文本</div>
    <div><span>我是div内span元素的文本</span></div>
    <div></div>
```

上述代码中定义了 4 个 div 元素，并为 div 元素添加初始样式。

使用浏览器访问 demo2–5.html，页面效果如图 2–23 所示。

在图 2–23 中，第 2 个 div 元素的文本相比第 1 个 div 元素多了一个“也”字。下面在 demo2–5.html 中添加 jQuery 代码，为含有“也”字的 div 设置背景色，如下所示。

```
$('div:contains(也)').css('background', 'pink');
```

上述代码中，使用“:contains”选择器获取文本中包含“也”字的 div 元素，然后为匹配元素添加背景色。修改完成后，使用浏览器访问 demo2–5.html，页面效果如图 2–24 所示。

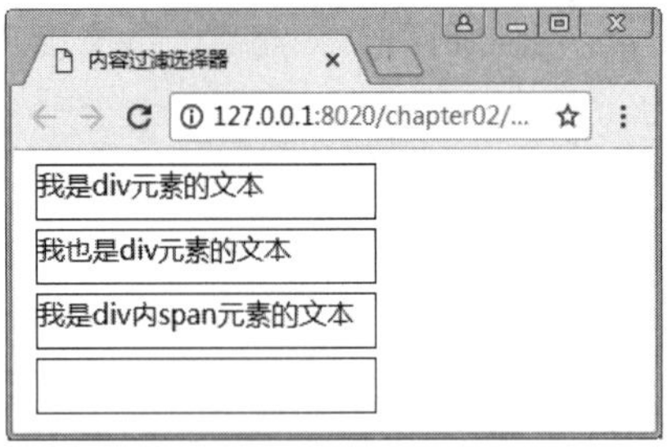

图 2–23　demo2–5.html 页面效果

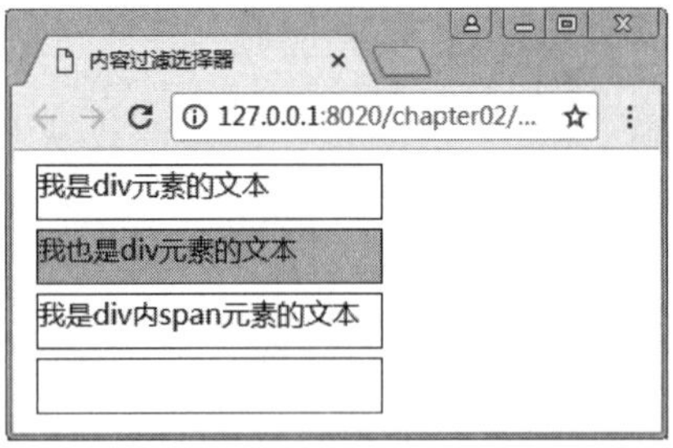

图 2–24　:contains 选择器

继续修改 demo2–5.html 中的 jQuery 代码，为含有 span 标签的 div 元素设置背景色，如下所示。

```
$('div:has(span)').css('background', 'pink');
```

上述代码中，使用“:has(selector)”选择器获取文本包含子元素 span 的 div 元素，然后为匹配元素添加背景色。修改完成后，使用浏览器访问 demo2–5.html，页面效果如图 2–25 所示。

继续修改 demo2–5.html 中的 jQuery 代码，为空的 div 元素设置背景色，如下所示。

```
$('div:empty').css('background', 'pink');
```

上述代码中，使用“:empty”选择器可获取没有元素内容的 div 元素，然后为匹配元素添加背景色。修改完成后，使用浏览器访问 demo2–5.html，页面效果如图 2–26 所示。

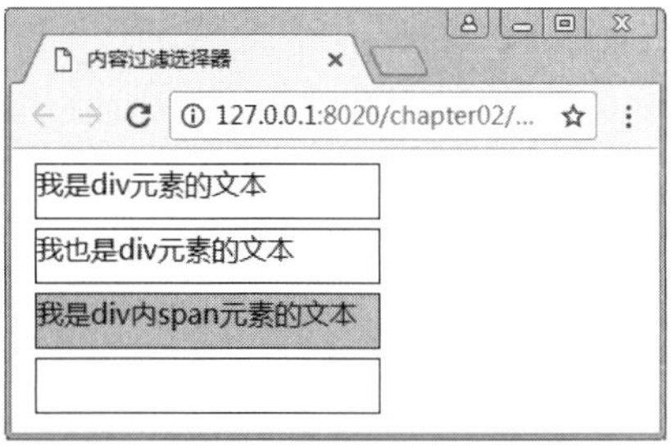


图 2-25　has(selector) 选择器

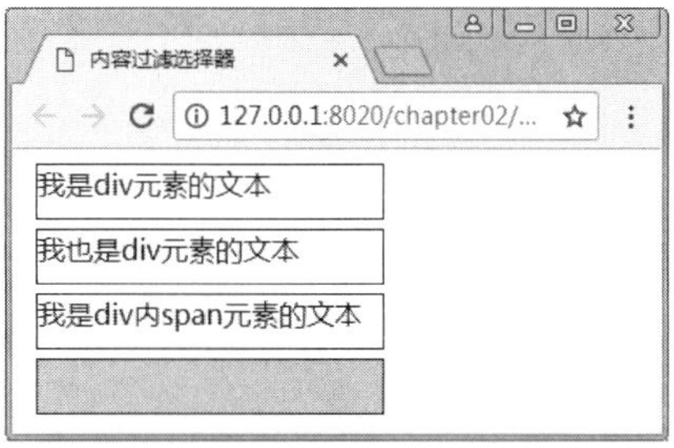


图 2-26　:empty 选择器

最后修改 demo2-5.html 中的 jQuery 代码，为所有内容不为空的元素设置背景色，如下所示。

```
$('div:parent').css('background', 'pink');
```

上述代码中，使用“:parent”选择器可获取内容不为空的元素，然后为匹配元素添加背景色。修改完成后，使用浏览器访问 demo2-5.html，页面效果如图 2-27 所示。

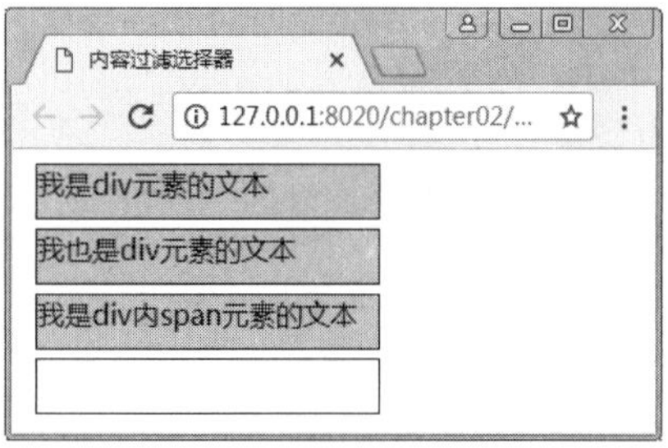


图 2-27　:parent 选择器

### 2.5.4　属性过滤选择器

jQuery 不仅可以通过元素的内容筛选元素，也可以通过元素的属性来筛选元素。jQuery 的属性过滤选择器将过滤规则包裹在“[]”中，具体如表 2-6 所示。

表 2-6　属性过滤选择器

| 选　择　器 | 描　　述 | 返　回　值 |
|---|---|---|
| [attribute] | 获取包含给定属性的元素 | 元素集合 |
| [attribute=value] | 获取等于给定的属性是某个特定值的元素 | 元素集合 |
| [attribute!=value] | 获取不等于给定的属性是某个特定值的元素 | 元素集合 |
| [attribute^=value] | 获取给定的属性是以某些值开始的元素 | 元素集合 |
| [attribute$=value] | 获取给定的属性是以某些值结尾的元素 | 元素集合 |
| [attribute*=value] | 获取给定的属性是以包含某些值的元素 | 元素集合 |
| [selector1][selector2][selectorN] | 获取满足多个条件的复合属性的元素 | 元素集合 |

为了读者更好地理解，接下来通过一个案例演示属性过滤选择器的具体使用，HTML 代码片段如 demo2-6.html 所示。

demo2-6.html

```
<style>
    div {
```

```
        width: 200px;
        margin: 5px;
        border: solid 1px black;
    }
</style>
<div class="dv">class=dv</div>
<div title=" 标题 ">title= 标题 </div>
<div class="dv1" title=" 标题 1">class=dv1 title= 标题 1</div>
<div class="dv1" title=" 标题 2">class=dv1 title= 标题 2</div>
```

上述代码中定义了 4 个 div 元素，并为 div 元素添加了不同的 class 和 title 属性值。使用浏览器访问 demo2−6.html，页面效果如图 2−28 所示。

下面在 demo2−6.html 中添加 jQuery 代码，获取 class 属性值以 d 开头的元素，如下所示。

```
$('[class^=d]').css('background', 'yellow');
```

上述代码中，使用“[class^=d]”获取 class 属性值以 d 开头的元素，然后为匹配元素添加背景色。修改完成后，使用浏览器访问 demo2−6.html，页面效果如图 2−29 所示。

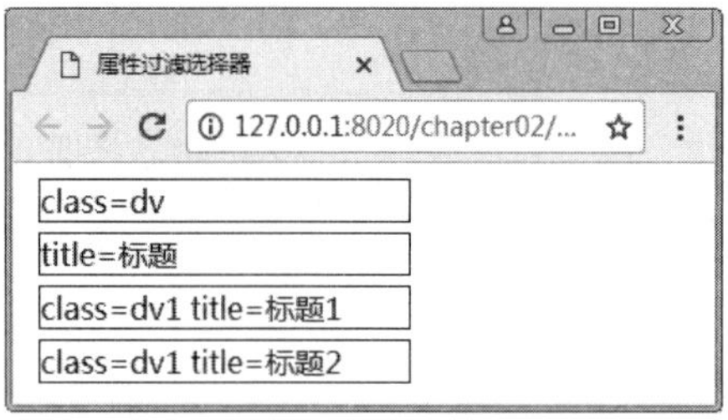


图 2−28　demo2−6.html 页面效果

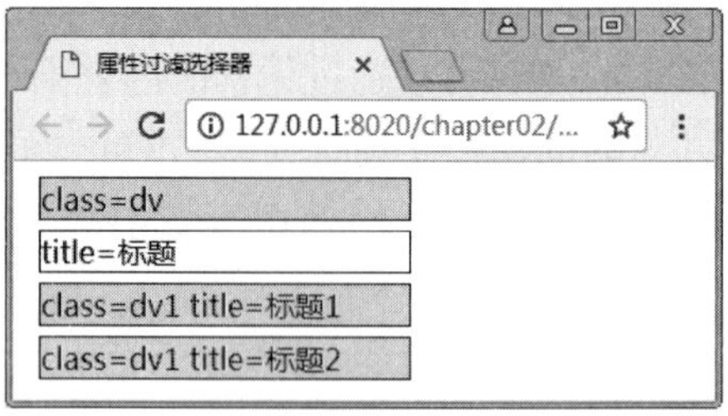


图 2−29　模糊匹配属性值

继续修改 demo2−6.html 中的 jQuery 代码，获取 class 值为 dv1，且 title 属性值中含有“2”的元素，如下所示。

```
$('[class=dv1][title*=2]').css('background','yellow');
```

上述代码中，使用“[class=dv1][title*=2]”选择器获取 class 值为 dv1 并且 title 值包含“2”的元素，然后为匹配元素添加背景色。修改完成后，使用浏览器访问 demo2−6.html，页面效果如图 2−30 所示。

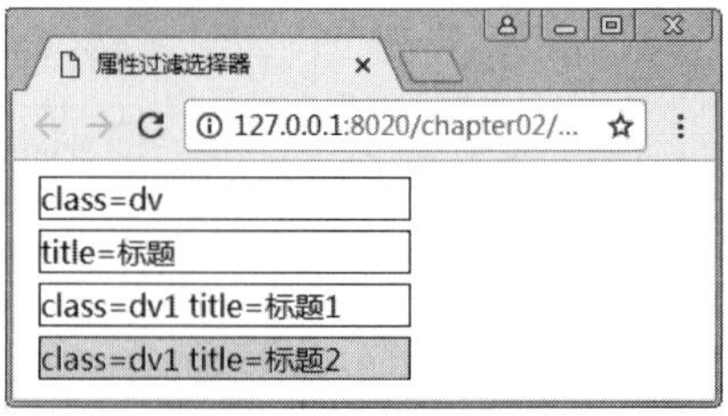


图 2−30　匹配复合属性

### 2.5.5　子元素过滤选择器

jQuery 中子元素过滤选择器通过父元素和子元素的关系，来获取相应的元素，可同时获取不同父元素下满足条件的子元素。例如，HTML 代码中有两个 ul 列表，如下所示。

```
<ul>
    <li>item 1-0</li>
    <li>item 1-1</li>
</ul>
<ul>
    <li>item 2-0</li>
    <li>item 2-1</li>
</ul>
```

如果想同时获取上述代码中的两个 ul 列表下的第 1 个 li 元素，便可以使用子元素过滤选择器，示例代码如下所示。

```
$('li:first-child');
```

与层次选择器中的子元素选择器相比，子元素过滤选择器拥有较灵活的过滤规则，jQuery 中的子元素过滤器具体如表 2–7 所示。

表 2–7　子元素过滤选择器

| 选 择 器 | 描　　述 | 返 回 值 |
|---|---|---|
| :first–child | 获取每个父元素下的第一个子元素 | 元素集合 |
| :last–child | 获取每个父元素下的最后一个子元素 | 元素集合 |
| :only–child | 获取每个仅有一个子元素的父元素下的子元素 | 元素集合 |
| :nth–child(eq\|even\|odd\|index) | 获取每个元素下的特定元素，索引号从 1 开始 | 元素集合 |

为了读者更好地理解，接下来通过一个案例演示子元素过滤选择器的具体使用，HTML 代码片段如 demo2–7.html 所示。

demo2–7.html

```
<ul>
    <li> 北京 </li>
    <li> 上海 </li>
</ul>
<ul>
    <li> 广州 </li>
    <li> 深圳 </li>
</ul>
<ul>
    <li> 天津 </li>
</ul>
<ul>
    <li> 重庆 </li>
</ul>
```

上述代码中定义了 4 个 ul 列表，前面两个 ul 列表分别包含 2 个 li 子元素，后面两个

ul 列表分别包含 1 个 li 子元素。

接着在 demo2−7.html 中添加 jQuery 代码，获取父元素下仅含一个的子元素，如下所示。

```
$('li:only-child').css('background', 'orange');
```

上述代码中，使用“:only−child”选择器获取所有仅包含一个 li 元素的 ul 列表下的 li 元素，然后为匹配的元素添加背景色。使用浏览器访问 demo2−7.html，页面效果如图 2−31 所示。

继续修改 demo2−7.html 中的 jQuery 代码，获取元素指定元素下的第一个元素，如下所示。

```
$('li:nth-child(1)').css('background', 'orange');
```

上述代码中，使用“:nth−child(1)”选择器，获取每个 ul 列表的第 1 个 li 元素，然后为匹配的元素添加背景色，需要注意的是，nth−child 的参数索引值从 1 开始。

修改完成后，使用浏览器访问 demo2−7.html，页面效果如图 2−32 所示。

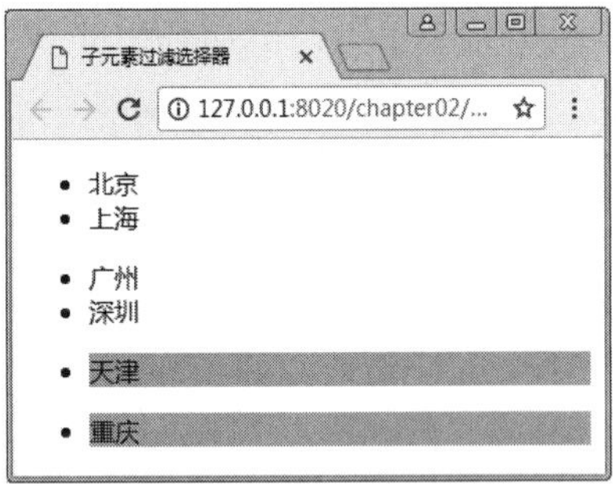


图 2−31　父元素下仅有的一个子元素

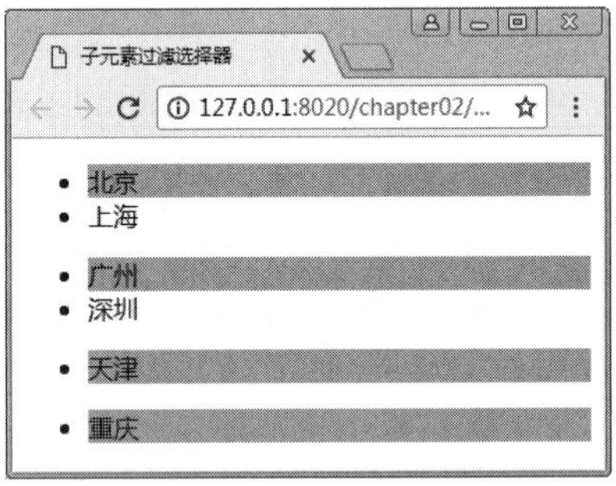


图 2−32　获取每个 ul 的第 1 个 li 元素

### 2.5.6　表单过滤选择器

为了更加方便和高效地使用表单，jQuery 中提供了表单过滤选择器。通过表单选择器可以在页面中快速定位表单中某个类型元素的集合。

例如，获取某表单中所有复选框元素集合，示例代码如下。

```
$('form :checkbox')
```

上述代码中，“:checkbox”表示获取的元素集合类型为复选框。

在了解表单过滤选择器的基本使用方法后，下面介绍 jQuery 中常用的表单过滤选择器，具体如表 2−8 所示。

表 2−8　表单过滤选择器

| 选择器 | 描述 | 返回值 |
|---|---|---|
| :input | 获取表单中所有 input、textarea、select 和 button 元素（表单控件） | 元素集合 |
| :text | 获取表单中所有 input[type=text] 的元素（单行文本框） | 元素集合 |

续表

| 选择器 | 描述 | 返回值 |
|---|---|---|
| :password | 获取表单中所有 input[type=password] 的元素（密码框） | 元素集合 |
| :radio | 获取表单中所有 input[type=radio] 的元素（单选按钮） | 元素集合 |
| :checkbox | 获取表单中所有 input[type=checkbox] 的元素（复选框） | 元素集合 |
| :submit | 获取表单中所有 input[type=submit] 的元素（提交按钮） | 元素集合 |
| :image | 获取表单中所有 input[type=image] 的元素（图像域） | 元素集合 |
| :reset | 获取表单中所有 input[type=reset] 的元素（重置按钮） | 元素集合 |
| :button | 获取表单中所有 input[type=button] 的元素和 button 元素（普通按钮） | 元素集合 |
| :file | 获取表单中所有 input[type=file] 的元素（文件域） | 元素集合 |

表 2-8 中列出了针对不同类型的表单控件的选择器。在使用时需要注意“:button”和“:image”选择器的区别，具体如下所示。

- “:button”选择器的作用范围，包含使用 input[type=button] 和 button 元素定义的按钮。
- “:image”选择器的作用范围，包含使用 input[type=image] 定义的图像，但不包含 img 元素定义的图像。

为了读者更好地理解，接下来通过一个案例演示“:button”“:image”“:input”表单过滤选择器的具体用法，HTML 代码片段如 demo2-8.html 所示。

demo2-8.html

```
<form id="myForm">
    昵称：<input type="text" value="text"><br>
    密码：<input type="password" value="password"><br>
    性别：<input type="radio"><span>男</span>
        <input type="radio"><span>女</span><br>
    爱好：<input type="checkbox"><span>游泳</span>
        <input type="checkbox"><span>旅行</span><br>
    照片1:<img src="img/1.jpg" width="100"><br>
    照片2：<input type="image" src="img/1.jpg" width="150"><br>
    说明：<textarea></textarea><br>
    <input type="reset" value="重置">
    <button>清空</button>
    <input type="button" value="保存">
    <input type="submit" value="提交">
</form>
```

上述代码中，定义了一个 id 值为 myForm 的表单，并在该表单中设置了 10 种表单控件，使用浏览器访问 demo2-8.html，页面效果如图 2-33 所示。

下面在 demo2-8.html 中添加 jQuery 代码，隐藏 button 定义的按钮，如下所示。

```
$('#myForm :button').hide();
```

上述代码中，使用 :button 选择器获取按钮，然后调用 hide() 方法隐藏元素。再次访问 demo2-8.html，可以看到 input 定义的 button 按钮和 button 元素定义的按钮被隐藏了，如图 2-34 所示。

图 2-33　页面默认效果

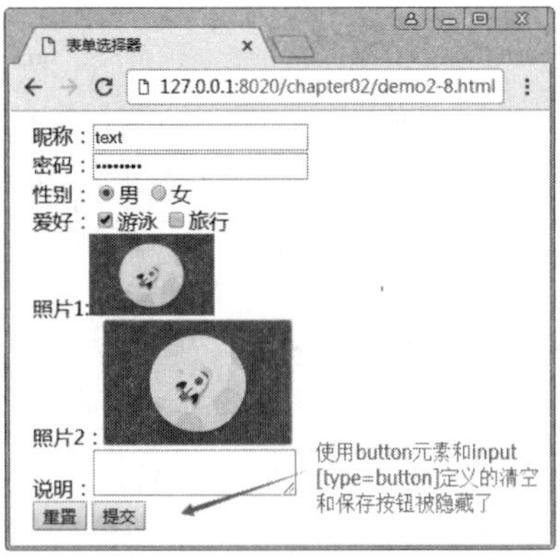


图 2-34　:button 选择器使用效果

接着修改 demo2-8.html 中的 jQuery 代码，隐藏 input 定义的图片，如下所示。

```
$('#myForm :image').hide();
```

上述代码中，使用“:image”选择器获取 input[type=image] 定义的图像，然后调用 hide() 方法隐藏图像后，使用浏览器访问 demo2-8.html，页面效果如图 2-35 所示。

继续修改 demo2-8.html 中的 jQuery 代码，隐藏表单中的所有控件，如下所示。

```
$('#myForm :input').hide();
```

上述代码中，使用“:input”选择器可以获取表单中包含 input、textarea 的所有控件，然后调用 hide() 方法隐藏匹配到的所有元素。修改完成后，使用浏览器访问 demo2-8.html，页面效果如图 2-36 所示。

图 2-35　:image 选择器使用效果

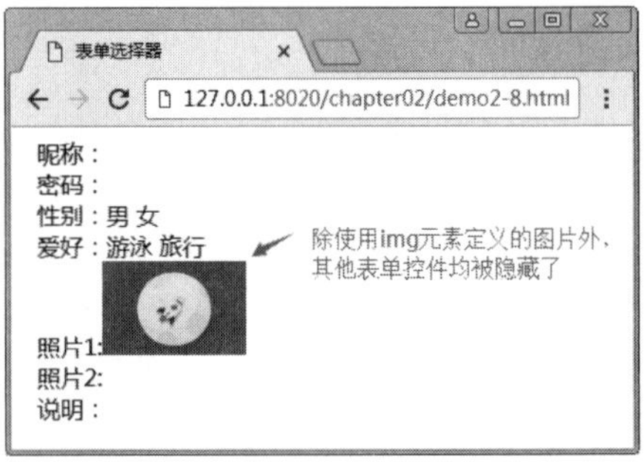


图 2-36　:input 选择器使用效果

从图 2-36 可以看出，除了使用 img 元素定义的图像外，所有表单控件都被隐藏了。

### 2.5.7　表单对象属性过滤选择器

表单对象有一些专有属性用于表示表单的某种状态，例如 enabled、disabled、checked、selected 属性。jQuery 中也提供了表单对象属性过滤选择器，可通过表单中的对象属性特征获取该类元素，具体如表 2-9 所示。

表 2-9　表单对象属性过滤选择器

| 选 择 器 | 描　　述 | 返 回 值 |
| --- | --- | --- |
| :enabled | 获取表单中所有属性为可用的元素 | 元素集合 |
| :disabled | 获取表单中所有属性为不可用的元素 | 元素集合 |
| :checked | 获取表单中所有被选中的元素 | 元素集合 |
| :selected | 获取表单中所有被选中 option 的元素 | 元素集合 |

为了读者更好地理解，接下来通过一个案例演示“:checked”过滤选择器的具体使用，下面以 demo2-8.html 的结构为例，修改其 jQuery 代码，隐藏所有被选中的元素，如下所示。

```
$('input:checked').hide();
```

上述代码中，首先使用“:checked”选择器获取选中状态的元素，然后隐藏。使用浏览器访问 demo2-8.html，页面效果如图 2-37 所示。

图 2-37　选中状态元素被隐藏

## 2.6　【案例】精品展示

在电商网站或电商 App 的首页设计中，通常包括精品展示功能。精品展示功能通常用来推送目前热卖的商品，并支持快速切换商品。本案例将带领读者使用 jQuery 代码实现一个商品切换的网页特效。

【案例展示】

本案例要完成精品展示的初始页面效果如图 2-38 所示。

在图 2–38 中，当鼠标悬停在两侧菜单栏的某一项时，会显示当前菜单所对应的商品图片链接，如图 2–39 所示。

图 2–38　页面默认效果

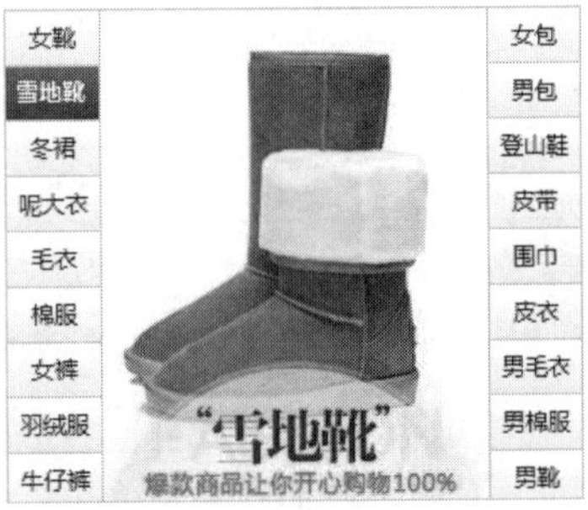


图 2–39　切换商品菜单

【案例分析】

该案例首先需要实现HTML结构，然后在静态的HTML上添加jQuery特效，具体如下。

（1）HTML 结构

根据图 2–38 的页面效果，设计精品展示的 HTML 结构，如图 2–40 所示。

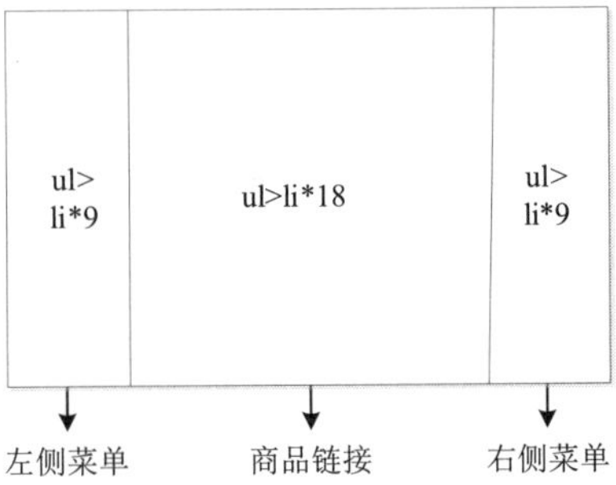


图 2–40　HTML 结构

在图 2–40 中，最外层是一个 div 元素，div 元素中包含 3 个 ul 列表，这 3 个列表分别用于实现左侧菜单、商品链接和右侧菜单。

左侧菜单和右侧菜单中分别包含 9 个 li 元素，用于显示菜单名称，中间的 ul 列表包含 18 个 li 元素，用于存放对应左右菜单的商品链接。其中，前面 9 个 li 元素用于对应左侧菜单，后面 9 个 li 元素用于对应右侧菜单。

（2）jQuery 特效

当鼠标悬停在某个菜单项上时，显示该菜单项对应的商品链接。左侧菜单和右侧菜单需要单独注册鼠标悬停事件。

在左侧菜单鼠标悬停事件的回调函数中，首先获取当前菜单项 li 元素的索引值，然后找到商品链接区域相同索引值的 li 元素，显示该 li 元素，隐藏同级元素。

右侧菜单事件回调函数中的操作与左侧菜单基本相同，区别是由于中间列表的后 9 个 li 元素用于对应右侧菜单，所以要找到右侧菜单对应的商品链接区域，需要将其索引值加 9。

【案例实现】

分析该案例要实现的功能后，接下来通过代码演示该案例的具体实现。

**注意：** 由于本书主要讲解 jQuery 的使用，CSS 代码部分建议读者直接引用案例源码中的 chapter02\goods\css\good.css 文件。

（1）设计 HTML 结构与样式

本案例的 HTML 代码如 chapter02\goods\goods.html 所示。

goods.html

```
<!DOCTYPE html>
<html>
    <head>
        <meta charset="UTF-8">
        <title>精品展示</title>
        <link rel="stylesheet" href="css/good.css">
    </head>
    <body>
        <div class="wrapper">
            <ul id="left">
                <li><a href="#">女靴</a></li>
                <li><a href="#">雪地靴</a></li>
                <li><a href="#">冬裙</a></li>
                <li><a href="#">呢大衣</a></li>
                <li><a href="#">毛衣</a></li>
                <li><a href="#">棉服</a></li>
                <li><a href="#">女裤</a></li>
                <li><a href="#">羽绒服</a></li>
                <li><a href="#">牛仔裤</a></li>
            </ul>
            <ul id="center">
                <li><a href="#"><img src="img/女靴.jpg"></a></li>
                <li><a href="#"><img src="img/雪地靴.jpg"></a></li>
                <li><a href="#"><img src="img/冬裙.jpg"></a></li>
                <li><a href="#"><img src="img/呢大衣.jpg"></a></li>
                <li><a href="#"><img src="img/毛衣.jpg"></a></li>
                <li><a href="#"><img src="img/棉服.jpg"></a></li>
                <li><a href="#"><img src="img/女裤.jpg"></a></li>
                <li><a href="#"><img src="img/羽绒服.jpg"></a></li>
                <li><a href="#"><img src="img/牛仔裤.jpg"></a></li>
                <li><a href="#"><img src="img/女包.jpg"></a></li>
                <li><a href="#"><img src="img/男包.jpg"></a></li>
                <li><a href="#"><img src="img/登山鞋.jpg"></a></li>
                <li><a href="#"><img src="img/皮带.jpg"></a></li>
                <li><a href="#"><img src="img/围巾.jpg"></a></li>
                <li><a href="#"><img src="img/皮衣.jpg"></a></li>
                <li><a href="#"><img src="img/男毛衣.jpg"></a></li>
                <li><a href="#"><img src="img/男棉服.jpg"></a></li>
                <li><a href="#"><img src="img/男靴.jpg"></a></li>
            </ul>
            <ul id="right">
                <li><a href="#">女包</a></li>
                <li><a href="#">男包</a></li>
                <li><a href="#">登山鞋</a></li>
                <li><a href="#">皮带</a></li>
```

```
                <li><a href="#">围巾</a></li>
                <li><a href="#">皮衣</a></li>
                <li><a href="#">男毛衣</a></li>
                <li><a href="#">男棉服</a></li>
                <li><a href="#">男靴</a></li>
            </ul>
        </div>
    </body>
</html>
```

上述代码中，id 值为 left 的 ul 用于定义左侧菜单，id 值为 center 的 ul 用于定义商品链接区域，id 值为 right 的 ul 用于定义右侧菜单。引入 CSS 样式后，该页面的静态效果如图 2–41 所示。

图 2–41　goods.html 静态页面

在图 2–41 中，鼠标悬停在菜单上，菜单背景发生变化的效果通过 CSS 代码来实现，此时商品链接并不会连同菜单一起切换。

（2）添加 jQuery 特效

在图 2–38 所示的静态页面基础上，goods.html 使用 JavaScript 代码添加动态效果，如下所示。

goods.html

```
1  <script src="js/jquery-1.12.4.js"></script>
2  <script>
3      // 获取左侧的列表中的 li 注册鼠标进入的事件
4      $('#left > li').mouseover(function() {
5          // 获取当前的 li 的索引值 .index() 方法
6          var index = $(this).index();
7          // 商品链接列表中，除与菜单索引值相同的选项，都隐藏起来
8          $('#center > li:eq(' + index + ')').siblings('li').hide();
9          $('#center > li:eq(' + index + ')').show();
10     });
11     // 获取右侧的列表中的 li 注册鼠标进入的事件
12     $('#right > li').mouseover(function() {
13         // 由于左侧菜单有 9 个，所以右侧菜单索引值需要 +9
14         var index = $(this).index() + 9;
15         $('#center > li:eq(' + index + ')').siblings('li').hide();
16         $('#center > li:eq(' + index + ')').show();
17     });
18 </script>
```

上述代码中，第 4~10 行用于为左侧菜单的每个菜单项注册鼠标悬停事件，第 12~17 行用于为右侧菜单的每个菜单项注册鼠标悬停事件。两个事件回调函数的区别在于右侧

菜单的索引值需要加 9。

至此，本案例的全部代码已经实现，读者可参考案例展示中的具体说明，对完成后的案例进行测试，观察程序是否正确执行。

## 本章小结

本章讲解了 jQuery 选择器的相关知识，首先介绍了 jQuery 选择器的概念和优势，然后通过分类的方式讲解了不同类型选择器的使用。jQuery 选择器主要分为基本选择器、层次选择器和过滤选择器。

学习本章内容，要求读者了解 jQuery 选择器的优势，掌握基本选择器和层次选择器的使用，熟悉过滤选择器的使用。在实际开发中，读者可以根据实际情况选择合适的选择器获取元素，进而操作 DOM、添加事件等。

## 课后习题

### 一、填空题

1. jQuery 选择器按照功能可以分为 3 类，它们是______、______和______。
2. 与 prev + next 选择器作用相同的方法是______。
3. $('selector1,selector2,… ,selectorN'); 是______选择器的语法。
4. jQuery 中______选择器用于获取正在执行动画效果的元素。
5. :eq(index) 选择器的 index 值从______开始。

### 二、判断题

1. :nth-child(index) 选择器的 index 值从 0 开始。 (　　)
2. :input 选择器能够获取到 img 元素定义的图片。 (　　)
3. :first-child 选择器可以同时获取多个父元素下的子元素。 (　　)
4. :image 选择器可以用来获取任何图像元素。 (　　)
5. :button 选择器可以用来获取使用 button 元素定义的按钮。 (　　)

### 三、选择题

1. 下列选项中，属于 jQuery 可见性过滤选择器的是（　　）。

   A. :display　　B. :hidden　　C. :show　　D. :visible

2. 下列选项中，不属于 jQuery 基本选择器的是（　　）。

   A. element　　B. #id　　C. selector　　D. .class

3. 下列选项中，可以用来获取所有 textarea 元素的选择器是（　　）。

   A. :input　　B. :form　　C. :all　　D. :allinput

4. 下列选项中，与元素索引值相关的选择器是（　　）。

A. :even　　B. :odd　　C. :not(selector)　　D. :last

5. 下列有关 jQuery 选择器的说法错误的是（　　）。

A. :only-child 选择器可以获取某个父元素中唯一的子元素

B. :first-child 选择器可以获取 ul 列表下的 li 元素

C. prev ~ siblings 选择器与 siblings() 方法的使用效果一致

D. parent > child 选择器与 children() 方法的使用效果一致

## 四、简答题

1. 简述与 JavaScript 相比，使用 jQuery 选择器获取元素有什么优势。

2. 阅读下面程序，列举 3 种获取第 2 个 p 元素的方法。

```
<div id="dv">
    <p> 这是 div 中的第 1 个 p 元素 </p>
    <p> 这是 div 中的第 2 个 p 元素 </p>
</div>
```

3. 简述如何通过 jQuery 获取如下代码中 name 属性含有 letter 的元素。

```
<input name="newsletter">
<input name="milkman">
<input name="jobletter">
```

## 五、编程题

1. 编写代码，实现当鼠标经过“一级菜单”时，显示“二级菜单”。参考页面效果如图 2–42 所示。

2. 利用 jQuery 选择器获取元素并设置样式，实现国际象棋棋盘图案效果。参考页面效果如图 2–43 所示。

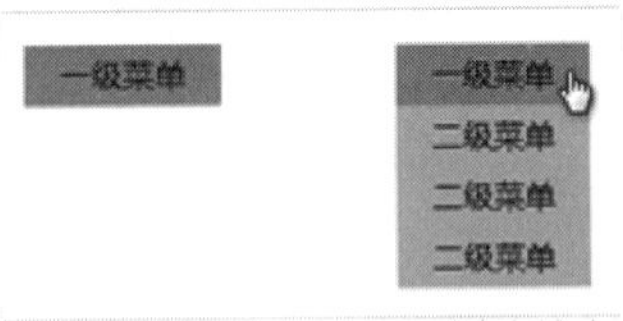


（a）鼠标经过前　（b）鼠标经过后

图 2–42　二级菜单

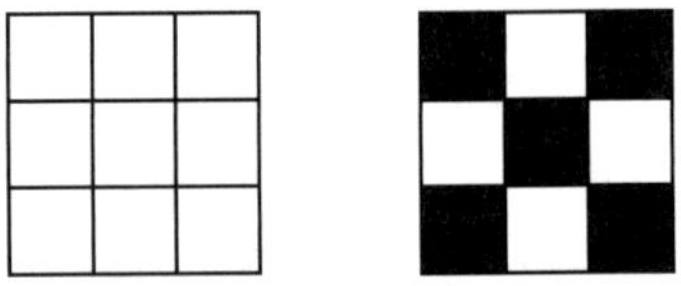

（a）生成棋盘前　（b）生成棋盘后

图 2–43　国际象棋棋盘

# 第3章

# jQuery 操作 DOM

对于前端开发人员而言，DOM 在整个网页开发中都是很关键的，它可用于检索网页内任意元素或内容的索引目录。利用 DOM 提供的接口可以操作页面中的元素，还可以添加、删除以及修改元素的属性、样式、内容等。本章将针对 jQuery 中的 DOM 操作进行详细的讲解。

【教学导航】

| | |
|---|---|
| 学习目标 | 1．掌握 jQuery 操作元素样式的方法<br>2．掌握 jQuery 操作元素属性的方法<br>3．掌握 jQuery 操作元素内容的方法<br>4．掌握 jQuery 操作 DOM 节点的方法<br>5．了解 jQuery 链式编程的使用 |
| 学习方式 | 本章内容以理论讲解、代码演示和案例效果展示为主 |
| 重点知识 | 1．jQuery 操作元素样式的方法<br>2．jQuery 操作元素属性的方法<br>3．jQuery 操作元素内容的方法<br>4．jQuery 操作 DOM 节点的方法 |
| 关键词 | addClass、toggleClass、attr、val、text、append、prepend、empty、clone、each、链式编程 |

## 3.1 操作元素样式

虽然传统的 CSS 样式表可以实现对元素的修饰，但如果可以任意操作元素现有的样式，或者为元素添加新的样式，Web 页面就会变得灵活多变。为此，jQuery 中提供了一些操作元素样式的方法，本节将为读者详细讲解这些方法的使用。

### 3.1.1 操作样式属性

jQuery 提供了专门操作元素样式属性的 css() 方法，利用该方法可以很容易地修改 style 样式中的属性。

下面从获取样式属性值和设置样式属性值两个方面介绍 css() 方法的使用细节。

1. 获取样式属性值

获取样式属性就是把需要获取的样式作为属性名传递到 css() 方法中，从而获取到该属性名对应的属性值，即样式值。

jQuery 中通过 css() 方法获取样式属性的语法如下所示。

```
// 获取单个属性
$(selector).css('property');
// 获取多个属性
$(selector).css(['property1', 'property2', …]);
```

需要注意的是，jQuery 中获取单个属性和获取多个属性返回值的数据类型不同。当 css() 方法参数为“property”时，表示获取单个样式属性，返回结果是字符串形式的属性值。其中，property 表示元素的样式属性。

当 css() 方法参数为“['property1', 'property2',…]”时，表示获取多个样式属性，返回结果是对象形式的属性名和属性值。其中，property1 和 property2 是元素的两个不同的样式属性。与获取单个属性不同的是，获取多个属性是以数组的形式传入 css() 方法中，返回结果是对象形式的属性名和属性值。

接下来通过一个案例演示使用 css() 方法获取多个样式属性的具体返回结果，HTML 代码片段如 demo3−1.html 所示。

demo3−1.html

```
<div style="color:aquamarine;font-size:50px;font-family:'楷体'">
    越努力 越幸运
</div>
```

上述代码中，为 div 元素定义了 3 个样式属性。继续编写代码，使用 jQuery 获取这 3 个样式。具体如下。

```
// 获取多个属性的值
var obj = $('div').css(['color', 'font-size', 'font-family']);
// 在控制台查看 obj
console.log(obj);
```

上述代码中，以数组的形式将属性名 color、font−size 和 font−family 作为参数传入 css() 方法中。

使用浏览器访问 demo3-1.html，在开发者工具的控制台中，可以看到一个 Object 对象，展开 Object 对象，可以看到 div 元素的样式属性以及对应的属性值，如图 3-1 所示。

图 3-1　css() 获取多个属性值

2. 设置样式属性值

设置样式属性值，就是通过为元素的样式属性设置具体的值来改变元素的样式。jQuery 中通过 css() 方法设置样式属性值的语法如下所示。

```
// 设置单个属性
$(selector).css('property', 'value');
// 设置多个属性
$(selector).css({'property1': 'value1',
                 'property2': 'value2',
                 'property3': 'value3', …});
```

上述语法中，当css()方法的参数为一组“'property','value'”时，用于设置单个属性。其中，value 是 property 属性对应的值。例如，property 和 value 分别传入的是 font-size 和 30px，表示将元素的字体大小设置成 30 像素。

当 css() 方法参数为“{'property1':'value1',…}”时，用于设置多个属性，css() 方法中传入一个对象，该对象中包含多个键值对，每个键值对都是元素的样式属性名以及对应的属性值。

接下来通过案例演示如何设置多个样式，HTML 代码片段如 demo3-2.html 所示。

demo3-2.html

```
<input id="btn" type="button" value="设置样式">
<div></div>
```

上述代码中，定义了 input 按钮和 div 元素，没有设置任何样式。继续编写代码，使用 jQuery 完成 div 元素样式的设置。具体如下。

```
$('#btn').click(function() {
    $('div').css({backgroundColor:'pink',
    width: '150px',
    height: '150px', 'border-radius':
    '50%'});
});
```

上述代码中，在 input 按钮上注册单击事件，当单击按钮时，使用 css() 方法为 div 元素设置背景色、宽高以及圆角边框的样式。

使用浏览器访问 demo3-2.html，单击“设置样式”按钮，页面效果如图 3-2 所示。

图 3-2　css() 设置多个属性值

图 3–2 中，页面显示的效果是单击按钮后通过 jQuery 的 css() 方法设置的，单击按钮之前，默认情况下 div 元素没有任何样式。通过浏览器控制台查看 Elements，可以对比单击前后 div 元素样式的改变。

3. 通过函数设置样式属性值

使用 css() 方法设置属性值时，每个样式属性对应的 value 值还可以替换为函数形式，语法如下所示。

```
//设置单个属性
$(selector).css('property', function(index, value) {
    return newValue;
});
//设置多个属性
$(selector).css({
    'property1': function(index, value1) {
        return newValue;
    }, 'property2': function(index, value2) {
        return newValue;
    }
});
```

上述语法中，function 函数会针对匹配元素集合中的每个元素调用一次，调用后将返回值作为样式属性的值。其中，index 表示匹配元素的索引值，从 0 开始；value 表示匹配元素的样式属性的当前值；newValue 表示函数的返回值。

通过获取匹配元素的 value 属性，可以在原有样式基础上改变元素的样式，示例代码如下。

```
$('div').css('width', function(index, value) {
    return parseFloat(value) * 2 + 'px';
});
```

上述代码用于将 div 的宽度修改为原 div 宽度的两倍。代码执行后，div 元素的宽度会增加一倍。

通过获取匹配元素的 index 属性，可以在拥有多个匹配元素的情况下，根据 index 的值判断改变哪一个元素的样式，示例代码如下。

```
$('div').css('width', function(index, value) {
    if(index === 3) {
        return parseFloat(value) * 2;
    }
});
```

上述代码用于将第 4 个 div 的宽度修改为原 div 宽度的两倍。其中，index 值默认从 0 开始。

为了读者更好地理解，接下来通过一个案例演示 css() 方法设置样式属性，HTML 代码片段如 demo3−3.html 所示。

demo3−3.html

```
<input id="btn" type="button" value="设置样式">
<div></div>
<div></div>
```

上述代码中，定义了一个 input 按钮和两个 div 元素，且没有设置任何样式。继续编写代码，使用 jQuery 完成以上两个 div 元素默认样式的设置。具体如下。

```
$('div').css({backgroundColor: 'pink', width: '100px',
    height: '50px', 'border-radius': '50%'});
```

上述代码中，使用 css() 方法同时为 div 元素添加了多个样式。使用浏览器访问 demo3−3.html，页面效果如图 3−3 所示。

接下来，为按钮注册单击事件，修改两个 div 的样式，在 demo3−3.html 中添加 jQuery 代码。具体如下。

```
1  $('#btn').click(function() {
2      // 在原有样式的基础上，为 div 元素设置新样式
3      $('div').css({
4          width: function(index, value) {
5              return parseFloat(value) * 2;
6          },
7          height: function(index, value) {
8              // 为索引值为 1 的匹配元素设置高度
9              if(index === 1) {
10                 return parseFloat(value) * 2;
11             }
12         }
13     });
14 });
```

上述代码中，为“设置样式”按钮注册了单击事件，第 5 行用于将 div 的宽度修改为原来的两倍，第 9~11 行将第 2 个 div 的高度修改为原来的两倍。

使用浏览器再次访问 demo3−3.html，单击“设置样式”按钮，页面效果如图 3−4 所示。

图 3−3　默认页面效果

图 3−4　修改后的页面效果

从图 3-4 中可以看出,两个 div 元素的宽度都已增加,但是只增加了第 2 个 div 的高度。

### 3.1.2 操作元素类

jQuery 提供了专门的操作类的方法，包括添加类、移除类、切换类以及判断某个类是否存在等常用的方法。jQuery 常用的 4 种操作类的方法如表 3-1 所示。

表 3-1 jQuery 操作元素类

| 方 法 | 描 述 |
| --- | --- |
| addClass() | 将指定的类添加到匹配元素中 |
| removeClass() | 从所有匹配的元素中删除全部或者指定的类 |
| toggleClass() | 对设置或移除被选元素的一个或多个类进行切换 |
| hasClass() | 确定是否有匹配的元素被分配了给定的类 |

为了让读者更好地理解，下面对这些方法分别进行讲解。

#### 1. addClass() 方法

通过前面的学习可知，jQuery 可以设置元素的样式。那么，如何在保留已有样式的基础上再添加一些新的样式？这就需要用到 jQuery 添加元素类的方法。

jQuery 中为元素添加类的语法如下所示。

```
$(selector).addClass('c');                    // 添加单个类 "c"
$(selector).addClass('c1 c2 c3');             // 添加多个类 "c1""c2""c3"
```

上述语法中，当一次添加多个类时，使用空格隔开。调用 addClass() 方法后，元素将同时具备这 3 个类定义的样式。

#### 2. removeClass() 方法

在网页开发中，有时需要移除一些元素已经存在的类，这就需要用到 jQuery 移除元素类的方法。

jQuery 中移除指定元素类的语法如下所示。

```
$(selector).removeClass();                    // 移除所有类
$(selector).removeClass('c1');                // 移除单个类
$(selector).removeClass('c1 c2 c3');          // 移除多个类
```

上述语法中，removeClass() 的参数是可选的，不传递参数时，会移除当前元素的所有类名。一次移除指定的多个类时，需要使用空格隔开。

接下来，通过案例演示 addClass() 和 removeClass() 方法的使用，HTML 代码片段如 demo3-4.html 所示。

demo3-4.html

```
<div></div>
<script>
    var div = $('div');
```

```
    div.addClass('c1');                 // 添加单个类
    console.log(div[0].outerHTML); // 输出结果：<div class="c1"></div>
    div.addClass('c2 c3');              // 添加多个类
    console.log(div[0].outerHTML); // 输出结果：<div class="c1 c2 c3"></div>
    div.removeClass('c1');              // 移除单个类
    console.log(div[0].outerHTML); // 输出结果：<div class="c2 c3"></div>
    div.removeClass();                  // 移除全部类
    console.log(div[0].outerHTML); // 输出结果：<div class=""></div>
</script>
```

通过上述代码的输出结果，可以直观地看到 div 元素 class 属性的改变。其中，属性 outerHTML 用来获取当前节点的 HTML 代码。

在实际开发中，css() 方法与 addClass()、removeClass() 方法虽然都可以改变元素的样式，但适用的场景不同。一般来说，为了分离 CSS 和 JavaScript 代码，建议使用 addClass()、removeClass() 对类进行操作，通过增加和移除类来实现样式的切换。而 css() 方法适合 CSS 样式值不固定的情况。例如，为元素随机生成背景色。

3. toggleClass() 方法

在网页开发中，当用户在多个标签中选择一个标签时，会增加特定的样式；否则取消该样式。这样的操作与需求通过前面学过的 addClass() 和 removeClass() 方法虽然可以实现，但不够简便。此时便可以使用 jQuery 提供的 toggleClass() 方法，直接对元素的类进行切换。

jQuery 中为元素切换类的语法如下所示。

```
$(selector).toggleClass('c');
```

上述语法中，参数 c 表示一个自定义的类，调用 toggleClass() 方法，指定元素中若没有 c，则添加；否则执行移出操作。

接下来，通过案例演示 toggleClass() 方法的使用，HTML 代码片段如 demo3−5.html 所示。

demo3−5.html

```
<div></div>
<script>
    var div = $('div');
    div.toggleClass('c');               // 第 1 次调用
    console.log(div[0].outerHTML);      // 输出结果：<div class="c"></div>
    div.toggleClass('c');               // 第 2 次调用
    console.log(div[0].outerHTML);      // 输出结果：<div class=""></div>
    div.toggleClass('c');               // 第 3 次调用
    console.log(div[0].outerHTML);      // 输出结果：<div class="c"></div>
</script>
```

从上述代码可以看出，第 1 次调用 toggleClass() 方法时，由于 div 元素没有 class 属性，因此，为该元素添加了 class 属性，并设置值为 c。当第 2 次调用时，div 元素的 class 属性值中已含有 c，所以此时执行移出操作。当第 3 次再调用 toggleClass() 时，又为 div 元素的 class 属性值添加了 c。

另外，toggleClass() 方法还支持使用第 2 个参数手动控制类的添加或移除，该参数是一个布尔值，若值为 true 表示添加类，值为 false 表示移除类。示例代码如下所示。

```
$(selector).toggleClass('c', true);          // 添加类
$(selector).toggleClass('c', false);         // 移除类
```

除了直接设置 toggleClass() 的第 2 个参数，还可以通过条件判断的返回值情况设置。例如，单击 3 次 div 元素，为其添加一次“c”类。

```
var count = 0;
$('div').click(function() {
    $(this).toggleClass('c', ++count % 3 === 0);
});
```

**多学一招：** 在操作元素类的方法中使用函数

jQuery 中用于操作元素类的 addClass() 方法、removeClass() 方法和 toggleClass() 方法，都支持使用函数作为参数，通过函数的返回值来操作元素的类。示例代码如下。

```
//addClass() 方法
$('div').addClass(function(index, value) {
    console.log('元素的索引：' + index);
    console.log('元素原来的 class 值：' + value);
    return 'item-' + index;                       // 将返回值作为要添加的 class
});
//removeClass() 方法
$('div').removeClass(function(index, value) {
    return 'item-' + index;                       // 将返回值作为要移除的 class
});
//toggleClass() 方法
$('div').toggleClass(function(index, value) {
    return 'item-' + index;                       // 将返回值作为要切换的 class
});
```

在上述代码中，函数的参数 index 表示元素在集合中的索引，value 表示元素原来的 class 属性值。函数的返回值表示要添加、移除或切换的 class 属性值。

### 4. hasClass() 方法

在网页开发过程中，有时需要判断元素的某个类是否存在，然后执行某些操作。例如，结合其他方法，实现切换效果等。

jQuery 中判断元素是否包含指定类的语法如下所示。

```
$(selector).hasClass('c');
```

上述语法中，必选参数 c 用于检测该类名是否存在，存在时返回 true，否则返回 false。

接下来通过代码演示 hasClass() 方法的使用，具体如下所示。

```
<div>test</div>
<script>
    $('div').click(function() {
        if($(this).hasClass('c')) {
           $(this).removeClass('c');
        } else {
            $(this).addClass('c');
        }
    });
</script>
```

上述代码中，首先为 div 元素注册单击事件，当用户单击 div 元素时，判断 div 元素是否有类名 c，如果有则移除，如果没有则添加。

### 3.1.3 操作元素的尺寸

元素尺寸的操作是 Web 开发中常用的功能之一，例如登录框的拖拽特效、图片的放大等功能。jQuery 为了方便操作，提供了专门操作元素尺寸的方法，具体如表 3–2 所示。

为了读者更好地理解，接下来针对表 3–2 中列举的方法分别进行详细讲解。

表 3–2 jQuery 操作元素尺寸的方法

| 方　法 | 描　述 |
|---|---|
| width() | 获取或设置元素的宽度 |
| height() | 获取或设置元素的高度 |
| innerWidth() | 获取元素的宽度（包括内边距） |
| innerHeight() | 获取元素的高度（包括内边距） |
| outerWidth() | 获取元素的宽度（包括内边距和边框） |
| outerHeight() | 获取元素的高度（包括内边距和边框） |
| outerWidth(true) | 获取元素的宽度（包括内边距、边框和外边距） |
| outerHeight(true) | 获取元素的高度（包括内边距、边框和外边距） |

1. 操作元素的宽度

width() 方法用于操作元素的宽度，包括设置元素的宽度和获取元素的宽度。具体语法如下所示。

```
$(selector).width();                    // 获取宽度
$(selector).width('30px');              // 设置宽度
```

上述语法中，当 width() 方法不传递参数时，表示获取元素宽度；当传入参数时，表示为元素设置宽度值。

需要注意的是，在设置宽度时，参数的引号可以省略。但是如果不添加引号，里面传递的只能是数字，不能包含单位，如果包含单位就会出现语法错误。

2. 操作元素的高度

height() 方法用于操作元素的高度，包括设置元素的高度和获取元素的高度。具体语法如下所示。

```
$(selector).height();                   // 获取高度
$(selector).height('30px');             // 设置高度
```

上述语法中，与 width() 方法类似，当 height() 方法无参时表示获取元素高度；当传入参数时，表示为元素设置高度值。

为了读者更好地理解，接下来通过一个案例演示获取元素宽度和高度的用法，HTML 代码片段如 demo3-6.html 所示。

demo3-6.html

```
1  <style>
2      div {
3          width: 100px;
4          height: 100px;
5          background: darkorange;
6          border-radius:25%;
7          color: aliceblue;
8          text-align: center;
9          padding: 10px;
10         line-height: 25px;
11     }
12 </style>
13 <input type="button" value="按钮">
14 <div>只要努力，人生的长度和宽度都可以改变</div>
```

上述代码中，第 14 行定义了 div 元素，并在第 2~11 行定义了宽、高等样式。默认的静态页面效果如图 3-5 所示。

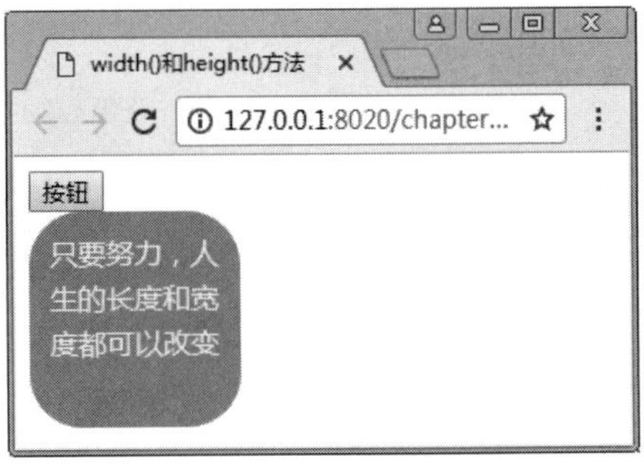


图 3-5　默认页面效果

接下来，添加 jQuery 代码，修改 div 的宽度和高度，具体如下。

```
$('input').click(function() {
    $('div').width($('div').width() + 50);
    $('div').height($('div').height() + 50);
});
```

上述代码中，为按钮注册单击事件后，当单击事件发生时，使用 width() 方法和 height() 方法在原 div 元素宽高的基础上增加了 50 像素。

使用浏览器访问 demo3−6.html，连续单击两次按钮后的页面效果分别如图 3−6 和图 3−7 所示。

图 3−6　第 1 次单击按钮的页面效果

图 3−7　第 2 次单击按钮的页面效果

通过对比图 3−6 和图 3−7 可以看出，width() 和 height() 方法每次获取的 div 宽高，都是当前 div 显示时的宽高。

### 3. 获取元素的内部宽度和高度

jQuery 中 innerWidth() 和 innerHeight() 方法也是用于获取元素的宽度和高度的，与 width() 方法和 height() 方法不同的是，这两个方法包括元素的内边距。

接下来，通过一个案例演示 innerWidth() 和 innerHeight() 方法的使用，并比较这两个方法与 width() 和 height() 方法的区别。HTML 代码片段如 demo3−7.html 所示。

demo3−7.html

```
1  <style>
2      div {
3          width: 100px;
4          height: 100px;
5          background: pink;
6          padding: 10px;
7      }
8  </style>
9  <input type="button" value="获取元素的宽高">
10 <div>你是自己人生的导演</div>
```

上述代码中，第 2~7 行定义了 div 元素的宽高以及内边距等样式。接下来编写 jQuery

代码，在控制台输出不同方法获取元素宽高的值。具体如下。

```
$('input').click(function() {
    console.log($('div').width());
    console.log($('div').height());
    console.log($('div').innerWidth());
    console.log($('div').innerHeight());
});
```

使用浏览器访问 demo3−7.html，单击“获取元素的宽高”按钮，页面效果如图 3−8 所示。

图 3−8　页面及控制台效果

在图 3−8 所示的控制台中，前两个值是 div 元素本身的宽高值，即通过 width() 和 height() 方法获取到的值。后两个值是 div 元素内部的宽高值，即通过 innerWidth() 和 innerHeight() 方法获取到的元素本身宽高与元素内边距之和。

#### 4. 获取元素的外部宽度和高度

outerWidth() 和 outerHeight() 方法也可获取元素的宽度和高度，只是除了元素本身的宽高值，还包括内边距和边框值。若在调用方法时传递参数 true，则获取到的结果中还会包含元素的外边距。

接下来通过一个案例来演示 outerWidth() 和 outerHeight() 方法传递参数与不传递参数时的区别，HTML 代码片段如 demo3−8.html 所示。

demo3−8.html

```
1  <style>
2      body {
3          border: 1px solid #ccc;
4      }
5      div {
6          width: 100px;
7          height: 100px;
8          background: #27d1ff;
9          padding: 10px;
10         border: 5px solid pink;
11         margin: 20px;
12     }
13 </style>
14 <input type="button" value="获取元素的宽高">
15 <div>你是自己人生的导演</div>
```

上述代码中，第 5~12 行定义了 div 元素的宽高、内边距、边框以及外边距等样式。

接下来编写 jQuery 代码，在控制台输出有参和无参时 outerWidth() 和 outerHeight() 方法的值。具体如下。

```
$('input').click(function() {
    console.log($('div').outerWidth());
    console.log($('div').outerHeight());
    console.log($('div').outerWidth(true));
    console.log($('div').outerHeight(true));
});
```

使用浏览器访问 demo3–8.html，单击“获取元素的宽高”按钮，页面效果如图 3–9 所示。

从图 3–9 中可以看出，带有参数 true 的 outerWidth() 方法和 outerHeight() 方法输出的结果都是 170，而不带有参数的这两个方法输出的结果都是 130。

为了更好地分析输出结果，下面在 Chrome 浏览器的控制台中单击 Elements 面板，选中 <div> 标签，在右侧的 Styles 面板下面，就会显示图 3–10 所示的 div 盒模型结构图。

从图 3–10 中可以看到，div 元素的外边距 margin 上下左右都是 20 像素。带有参数 true 的 outerWidth() 方法和 outerHeight() 方法与不带有参数的这两个方法取得的外部元素宽高值相差了 40 像素，这 40 像素就是 div 元素的外边距。

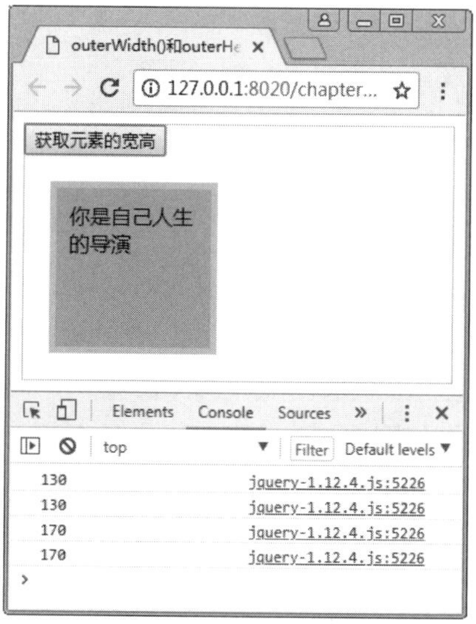


图 3–9　页面及控制台效果

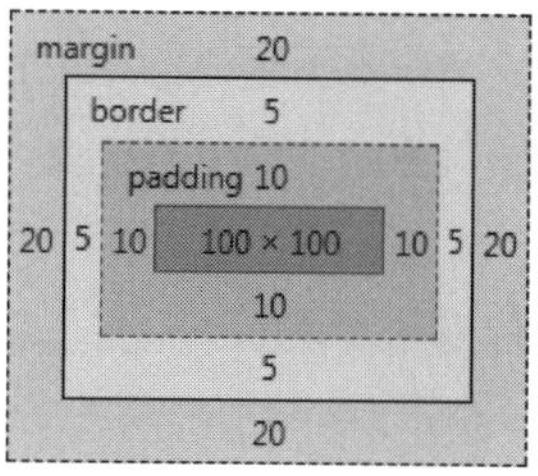


图 3–10　div 盒模型结构图

## 3.1.4　操作元素的位置

jQuery 提供了专门的操作元素位置的方法，可以操作元素在页面中的位置以及相对滚动条的位置等，包括 offset()、position()、scrollLeft() 等方法，具体如表 3–3 所示。

表 3–3 jQuery 操作元素尺寸

| 方 法 | 描 述 |
|---|---|
| offset() | 获取匹配元素的第一个元素的坐标位置，或设置每个元素的坐标 |
| offsetParent() | 获取距离匹配元素最近的含有定位信息的元素 |
| position() | 获取匹配元素相对父元素的偏移 |
| scrollLeft() | 获取或设置匹配元素相对滚动条左侧的偏移 |
| scrollTop() | 获取或设置匹配元素相对滚动条顶部的偏移 |

为了读者更好地理解，接下来对表 3–3 中列举的方法分别进行详细讲解。

1. offset() 方法

offset() 可以获取到匹配元素中的第一个元素在当前页面的坐标位置。若元素的样式属性 display 设置为 none，则获取到的值为 0。其基本语法格式如下。

```
$(selector).offset();
```

上述语法中，指定元素调用 offset() 方法后，会返回匹配到的第一个元素在整个页面的偏移位置，返回值中包含两个属性 left 和 top，分别表示元素距离浏览器的左偏移和上偏移。

例如，获取和设置 div 元素的位置，具体如下。

```
// 获取 div 的 top 和 left 值
console.log($('div').offset().left);
console.log($('div').offset().top);
// 设置 div 的 left 和 fop 值
$('div').offset({left: 200, top: 100});    // 向下移动 100 像素并向右移动 200 像素
$('div').offset({left: 200});              // 向右移动 200 像素
```

上述代码中，获取元素偏移值时，只需调用 offset() 方法后获取 left 或 top 属性值即可。设置元素偏移值时，只需为 offset() 方法传递单个或多个键值对即可。

除此之外，jQuery 提供的 position() 方法也可以获取匹配元素中的第一个元素在当前页面的坐标位置。offset() 方法与 position() 方法的区别在于，前者获取元素相对于当前窗口的偏移；后者获取元素相对于父元素（含有定位）的偏移。当父元素没有设置定位时，后者的左右与前者等价。

2. offsetParent() 方法

offsetParent() 方法回距离指定元素最近的“被定位”的祖辈元素对象。“被定位”是指元素的样式属性中 position 属性的值为 relative、absolute 或 fixed，不包括 position 属性的默认值 static。其基本语法如下所示。

```
$(selector).offsetParent();
```

例如，利用 offsetParent() 方法，为距离 div 元素最近的“被定位”的祖辈元素对象设

置背景色，具体代码如下。

```
$('div').offsetParent().css('background-color', 'green');
```

3. scrollLeft() 和 scrollTop() 方法

scrollLeft() 和 scrollTop() 方法可以获取或者设置指定元素相对滚动条左侧和顶部的偏移值。它们的语法类似，下面以 scrollLeft() 方法为例讲解其基本语法。

```
// 获取元素相对左侧的偏移值
$(selector).scrollLeft();
// 设置元素相对左侧的偏移值
$(selector).scrollLeft(value);
```

上述语法中，无参时表示获取指定元素相对滚动条左侧的偏移，有参时表示将元素的左偏移值设为 value。

接下来通过一个案例演示 scrollLeft() 方法和 scrollTop() 方法的具体使用方法，HTML 代码片段如 demo3−9.html 所示。

demo3−9.html

```
1   <style>
2       div {
3           background: green;
4           border: 3px solid #999;
5           width: 200px;
6           height: 100px;
7           overflow: auto;
8       }
9       p {
10          background: pink;
11          margin: 10px;
12          width: 1000px;
13          height: 1000px;
14      }
15  </style>
16  <input type="button" value=" 按钮 ">
17  <div><p> 行动好过语言 </p></div>
```

上述代码，p 元素在 div 元素中。第 2~8 行用于设置 div 元素的样式，第 9~14 行设置 p 元素的样式，并且 p 元素的宽高大于 div 元素的框。因此，div 在显示时会出现滚动条。页面效果如图 3−11 所示。

接下来，添加 jQuery 代码，具体如下。

```
$('input').click(function() {
    $('div').scrollTop(500);
```

```
    $('div').scrollLeft(50);
});
```

上述代码中，为按钮注册了单击事件，使用 scrollLeft() 和 scrollTop() 方法，设置 div 元素相对滚动条的左偏移和上偏移。单击按钮后的页面效果如图 3-12 所示。

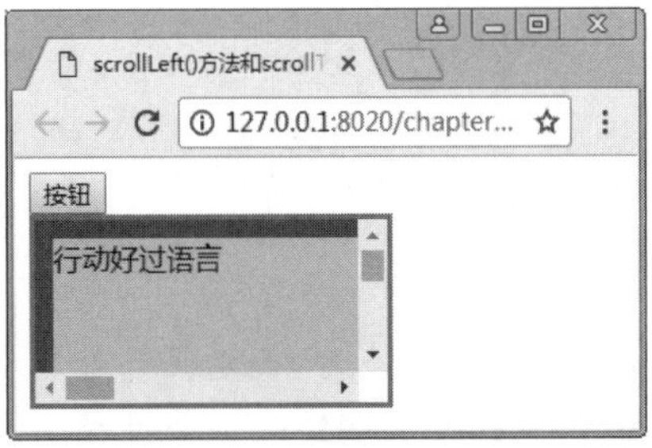


图 3-11　默认页面效果

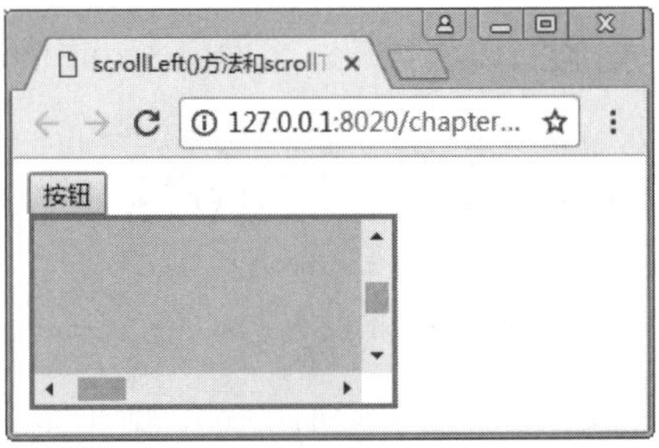


图 3-12　div 相对滚动条的位置

在图 3-12 中，div 元素相对滚动条的位置发生了变化，滚动条上偏移和左偏移的距离就是上面定义的 scrollTop(500) 和 scrollLeft(50) 方法的参数，分别为 500 px 和 50 px。

### 3.1.5 【案例】高亮显示图片

网站中一般都会有宣传或者展示图片的模块，作用是宣传人物或者产品等信息。图片展示的效果有很多。其中，高亮展示图片是常用的一种效果。

**【案例展示】**

本案例要完成图片的高亮展示效果，页面默认效果如图 3-13 所示。

在图 3-13 中，默认都是高亮显示，当鼠标移动到任意一张图片后，该图片会高亮显示，其他所有图片的透明度都会变暗，页面效果如图 3-14 所示。

图 3-13　默认高亮显示图片案例

图 3-14　鼠标经过时高亮显示图片

**【案例分析】**

该案例需要完成的效果是元素被注册鼠标移入事件时透明度的变化。这种效果的实现主要分为 HTML 结构的实现和 jQuery 特效的实现，具体如下。

(1) HTML 结构

一个 div 容器中，包含着一个 ul 元素，ul 元素中包含的 6 个 li 元素里面，分别包含 a 元素，以及 a 元素内部的 img 元素。

（2）jQuery 特效

当鼠标移入任意一张图片的时候，该图片相邻的所有元素的透明度变暗，并且该图片透明度设置为最大值，即不透明。

当鼠标移出整个 div 容器盒子的时候，需要恢复页面的默认效果。所以，需要设置所有的图片透明度为最大值，即所有的图片都不透明。

**【案例实现】**

分析该案例要实现的功能后，接下来通过代码来演示该案例的具体实现。

**注意：** 由于本书主要讲解 jQuery 的使用，CSS 代码部分建议读者直接引用案例源码中的 chapter03\picture\css\style.css 文件。

本案例的 jQuery 代码和 HTML 代码如 chapter03\picture.html 所示。

picture.html

```
<!DOCTYPE html>
<html>
    <head>
        <meta charset="UTF-8">
        <title>高亮显示图片</title>
        <link rel="stylesheet" href="css/style.css">
        <script src="js/jquery-1.12.4.js"></script>
    </head>
    <body>
        <div class="wrap">
            <ul>
                <li><a href="#"><img src="img/01.jpg" alt=""></a></li>
                <li><a href="#"><img src="img/02.jpg" alt=""></a></li>
                <li><a href="#"><img src="img/03.jpg" alt=""></a></li>
                <li><a href="#"><img src="img/04.jpg" alt=""></a></li>
                <li><a href="#"><img src="img/05.jpg" alt=""></a></li>
                <li><a href="#"><img src="img/06.jpg" alt=""></a></li>
            </ul>
        </div>
        <script>
            $('.wrap>ul>li').mouseover(function() {
                $(this).siblings('li').css('opacity', 0.5);
                $(this).css('opacity', 1);
            });
            $('.wrap>ul>li').mouseout(function() {
                $(this).parent().children('li').css('opacity', 1);
            });
        </script>
    </body>
</html>
```

上述代码中，第 21~24 行代码为获取到的所有 li 元素（即每一个图片的盒子）注册鼠标移入的事件 mouseover。此时将鼠标移入的图片之外的所有图片透明度值为 0.5，会呈现出变暗的效果，而当前鼠标移入的图片透明度为 1，会呈现出高亮的效果。

第 25~27 行代码为获取到的所有 li 元素注册鼠标移出的事件 mouseout，并将所有 li 元素的透明度设为 1，让所有的元素都不透明，恢复页面默认的效果。

至此，本案例的全部代码已经实现，读者可参考案例展示中的具体说明，对完成后的案例进行测试，观察程序是否正确执行。

## 3.2 操作元素属性

元素属性是指当前元素节点的属性，常用的元素属性有 id、value、type，以及用于标识元素状态的 checked、disabled 等。jQuery 提供的 attr() 方法即可用于操作元素属性，本节针对 attr() 方法的使用进行详细讲解。

### 3.2.1 获取和设置元素属性值

利用 attr() 方法可以操作元素的任意属性，下面从获取元素属性值和设置元素属性值两个方面介绍。

#### 1. 获取元素属性值

获取元素属性即把需要获取的属性名传递到 attr() 方法中，从而获取到该属性名对应的属性值，语法如下所示。

```
$(selector).attr('property');
```

上述语法中，property 可以是元素的样式属性，如 style 等；也可以是其他属性，如 value 等。

#### 2. 设置元素属性值

设置元素属性即通过给元素设置属性名和属性值改变元素。jQuery 中通过 attr() 方法设置元素的属性，包括设置单个属性和多个属性，语法如下所示。

```
//设置单个属性
$(selector).attr('property', 'value');
//设置多个属性
$(selector).attr({'property1': 'value1',
                  'property2': 'value2',
                  'property3': 'value3', ……});
```

上述语法中，property 表示属性的名称，value 表示属性的值，具体用法和前面学习的 css() 方法相似。

下面通过案例对 attr() 方法设置和获取元素的属性的使用进行讲解，HTML 代码片段如 demo3−10.html 所示。

demo3−10.html

```
<input type="button" value="按钮一" class="btn1">
<input type="button" value="按钮二" class="btn2">
```

上述代码中，定义了两个 input 控件，type 类型为 button，并且都没有设置任何 CSS 样式。默认的页面效果如图 3−15 所示。

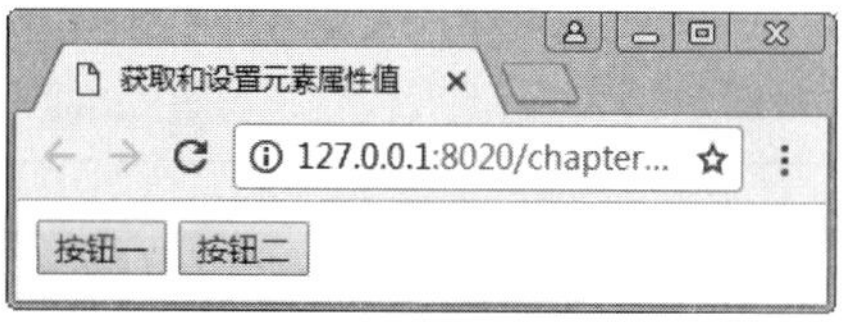


图 3−15　默认页面效果

下面添加 jQuery 代码，获取并设置 class 值等于 btn2 的 type 属性，具体如下。

```
1  $('.btn1').click(function() {
2      console.log($('.btn2').attr('type'));
3      $('.btn2').attr('type', 'checkbox');
4  });
```

上述代码中，第 1 行在“按钮一”上注册单击事件，并在第 2 行使用 console.log() 方法在控制台输出“按钮二”的 type 属性的值。

第 3 行使用 attr() 方法设置“按钮二”的属性 type 值为 checkbox，将“按钮二”修改为复选框。使用浏览器重新请求 demo3−10.html，单击“按钮一”，页面效果如图 3−16 所示。

图 3−16 中，在单击“按钮一”后，会在控制台打印出 button，即“按钮二”被修改前的 type 类型。当“按钮二”的 type 被设置成 checkbox，即复选框类型后，再次单击“按钮一”时，输出的 type 类型为 checbox，即“按钮二”被修改后的样式。

除此之外，还可以利用 attr() 方法同时修改多个属性。例如，修改 demo3−10.html 中的第 3 行代码，具体如下。

```
$('.btn2').attr({'type': 'text', 'value': '我是文本框'});
```

上述代码用于将 class 值等于 btn2 的 type 属性设置为 text，value 属性的默认值设置为“我是文本框”。使用浏览器重新请求 demo3−10.html，单击“按钮一”后，页面效果如图 3−17 所示。

图 3−16　“按钮二”修改为复选框

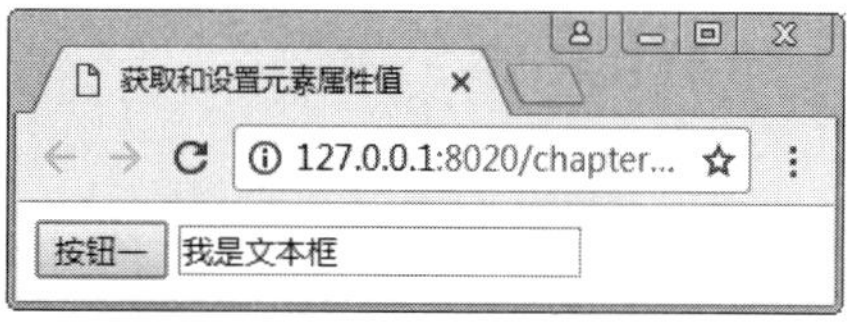


图 3−17　“按钮二”修改为文本框

### 3.2.2 设置元素的状态属性

jQuery 中 attr() 方法的参数为元素状态属性时，可以用于设置元素状态，如复选框是否选中的状态、文本框或者提交按钮的启用与禁用状态等。

jQuery 中操作元素状态的常用属性如表 3–4 所示。

表 3–4 jQuery 操作元素状态的常用属性

| 属 性 | 描 述 |
| --- | --- |
| checked | 获取或设置表单元素的选中状态 |
| disabled | 获取或设置表单元素的禁用状态 |
| selected | 获取或设置下拉框的选中状态 |

为了读者更好地理解，接下来以 checked 属性为例进行演示。首先，准备 HTML 用于获取或设置表单元素的选中状态。具体代码如下。

```
<input type="checkbox">
<input type="checkbox" checked="">
<input type="checkbox" checked="checked">
```

上述代码定义了 3 个复选框，第 1 个没有定义 checked 属性，默认未选中，其余两个默认都是选中的状态。

（1）获取表单元素的选中状态

通过 attr() 方法获取表单元素的选中状态，代码如下所示。

```
$('input:eq(0)').attr('checked');
$('input:eq(1)').attr('checked');
$('input:eq(2)').attr('checked');
```

上述代码中，第 1 个 input 控件返回 undefined，其余两个 input 控件则返回 checked。

（2）设置表单元素的选中状态

使用 attr() 方法设置表单元素的选中状态，代码如下所示。

```
$('input').attr('checked', 'checked');
$('input').attr('checked', true);
```

上述代码中，无论将 checked 属性设置值为 checked 还是 true，都可以设置元素为选中状态。

## 3.3 操作元素内容

前文介绍了使用 jQuery 操作元素样式、操作元素属性等。jQuery 中还提供了一些可以操作元素内容的方法。例如，设置或者返回元素的文本值、表单的字段值等。下面对元素内容的操作进行详细讲解。

### 3.3.1 获取和设置元素 HTML 内容和文本

jQuery 中用于获取和设置元素 HTML 内容和文本的方法如表 3-5 所示。

表 3-5 获取和设置 HTML 内容和文本的方法

| 方 法 | 参 数 | 描 述 |
|---|---|---|
| html() | 无参数 | 用于获取元素的 HTML 内容 |
| | 字符串 | 用于设置元素的 HTML 内容 |
| text() | 无参数 | 用于获取元素的文本内容 |
| | 字符串 | 用于设置元素的文本内容 |

在表 3-5 中，html() 方法和 text() 方法都可以用来为元素设置文本内容。不同的是，html() 方法操作的元素内容包含标签，而 text() 方法操作的内容不含标签。

例如，页面中有两个 p 元素，分别使用 html() 方法和 text() 方法为 p 元素设置文本内容，示例代码如下。

```
$('#p1').html('Hello world!');
$('#p2').text('Hello world!');
```

上述代码执行后，页面效果如图 3-18 所示。

从图 3-18 可以看出，使用两种方法设置文本已经成功。接下来，为 html() 和 text() 方法传入包含 HTML 代码的参数，示例代码如下所示。

```
$('#p1').html('<h3>Hello world!</h3>');
$('#p2').text('<h3>Hello world!</h3>');
```

上述代码中，为 html() 方法传递带有 <h3> 标签的内容，在浏览器中显示时会被解析。相反的，为 text() 方法传递带有 <h3> 标签的内容，在浏览器中显示时会被原样输出。页面效果如图 3-19 所示。

图 3-18 插入文本

图 3-19 插入文本参数包含 HTML

### 3.3.2 获取和设置表单的值

jQuery 提供的 val() 方法，可以获取和设置表单元素的值，相当于 JavaScript 中 input 控件对象 value 属性的作用。具体语法如下所示。

```
$(selector).val();                    //获取表单元素的值
$(selector).val(value);               //设置表单元素的值
```

上述语法中，value 表示表单元素的 value 属性的值，当 val() 方法中传入参数 value 时，表示将指定元素的 value 值设置为传入的参数。selector 一般是指表单元素。

为了读者更好地理解，接下来通过一个案例演示 jQuery 中操作元素内容的方法，HTML 代码如 demo3−11.html 所示。

demo3−11.html

```
1  <style>
2      * {
3          margin: 0;
4          padding: 0;
5      }
6      div {
7          width: 200px;
8          height: 100px;
9          background: #27d1ff;
10     }
11 </style>
12 <input type="text" class="txt">
13 <input type="button" value="按钮" class="btn">
14 <div></div>
```

上述第 12~14 行代码定义了一个文本框、一个按钮，以及一个有固定宽高的 div 元素，页面效果如图 3−20 所示。

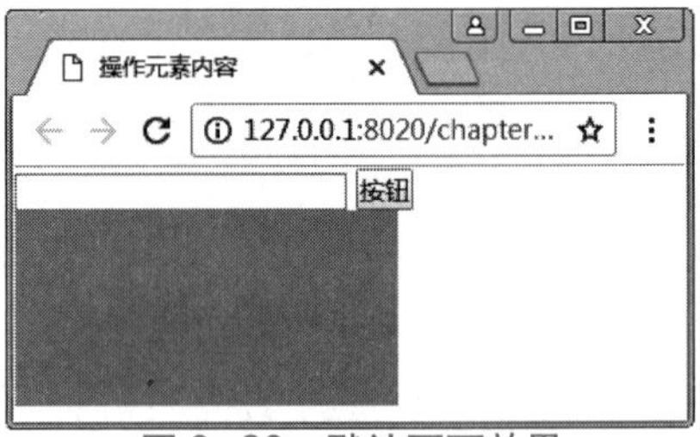


图 3−20　默认页面效果

接下来，添加 jQuery 代码，实现单击“按钮”后，将文本框中用户输入的内容显示到 div 元素中，同时清空文本框，方便下次输入。如下所示。

```
1 $('.btn').click(function() {
2     $('div').text($('.txt').val());
3     $('.txt').val('');
4 });
```

上述代码中，第 1 行为按钮注册单击事件；第 2 行使用 text() 方法为 div 元素设置内容。其中，$('.txt').val() 用于获取文本框中的内容；第 3 行通过为 val() 方法传递空字符串，清空文本框的 value 值。

重新使用浏览器请求 demo3−11.html，在文本框中输入“微笑 <h2> 每一天 </h2>”，单击“按钮”，页面效果如图 3−21（a）所示。

从图 3−21 可以看出，<h2> 标签以文本的形式显示在 div 元素内。下面修改 demo3−11.html 中的 text() 方法为 html() 方法，再次输入上述内容后，效果如图 3−21（b）所示。

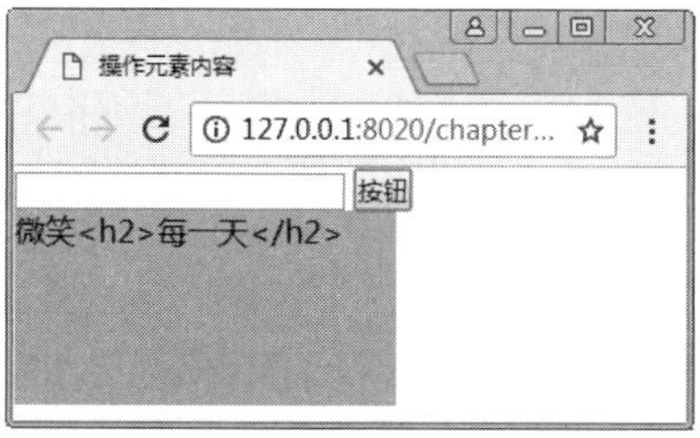


(a)

(b)

图 3-21　操作元素内容

### 3.3.3 【案例】留言板

在实际的网站中，经常会提供用户留言功能，例如论坛或微博等。用户在留言板上输入内容，提交后会在页面中展示，并且显示发表留言者的用户名。下一次发表新留言的时候，或者其他用户发表了留言，都会在最上面显示。

**【案例展示】**

本案例要完成的效果是模仿网站中常用的留言板功能，页面默认效果如图 3-22 所示。

图 3-22　留言板页面效果

在图 3-22 中，标题“留言内容”下面是留言列表，用于存放所有用户发布的留言。接着是一个为用户输入留言提供的编辑区域；最下面的“发表留言”按钮用于发布用户输入的留言内容。

用户每次编辑留言内容并单击“发表留言”按钮后，就会在留言列表的最上方显示用户名以及用户输入的内容。需要注意的是，最新的留言总是显示留言列表的最上面。

连续输入 3 条留言并发表后的页面效果如图 3-23 所示。

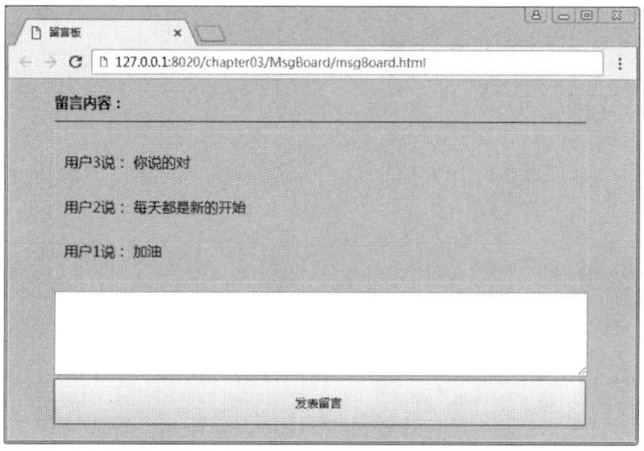


图 3-23　发表留言后的效果

**【案例分析】**

该案例需要完成的功能主要是单击“发表留言”按钮后，将用户编辑的留言显示到留言列表中，这种功能的实现主要分为 HTML 结构的实现和 jQuery 特效的实现，具体如下所示。

（1）HTML 结构

HTML 页面结构中，需提供一个 div 容器用于展示留言列表、一个编辑留言的多行文本框 textarea 以及一个发布留言的 input 按钮。

（2）jQuery 特效

第 1 部分是留言内容，当用户在多行文本框输入内容的时候，利用前面所学到的方法 val() 获取用户输入的内容，再与当前留言列表中的内容进行拼接，将其显示到列表中的顶层。

第 2 部分是留言用户名，每个用户在发表留言以后，自动使用编号作为该用户的名字。

**【案例实现】**

分析该案例要实现的功能后，接下来通过代码来演示该案例的具体实现。

**注意：** 由于本书主要讲解 jQuery 的使用，CSS 代码部分建议读者直接引用案例源码中的 chapter03\MsgBoard\css\main.css 文件。

本案例的 jQuery 代码和 HTML 代码如 chapter03\MsgBoard.html 所示。

MsgBoard.html

```
<!DOCTYPE html>
<html>
    <head>
        <meta charset="UTF-8">
        <title>留言板</title>
        <link rel="stylesheet" href="css/main.css">
        <script src="js/jquery-1.12.4.js"></script>
    </head>
    <body>
        <div id="parent">
            <h4>留言内容：</h4>
            <div id="box"></div>
            <textarea id="text"></textarea><br>
            <input id="btn" type="button" value="发表留言">
        </div>
        <script>
            var num = 1;
            $('#btn').click(function() {
                var html = '<p><span>用户' + num + '说：</span>' +
                    $('#text').val() + '</p>' + $('#box').html();
```

```
21                  $('#box').html(html);
22                  $('#text').val('');
23                  ++num;
24              });
25          </script>
26      </body>
27  </html>
```

上述代码中，第 18~24 行获取“发表留言”按钮，为该按钮注册单击事件。

第 19~21 行代码，表示拼接 span 标签中的用户名、使用 val() 方法获取到多行文本框的输入内容，以及留言列表中已经包含的所有留言内容，并将拼接后的内容重新写入指定的 div 容器内。

第 22 行代码用于清空多行文本框的 value 值，方便用户下次输入留言。

至此，本案例的全部代码已经演示完毕，测试方法参考本小节开头的项目介绍。

## 3.4 操作 DOM 节点

前面介绍了如何使用 jQuery 操作元素的样式、属性和内容。如果需要更灵活的操作网页上的动态效果（如在网页中的某个位置动态添加 a 链接），很多时候需要直接操作 DOM 节点。为此，jQuery 中提供了一些用来操作 DOM 节点的方法，按照功能可分为创建节点、插入节点、删除节点、复制节点、替换节点、包裹节点和遍历节点，本节详细介绍 jQuery 中如何操作 DOM 节点。

### 3.4.1 创建节点

jQuery 提供了动态创建节点的方法，创建节点后返回 jQuery 对象。常用的创建节点的方式有两种，下面分别进行讲解。

#### 1. $() 函数

$() 函数在 jQuery 中有很多作用。例如，使用 $() 函数可以将 DOM 对象转换为 jQuery 对象，当 $() 函数的参数为 HTML 代码时，该函数会根据参数中的标签代码创建一个 DOM 对象，并将该 DOM 对象包装成 jQuery 对象，语法如下所示。

```
var obj = $('HTML代码');
```

上述代码中，obj 为返回的 jQuery 对象。若想要将创建的对象添加到 HTML 文档结构中，可以利用 jQuery 中 append() 方法，用于在元素的最后一个子元素后面插入元素。

例如，将上述代码返回的 obj 对象传入 append() 方法中，便可以在 DOM 中插入节点，语法如下所示。

```
$(selector).append(obj);
```

下面使用 $() 函数和 append() 方法，在 body 元素中创建 p 段落，示例代码如下所示。

```
var p = $('<p>这是一个段落</p>');
$('body').append(p);
```

2. html() 方法

前面学习过的 html() 方法可用来设置或返回所选元素的 HTML 内容。当 html() 方法的参数为 HTML 代码时，便可以在 DOM 中动态创建节点。其作用与 JavaScript 中的 innerHTML 属性类似，语法如下所示。

```
$(selector).html('HTML代码');
```

下面使用 html() 方法，在 body 元素中创建 p 段落，示例代码如下。

```
$('body').html('<p>这是一个段落</p>');
```

为了读者更好地理解，接下来通过一个案例来演示 jQuery 中创建节点的两种方式，如 demo3−12.html 所示。

demo3−12.html

```
1  <style>
2      div {
3          width: 200px;
4          height: 100px;
5          background-color: yellow;
6      }
7  </style>
8  <input id="btn" type="button" value="创建节点">
9  <div id="dv"></div>
10 <script>
11     //单击按钮，在div中创建两个超链接
12     $('#btn').click(function() {
13         //在div中添加HTML代码
14         $('#dv').html('<a href="#">腾讯</a><br>');
15         //创建元素
16         var aObj = $('<a href="#">百度</a>');
17         //把元素添加到div中
18         $('#dv').append(aObj);
19     });
20 </script>
```

上述代码中，在 HTML 部分定义了一个按钮和一个 div，当单击按钮时，会在 div 中创建两个超链接。其中，第 14 行代码使用 html() 方法将超链接的 HTML 代码添加到 id 值为 dv 的 div 元素中。第 16~18 行代码使用 $() 函数创建 aObj 元素对象，然后使用 append() 方法将 aObj 对象添加到 id 值为 dv 的 div 元素中。

使用浏览器访问 demo3−12.html，页面效果如图 3−24（a）所示。

单击图 3–24（a）中的“创建节点”按钮，会在 div 中添加两个超链接“腾讯”和“百度”，页面效果如图 3–24（b）所示。

(a)

(b)

图 3–24　默认页面效果

## 3.4.2　插入节点

通过 3.4.1 小节的学习，我们知道在实际开发中，使用 $() 函数创建的节点如果不被插入到 DOM 中是没有实际意义的。jQuery 提供了一些方法用于将创建好的节点插入 DOM 的不同位置，如前面用过的 append() 方法。常用的插入节点的方法如表 3–6 所示。

表 3–6　jQuery 插入节点的方法

| 方　法 | 描　述 |
| --- | --- |
| append(ele) | 用于在匹配元素的最后一个子元素之后插入 ele，插入 ele 作为匹配元素的最后一个子元素 |
| prepend(ele) | 用于在匹配元素的第一个子元素之前插入 ele，插入的 ele 作为匹配元素的第一个子元素 |
| appendTo(ele) | 将匹配元素插入 ele 中，该匹配元素作为 ele 的最后一个子元素 |
| prependTo(ele) | 将匹配元素插入 ele 中，该匹配元素作为 ele 的第一个子元素 |
| before(ele) | 在匹配元素之前插入 ele 元素 |
| insertBefore(ele) | 将匹配元素插入 ele 之前 |
| after(ele) | 在匹配元素之后插入 ele 元素 |
| insertAfter(ele) | 将匹配元素插入 ele 之后 |

为了让读者更好地理解这些方法的使用，接下来通过示例代码的方式演示。首先，准备 HTML 用于插入节点。具体如下。

```
<nav>
    <ul>
        <li>序列号 1</li>
        <li>序列号 2</li>
        <li>序列号 3</li>
    </ul>
</nav>
```

在上述代码中，如果要在 ul 元素后面插入一个 p 元素，应该如何实现呢？下面利用

jQuery 提供的不同插入节点的方法分别实现，具体如下所示。

1. append() 和 appendTo() 方法

jQuery 中，append() 和 appendTo() 方法都可以在某个元素中插入最后一个子元素，区别在于这两个方法的调用对象不同。

若使用 append() 方法完成上述需求，需要获取 p 元素的父元素 nav，然后利用 nav 调用 append() 方法，在方法的参数中传递需要插入的 p 元素，示例代码如下。

```
var $p = '<p> 插入的节点 </p>';
// 将新创建的 p 节点插入 nav 容器的内容底部
$('nav').append($p);
```

若使用 appendTo() 方法完成与上述代码相同的效果，需要利用插入的 p 元素调用 appendTo() 方法，在其参数中指定插入元素的父元素。示例代码如下。

```
var $p = '<p> 插入的节点 </p>';
// 将新创建的 p 节点插入到 nav 容器的内容底部
$($p).appendTo('nav');
```

上述两种方法代码运行后，浏览器中的 DOM 结构是相同的，如下所示。

```
<nav>
    <ul>
        <li> 序列号 1</li>
        <li> 序列号 2</li>
        <li> 序列号 3</li>
    </ul>
    <p> 插入的节点 </p>
</nav>
```

2. after() 和 insertAfter() 方法

jQuery 中，after() 和 insertAfter() 方法都可以在某个元素的后面插入元素，其区别在于这两个方法的调用对象不同。

若使用 after() 方法在 ul 元素的后面插入 p 元素，示例代码如下。

```
var $p = '<p> 插入的节点 </p>';
// 将新创建的 p 节点插入 ul 元素之后
$('ul').after($p);
```

上述代码中，首先获取 ul 元素对象，然后调用 after() 方法，在该方法的参数中给出需要插入的 p 元素。

如果要使用 inserAfter() 方法完成以上相同的效果，示例代码如下。

```
var $p = '<p> 插入的节点 </p>';
```

```
// 将新创建的 p 节点插入 ul 元素之后
$($p).insertAfter('ul');
```

上述代码中，首先获取插入的 p 元素对象，然后在参数中传递插入位置的前一个元素。

上述两种方法代码运行后，浏览器中的 DOM 结构与使用 append() 和 appendTo() 方法实现的效果都是相同的。

从上述示例可以看出，在 jQuery 中使用不同插入节点的方法有时可以达到相同的效果，那么在开发时该如何选择使用哪种方式呢？

以上示例为例，当使用“$('nav').append($p);”时，代码执行后返回的是 nav 元素；使用“$('ul').after($p);”时，代码执行后返回的是 ul 元素；使用“$($p).appendTo('nav');”时，代码执行后返回的是 p 元素。因此，开发者可以根据后续的操作具体选择合适的方式。

与 append() 和 appendTo() 方法、after() 和 insertAfter() 方法的使用方式类似的还有以下几个方法。

- prepend() 和 prependTo()：在某元素中插入第一个子元素。
- before() 和 insertBefore()：在某元素的前面插入元素。

例如，使用 before() 方法可以在 ul 元素的前面插入 p 元素，代码如下。

```
var $p = '<p>插入的节点</p>';
// 将新创建的 p 节点插入 ul 元素之前
$('ul').before($p);
```

上述代码执行后，浏览器中的 DOM 结构如下所示。

```
<nav>
    <p>插入的节点</p>
    <ul>
        <li>序列号 1</li>
        <li>序列号 2</li>
        <li>序列号 3</li>
    </ul>
</nav>
```

jQuery 中插入节点的方法还支持同时插入多个元素节点，示例代码如下。

```
var $p = '<p>插入的 p 元素</p>';
var $a = '<a>插入的 a 元素</a>';
// 将新创建的两个节点插入 ul 元素之前
$('ul').before($p, $a);
```

上述代码中，同时在 ul 元素中的前面插入多个节点时，使用逗号“,”分隔。上述代码执行后，浏览器中的 DOM 结构如下所示。

```
<nav>
    <p>插入的 p 元素</p>
```

```
        <a>插入的 a 元素</a>
        <ul>
            <li>序列号 1</li>
            <li>序列号 2</li>
            <li>序列号 3</li>
        </ul>
    </nav>
```

### 3.4.3 删除节点

在网页开发中，有时需要动态删除某个节点。jQuery 中删除节点的常用方法如表 3-7 所示。

表 3-7 jQuery 中删除节点的常用方法

| 方　法 | 描　　述 |
|---|---|
| remove() | 从 DOM 中删除所有匹配的元素 |
| detach() | 从 DOM 中删除所有匹配的元素 |
| empty() | 删除匹配的元素集合中所有的子节点 |

表 3-7 中的 3 个方法都可以用于删除节点，但是其使用方式有所区别，接下来分别进行介绍。

1. remove() 方法

待删除元素对象调用 remove() 方法即可完成删除操作，示例代码如下。

```
$('p').remove();
```

上述代码中，$('p') 用于获取待删除的元素对象。remove() 方法只会从 DOM 中移除匹配到的元素，但该元素还存在于 jQuery 对象中。需要注意的是，jQuery 对象中不会保留元素的 jQuery 数据。例如，被删除的 p 元素如果绑定了事件或有附加的数据等都会被移除。

2. detach() 方法

detach() 方法的使用方式与 remove() 方法基本相同，区别在于 detach() 方法不仅会保留 jQuery 对象中的匹配元素，而且会保留该元素所有绑定的事件以及附加的数据。因此，被删除的元素可以通过如下方式来恢复。

```
var obj = $(selector).detach();            // 删除元素节点
$(obj).appendTo(selector);                  // 恢复元素节点
```

上述代码中，调用 detach() 方法后返回的是当前被删除元素的对象。然后若要恢复元素节点，则可将对象赋值给一个变量 obj，通过插入节点的方法 appendTo() 将 obj 插入到 DOM 中，实现恢复元素的效果。

为了读者更好地理解，接下来通过一个案例演示使用 detach() 方法删除和恢复元素的效果，如 demo3-13.html 所示。

demo3－13.html

```
1   <button id="btn1">删除段落</button>
2   <button id="btn2">恢复段落</button>
3   <p>今天天气不错!</p>
4   <script>
5       var $p;
6       $('#btn1').click(function() {
7           $p = $('p').detach();
8       });
9       $('#btn2').click(function() {
10          $($p).appendTo('body');
11      });
12  </script>
```

上述代码中，在 HTML 中定义了两个按钮和一个 p 元素。当单击“删除段落”按钮时，删除 p 元素，单击“恢复段落”按钮，插入 p 元素。

第 5 行定义的全局变量 $p 用于保存删除的元素节点，用于恢复已删除的元素时使用。第 6~8 行代码，为 id 值为 btn1 的按钮绑定单击事件，事件触发时，使用 detach() 方法删除 p 元素。第 9~11 行代码，为 id 值为 btn2 的按钮绑定单击事件，事件触发时，使用 appendTo() 方法在 body 中重新插入删除的节点。

使用浏览器访问 demo3－13.html，页面效果如图 3－25 所示。

在图 3－25 中，单击“删除段落”按钮，将会删除“今天天气不错！”，页面效果如图 3－26 所示。

图 3－25　默认页面效果

图 3－26　删除段落

在图 3－26 中，单击“恢复段落”按钮，删除的文字就会被恢复，页面效果如图 3－25 所示。

3. empty() 方法

与 remove() 和 detach() 方法不同，empty() 方法并不是删除节点，而是清空元素中的所有后代节点，例如，清空 div 元素中的所有内容，示例代码如下。

```
$('div').empty();
```

为了读者更好地理解，接下来通过一个案例演示 remove() 和 empty() 方法的区别，如 demo3－14.html 所示。

demo3−14.html

```
1  <nav>
2      <ul id="ul1">
3          <li><span>序列号 1</span></li>
4          <li><span>序列号 2</span></li>
5          <li><span>序列号 3</span></li>
6      </ul>
7      <hr>
8      <ul id="ul2">
9          <li><span>序列号 1</span></li>
10         <li><span>序列号 2</span></li>
11         <li><span>序列号 3</span></li>
12     </ul>
13 </nav>
14 <script>
15     // 删除序列号 2 列表项
16     $('#ul1 li:eq(1)').remove();
17     // 删除序列号 2 列表项的内容
18     $('#ul2 li:eq(1)').empty();
19 </script>
```

上述代码中，定义了两个 id 值不同的相同列表。然后，通过第 16 行代码，使用 remove() 方法删除 id 值为 ul1 的第 2 个列表项。通过第 18 行代码，使用 empty() 方法清空 id 值为 ul2 的第 2 个列表项。

使用浏览器访问 demo3−14.html，页面效果如图 3−27 所示。

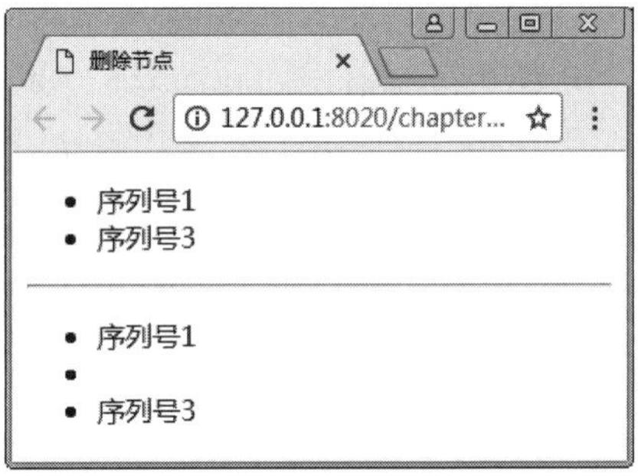


图 3−27　删除节点

对应图 3−27 页面效果的 DOM 结构，关键代码如下所示。

```
<nav>
    <ul id="ul1">
        <li><span>序列号 1</span></li>
        <li><span>序列号 3</span></li>
    </ul>
    <hr>
    <ul id="ul2">
        <li><span>序列号 1</span></li>
        <li></li>
        <li><span>序列号 3</span></li>
    </ul>
</nav>
```

从上述 DOM 结构可以看出，id 为 ul1 的第 2 个列表项被完全移除，而 id 为 ul2 的第

2 个列表项只有子元素 span 被移除。

### 3.4.4 复制节点

复制节点是 DOM 的常见操作，为此，jQuery 提供一个 clone() 方法，专门用于处理 DOM 节点的复制，复制的内容包括匹配元素、该元素的子元素、文本和属性。语法如下所示。

```
$(selector).clone();
```

上述语法中，参数 selector 可以是选择器或 HTML 内容。调用 clone() 方法后会生成一个被选元素的副本，该副本需要利用插入节点的方法才能显示到 DOM 中。

为了读者更好地理解，接下来通过一个案例演示 clone() 方法的使用，如 demo3−15.html 所示。

demo3−15.html

```
1  <style>
2      div {
3          width: 300px;
4          height: 100px;
5          background-color: #ed577f;
6          margin-top: 20px;
7      }
8  </style>
9  <input type="button" value="复制节点" id="btn">
10 <div id="dv">
11     <span>越努力越幸运</span>
12 </div>
13 <div id="dv1"></div>
14 <script>
15     $('#btn').click(function() {
16         //复制第一个 div 中的 span 元素生成副本
17         var spanObj = $('#dv>span').clone();
18         //设置副本的样式
19         spanObj.css('fontSize', '30px');
20         $('#dv1').append(spanObj);
21     });
22 </script>
```

上述代码，当单击按钮时，将 id 值为 dv 中的 span 元素复制到 id 值为 dv1 的元素中。

第 15~21 行代码用于按钮绑定单击事件。其中，第 17 行代码调用 clone() 方法生成 id 为 dv 下的 span 元素副本；第 19 行代码将 span 元素副本的字体设置为 30 像素；第 20 行代码使用 append() 方法将 span 元素的副本插入 id 值为 dv1 元素中。

使用浏览器访问 demo3−15.html，页面效果如图 3−28 所示。

单击图 3–28 中的“复制节点”按钮，文本“越努力越幸运”就会被复制到下面的区域中，页面效果如图 3–29 所示。

图 3–28　默认页面效果

图 3–29　复制节点后页面效果

图 3–29 中，被复制文本的文字变大，这是由于在插入节点操作之前，修改了复制节点生成的副本样式。

### 3.4.5　替换节点

使用 jQuery 开发时，如果需要替换元素或元素中的内容，可以使用 replaceWith() 和 replaceAll() 方法，其区别在于调用方法的对象以及参数设置的不同。语法如下所示：

```
$(selector).replaceWith(content);                    //replaceWith() 语法
$(content).replaceAll(selector);                     //replaceAll() 语法
```

上述语法中，content 可以是 DOM 元素对象或 HTML 内容。例如，将 p 元素替换为 span 元素，示例代码如下。

```
$('p').replaceWith('<span> 替换喽 </span>');          // 实现方式一
$('<span> 替换喽 </span>').replaceAll('p');           // 实现方式二
```

从上述代码可以看出，replaceWith() 方法的调用对象是待替换的元素对象，参数是替换后的 HTML 元素或 DOM 对象。而 replaceAll() 方法的使用正好与之相反。

为了读者更好地理解，接下来通过一个案例演示 replaceWith() 方法和 replaceAll() 方法的使用，如 demo3–16.html 所示。

demo3–16.html

```
<style>
    div {
        width: 200px;
        height: 50px;
        background-color: #edbc80;
```

```
6           margin-top: 20px;
7       }
8   </style>
9   <input type="button" id="btn" value="替换元素">
10  <div id="dv">没有伞的孩子</div>
11  <div id="dv1">要努力奔跑</div>
12  <script>
13      $('#btn').click(function() {
14          $('#dv').replaceWith('<div>世界这么大</div>');
15          $('<div>我想去看看</div>').replaceAll('#dv1');
16      });
17  </script>
```

上述代码中，在 HTML 部分定义了一个按钮和两个 div 元素，当单击按钮后，替换两个 div 元素。

第 13~16 行代码用于为按钮注册单击事件，当事件发生时，使用 replaceWith() 方法替换 id 值为 dv 的 div 元素，使用 replaceAll() 方法替换 id 值为 dv1 的 div 元素。

使用浏览器访问 demo3-16.html，页面效果如图 3-30 所示。

在图 3-30 中，单击“替换元素”按钮，图中两个带有文字的 div 就会替换为指定的内容，页面效果如图 3-31 所示。

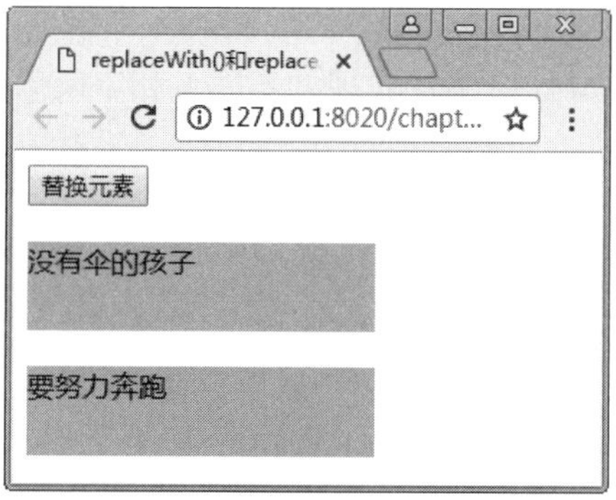


图 3-30　默认页面效果

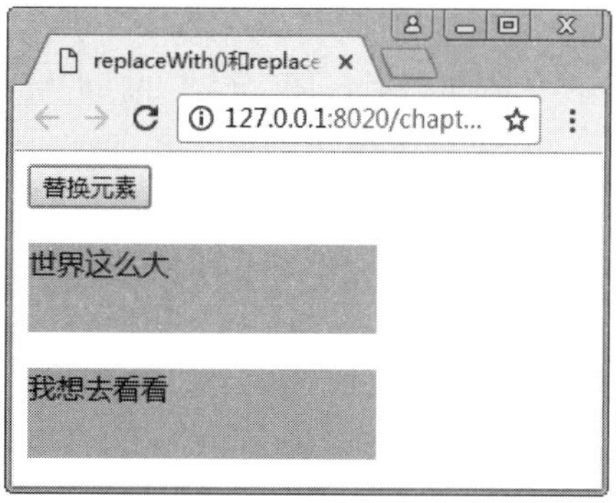


图 3-31　替换元素后页面效果

## 3.4.6　包裹节点

包裹节点是指在某个元素的外层添加父元素，将其“包裹”起来。jQuery 中提供了 3 种用于包裹节点的方法，具体如下。

1. wrap() 方法

wrap() 方法用于为每个匹配到的元素添加父元素，将匹配元素包裹在其中。语法如下所示。

```
$(selector).wrap(wrapper);
```

上述语法中，参数 wrapper 表示包裹元素的结构化标记。例如，用 strong 元素把 li

元素包裹起来，示例代码如下。

```
$('li').wrap('<strong></strong>');
```

上述代码执行后，浏览器中的 DOM 结构如下所示。

```
<ul>
    <strong><li>北京</li></strong>
    <strong><li>广州</li></strong>
    <strong><li>深圳</li></strong>
</ul>
```

从上述结构可以看出，使用 wrap() 方法包裹节点，会在每一个 li 元素外层都添加 strong 元素。

2. wrapAll() 方法

与 wrap() 方法不同，wrapAll() 方法用于为所有匹配元素添加一个父元素，将这些匹配元素一起包裹起来，语法如下所示。

```
$(selector).wrapAll(wrapper);
```

上述语法中，参数 wrapper 表示包裹元素的结构化标记。例如，使用 wrapAll() 方法用 strong 元素把 li 元素包裹起来，示例代码如下。

```
$('li').wrapAll('<strong></strong>');
```

上述代码执行后，浏览器中的 DOM 结构与 wrap() 方法实现的不同，如下所示。

```
<ul>
    <strong>
        <li>北京</li>
        <li>广州</li>
        <li>深圳</li>
    </strong>
</ul>
```

从上述 DOM 结构可以看出，使用 wrapAll() 方法包裹节点，是将全部的 li 元素使用一个 strong 元素包裹起来。

3. wrapInner() 方法

wrapInner() 方法用于为匹配元素添加子元素，该子元素用来包裹匹配元素中的所有内容，语法如下所示。

```
$(selector).wrapInner(wrapper);
```

上述语法中，参数 wrapper 表示指定需要被包裹元素的结构化标记。例如，使用 wrapInner() 方法用 strong 元素把 li 元素的所有内容包裹起来，示例代码如下。

```
$('li').wrapInner('<strong></strong>');
```

上述代码执行后，浏览器中的 DOM 结构如下所示。

```
<ul>
    <li><strong>北京</strong></li>
    <li><strong>广州</strong></li>
    <li><strong>深圳</strong></li>
</ul>
```

### 3.4.7 遍历节点

在 DOM 元素操作中，当 ul 元素下的 li 元素内容都为空，此时若要每个 li 元素都添加内容，利用前面学习过的知识，可以使用如下代码实现。

```
$('ul li').text('测试');
```

上述代码执行后，ul 元素下的每一个 li 元素都会被添加内容“测试”，在这个过程中，并没有去取得所有 li 元素然后循环添加，这种实现方式称为“隐式迭代”。它是通过 jQuery 内部机制实现的，一般适用于对指定的元素做相同操作的处理。

而在实际开发中，有些需求是“隐式迭代”不能处理的。例如，只为 ul 元素下奇数行的 li 元素添加内容，这时便要通过 jQuery 提供的 each() 方法遍历所有元素，并进行相关的处理。语法如下所示。

```
$(selector).each(function(index, element));
```

上述语法中，each() 方法的参数是一个匿名函数，该函数可以接收两个可选参数 index 和 element。其中，index 是遍历元素的索引，索引默认从 0 开始；element 是当前的元素，一般使用 this 关键字来代表当前元素。

例如，现有如下一段 HTML 代码。

```
<ul>
    <li>刘三</li>
    <li>赵四</li>
    <li>王小五</li>
</ul>
```

如果要获取列表相中第 2 个 li 元素中的文本内容，这时便可以应用 each() 方法来处理，关键代码如下所示。

```
$('li').each(function(index) {
    if(index == 1) {
        console.log($(this).text());
    }
});
```

上述代码执行后，控制台输出结果如图 3−32 所示。

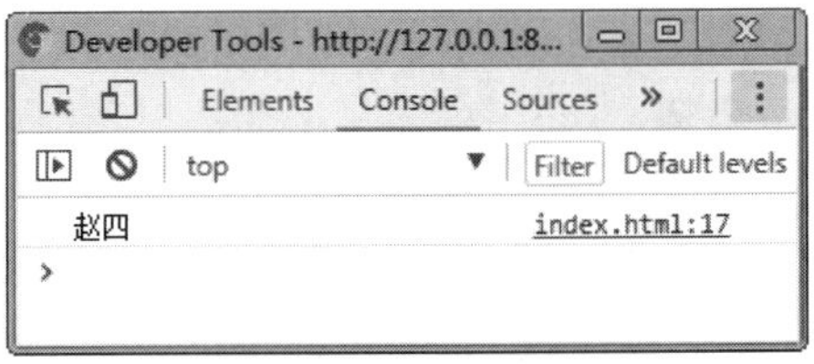


图 3−32　控制台输出结果

为了读者更好地理解，接下来通过一个案例演示 each() 方法的具体应用，HTML 代码片段如 demo3−17.html 所示。

demo3−17.html

```
1   <style>
2       ul li {
3           width: 60px;
4           height: 100px;
5           background-color: green;
6           list-style-type: none;
7           float: left;
8           margin-left: 10px;
9       }
10  </style>
11  <ul id="uu">
12      <li>1</li><li>2</li><li>3</li>
13      <li>4</li><li>5</li><li>6</li>
14      <li>7</li>
15  </ul>
```

上述代码中，在 HTML 部分定义了一个 ul 列表，在第 2~9 行设置了 ul 列表的初始样式，页面效果如图 3−33 所示。

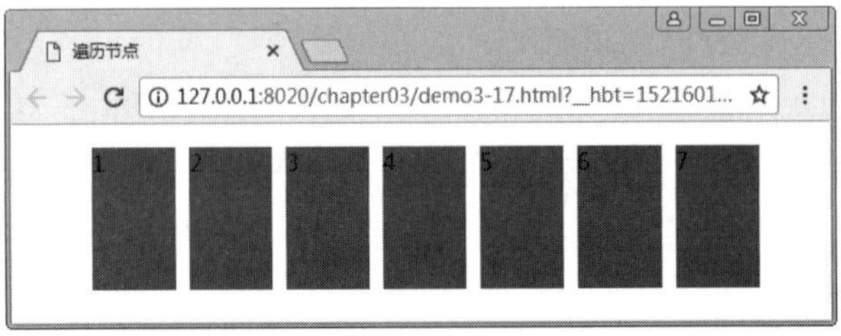


图 3−33　默认页面效果

接下来，添加 jQuery 代码，让 ul 列表中的每个 li 元素的背景色由浅入深。具体如下。

```
<script>
    $('#uu>li').each(function(index, element) {
        // 改变每个元素的透明度
        $(element).css('opacity', (index + 1) / 10);
    });
</script>
```

上述代码中，第 2~5 行使用 each() 方法遍历 ul 元素中的每个 li 元素，function() 函数中的 index 参数代表每个 li 元素的索引值，索引从零开始，element 参数表示被遍历的当前元素。第 4 行使用 $(element) 选择每个被遍历的 li 元素，然后调用元素的 css() 方法动态设置每个 li 元素的透明度。其中，利用索引值 index 完成 opacity 属性值的计算，每遍历到一个 li 元素，opacity 属性值都会增加，达到颜色渐变的效果。

使用浏览器访问 demo3−17.html，页面效果如图 3−34 所示。

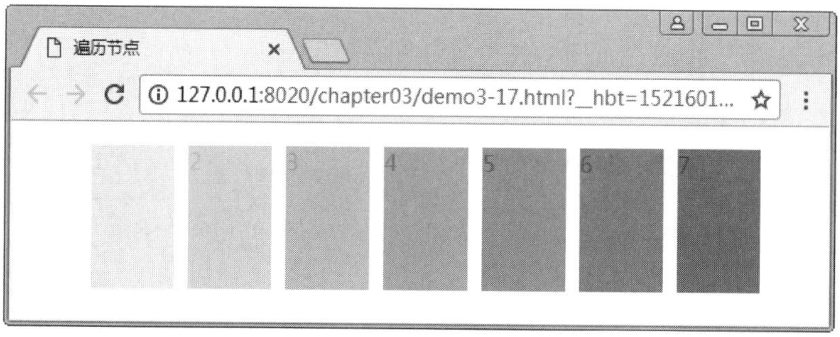


图 3−34 遍历节点页面效果

### 3.4.8 【案例】权限选择

随着网络应用的日益丰富，很多企业在发展到一定程度后会开始使用内容管理系统。内容管理系统是一种用于管理内容创作和办公流程的软件系统，使用内容管理系统可以提交、删除、修改、审批、发布内容等。该系统的使用者可以包括管理员、创作人员、编辑人员、发布人员等，不同的使用者根据角色的不同需要拥有不同的操作权限，而管理员作为拥有最高权限的角色，需要为每个角色的用户设置权限，这时便应用到了权限选择的功能。

**【案例展示】**

本案例要完成的效果是模拟内容管理系统中的权限选择功能，页面效果如图 3−35 所示。

在图 3−35 中，包含 2 个列表和 4 个按钮，左侧列表为所有权限，当某个权限被移动到右侧列表，则代表当前用户添加了该权限。4 个按钮从上至下的作用分别为“添加选中权限”“删除选中权限”“添加全部权限”“删除全部权限。”

**【案例分析】**

该案例需要完成的功能分别对应页面中的 4 个按钮，具体如下所示。

（1）添加选中权限

“添加选中权限”按钮在页面中的位置如图 3−36 所示。

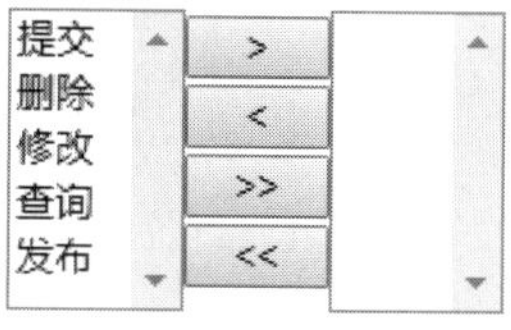


图 3−35 权限选择页面效果

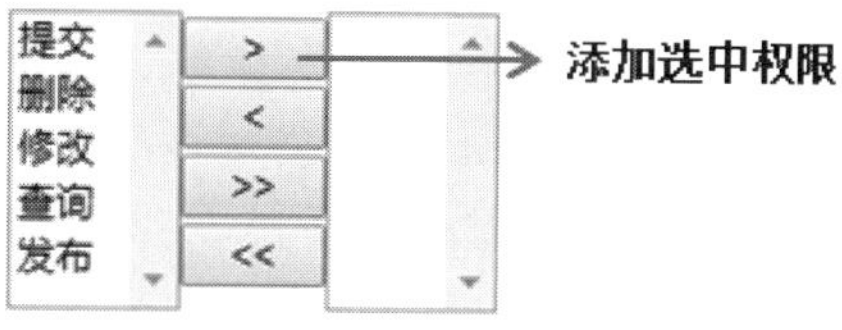


图 3−36 添加选中权限

图 3–36 的“添加选中权限”按钮需要绑定单击事件，当事件触发时，获取左侧列表中被选中的 option 元素，然后使用 append() 方法将对应的 option 元素添加到右侧列表中。

（2）删除选中权限

“删除选中权限”按钮在页面中的位置如图 3–37 所示。

图 3–37 的“删除选中权限”按钮需要绑定单击事件，当事件触发时，获取右侧列表中被选中的 option 元素，然后使用 append() 方法将对应的 option 元素添加到左侧列表中。

（3）添加全部权限

“添加全部权限”按钮在页面中的位置如图 3–38 所示。

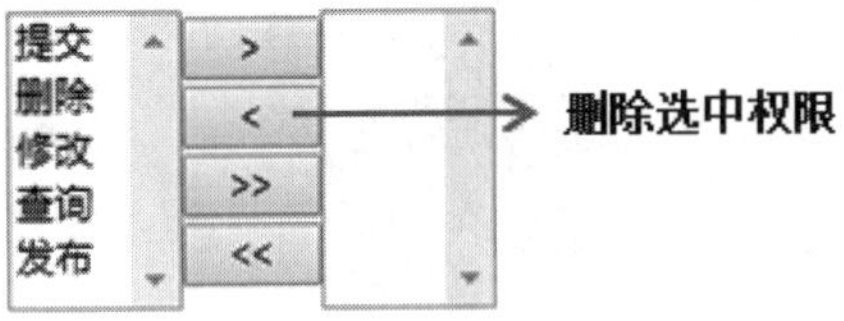


图 3–37　删除选中权限

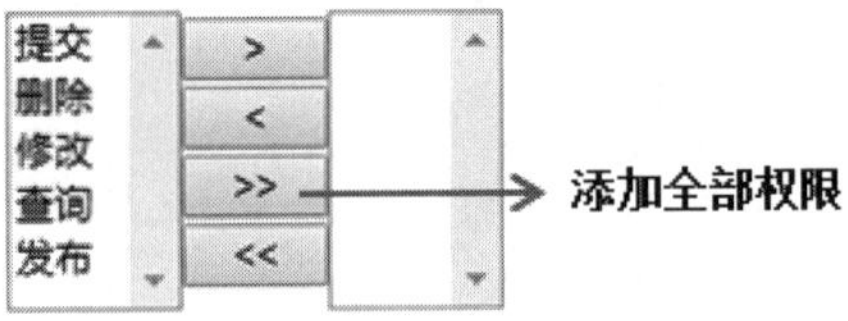


图 3–38　添加全部权限

图 3–38 的“添加全部权限”按钮需要绑定单击事件，当事件触发时，获取左侧列表中所有的 option 元素，然后使用 append() 方法将对应的 option 元素添加到右侧列表中。

（4）删除全部权限

“删除全部权限”按钮在页面中的位置如图 3–39 所示。

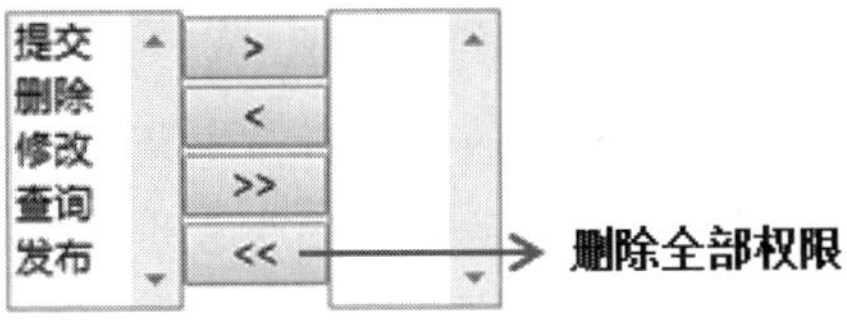


图 3–39　删除全部权限

图 3–39 中的“删除全部权限”按钮需要绑定单击事件，当事件被触发时，获取右侧列表中所有的 option 元素，然后使用 append() 方法将对应的 option 元素添加到左侧列表中。

**【案例实现】**

分析该案例要实现的功能后，接下来通过代码演示该案例的具体实现。

**注意：** 由于本书主要讲解 jQuery 的使用，CSS 代码部分建议读者直接引用案例源码中的 chapter03\auth\css\main.css 文件。

本案例的 jQuery 代码和 HTML 代码如 chapter03\auth\auth.html 所示。

auth.html

```
<!DOCTYPE html>
<html>
    <head>
        <meta charset="UTF-8">
        <title>权限选择</title>
        <link rel="stylesheet" href="css/main.css">
        <script src="js/jquery-1.12.4.js"></script>
    </head>
```

```
9       <body>
10          <div id="contains">
11              <select id="se1" multiple="multiple">
12                  <option>提交</option>
13                  <option>删除</option>
14                  <option>修改</option>
15                  <option>查询</option>
16                  <option>发布</option>
17              </select>
18              <div id="btnDv">
19                 <input type="button" name="name1" value=">" id="toRight">
20                 <input type="button" name="name2" value="<" id="toLeft">
21                 <input type="button" name="name3" value=">>" id="toAllRight">
22                 <input type="button" name="name4" value="<<" id="toAllLeft">
23              </div>
24              <select id="se2" multiple="multiple"></select>
25          </div>
26          <script>
27              //添加选中权限
28              $('#toRight').click(function() {
29                  $('#se2').append($('#se1>option:selected'));
30              });
31              //删除选中权限
32              $('#toLeft').click(function() {
33                  $('#se1').append($('#se2>option:selected'));
34              });
35              //添加所有权限
36              $('#toAllRight').click(function() {
37                  $('#se2').append($('#se1>option'));
38              });
39              //删除所有权限
40              $('#toAllLeft').click(function() {
41                  $('#se1').append($('#se2>option'));
42              });
43          </script>
44      </body>
45  </html>
```

上述代码中，第 10~25 行代码定义了 2 个下拉列表和 4 个按钮。第 28~42 行代码分别为页面的 4 个功能按钮绑定单击事件。其中，第 29 和 33 行代码通过 selected 属性找到被选中的 option 元素，然后使用 append() 方法将对应的 option 元素添加到对应的 select

元素中。

使用浏览器访问 auth.html，页面效果如图 3−35 所示。在图 3−35 中,在左侧下拉列表中选中“提交”和“修改”两个权限，然后单击“＞”按钮，页面效果如图 3−40 所示。

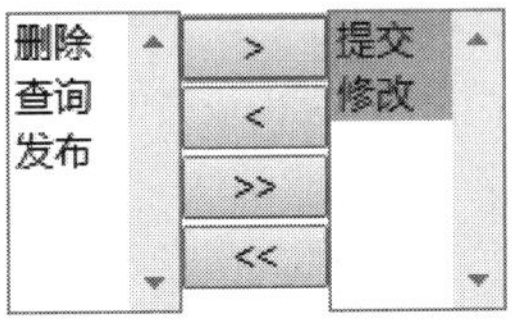

图 3−40 添加权限

从图 3−40 可以看出，“提交”和“修改”权限已经成功添加到右侧列表中。

## 多学一招：jQuery 链式编程

利用 jQuery 获取 DOM 元素以后，可以对该元素对象进行一系列操作，并且所有操作可以通过点号“.”的形式连接在一起形成一句代码，这种类似“链条”的调用方式称为链式编程。

例如，改变一张图片元素的样式和属性，常规代码如下所示。

```
$('#pic').css('border', 'solid 1px #FF0000');
$('#pic').attr('alt', 'myPhoto');
```

上述代码中，首先调用 css() 方法修改样式，然后使用 attr() 方法修改属性，如果通过链式编程的方式完成上述操作，示例代码如下。

```
$('#pic').css('border', 'solid 1px #FF00030').attr('alt', 'myPhoto');
```

上述代码中，“$('#pic').css('border', 'solid 1px #FF00030')”代码执行后，会返回当前元素的 jQuery 对象，这个 jQuery 对象与 $('#pic') 返回的结果相同，所以可以直接使用“.”调用 attr() 方法。

为了读者更好地理解，接下来通过一个完整案例演示 jQuery 链式编程的用法，如 demo3−18.html 所示。

demo3−18.html

```
<!DOCTYPE html>
<html>
    <head>
        <meta charset="UTF-8">
        <title>链式编程</title>
        <script src="js/jquery-1.12.4.js"></script>
    </head>
    <body>
        <div>
            <p>0</p>
            <p>1</p>
            <p>2</p>
            <p>3</p>
        </div>
```

```
        <script>
            $('div').find('p').eq(3).html(' 我是索引值为 3 的 p 元素 ');
        </script>
    </body>
</html>
```

上述代码用于修改 div 元素下的第 4 个 p 元素的内容。使用浏览器访问 demo3−18.html，页面效果如图 3−41 所示。

图 3−41　链式编程

从图 3−41 中可以看出，索引值为 3 的 p 元素的内容已替换成功。

值得一提的是，jQuery 之所以可以实现链式编程，就是因为每个函数或方法被调用后返回的都是 jQuery 对象，在 jQuery 对象上可以继续调用 jQuery 方法执行其他操作。链式编程的语句不宜过长，否则会造成代码难以阅读的问题。

## 本章小结

本章首先介绍了 jQuery 操作 DOM 相关方法，包括操作元素样式、操作元素属性、操作元素内容和操作 DOM 节点等，然后介绍了 jQuery 中链式编程的应用。

学习本章内容后，读者需要掌握 jQuery 操作 DOM 的常用方法，熟悉链式编程，并且能够在合适需求中应用链式编程。

## 课后习题

### 一、填空题

1. jQuery 中判断某个类是否存在的方法是______。
2. jQuery 中用于操作元素内容的方法有______和______。
3. p 元素调用 jQuery 提供的______方法可替换成 span 元素。
4. 使用______方法可以删除 jQuery 中的 DOM 节点。
5. ul 元素调用 jQuery 提供的______方法，可将 li 元素作为 ul 的第一个子元素插入。

### 二、判断题

1. 利用 attr() 方法可以获取元素的 style 属性。（　　）
2. 调用 clone() 方法后可以将复制的节点追加到 body 元素内。（　　）
3. 创建节点、插入节点、删除节点都属于 jQuery 中的 DOM 操作。（　　）

4. insertBefore() 与 before() 的使用方式相同，但是功能不同。　　　　（　　）
5. outerWidth() 方法不传递参数时，获取元素的宽度包括内边距、边框和外边距。
（　　）

## 三、选择题

1. jQuery 中 css() 方法在获取多个样式属性时，参数需要以（　　）形式传入。
   A. 对象　　B. 数组　　C. 函数　　D. 字符串
2. 下列（　　）不属于 jQuery 中操作 DOM 节点的方法。
   A. append()　　B. prepend()　　C. before()　　D. attr()
3. 下列（　　）方法获取元素的宽度只包括元素的宽度、内边距和边框。
   A. width()　　B. innerWidth()　　C. outerWidth()　　D. outerWidth(true)
4. 下列关于 html() 和 text() 方法描述错误的是（　　）。
   A. text() 方法可以获取或者设置包含元素标签的内容
   B. 两者都可以用来为元素设置文本内容
   C. html() 方法可以获取或者设置包含元素标签的内容
   D. html() 方法和原生的 JavaScript 中 innerHTML 属性的使用类似
5. outerHeight() 方法不传递参数时获取的元素高度不包括（　　）。
   A. width　　B. padding　　C. border　　D. margin

## 四、简答题

1. 列举 jQuery 中插入节点的方法（8 种）。
2. 简述什么是链式编程。
3. 简述 append() 方法和 appendTo() 方法的区别。

## 五、编程题

1. 阅读下面的代码，利用 jQuery 实现单击“获取数据”按钮时，读取数据源 data 向表格中添加数据。

```
<input type="button" value=" 获取数据 ">
<table border="1">
    <thead><tr><th> 书名 </th><th> 页数 </th><th> 售价 </th></tr></thead>
    <tbody><tr><td>jQuery</td><td>250</td><td>52</td></tr></tbody>
</table>
<script>
    var data = [
        {name: 'JavaScript', pages: '320', price: '64'},
        {name: 'HTML 和 CSS', pages: '120', price: '48'}
    ];
</script>
```

页面实现效果如图 3–42 所示。

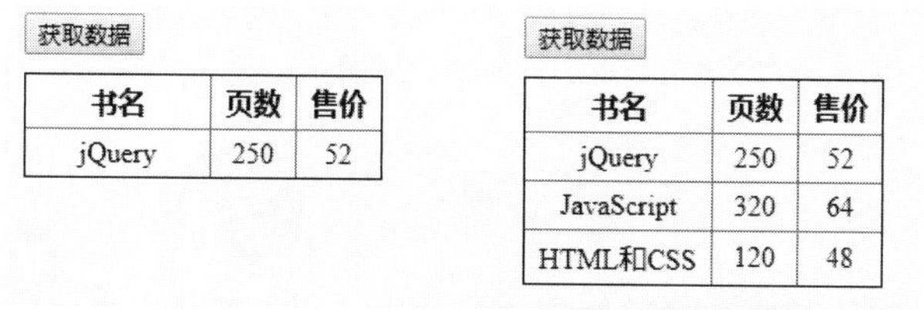


（1）获取数据前　　（2）获取数据后

图 3–42　创建表格结构

2. 阅读下面的代码，利用 jQuery 来实现功能要求。

- 单击 thead 标签中的总复选框：让所有复选框全部选中或全部不选中。
- 单击 tbody 标签中的分复选框：如果所有分复选框都被选中，则总复选框被选中；反之，则总复选框不选中。

```
<table>
    <thead>
        <tr><th><input type="checkbox"></th><th> 序号 </th></tr>
    </thead>
    <tbody>
        <tr><td><input type="checkbox"></td><td>1</td></tr>
        <tr><td><input type="checkbox"></td><td>2</td></tr>
        <tr><td><input type="checkbox"></td><td>2</td></tr>
    </tbody>
</table>
```

# 第4章 jQuery事件处理机制

HTML与JavaScript之间是通过事件进行交互的，事件的应用使得页面的行为与页面的结构之间耦合松散。虽然JavaScript可以完成事件的处理，但语法较为复杂，且容易遇到浏览器兼容问题。为此，jQuery对JavaScript操作DOM事件进行了封装，形成了优秀的事件处理机制，其中包括了常用事件、事件绑定、事件解绑、事件触发等。本章将针对jQuery的事件处理机制进行详细讲解。

【教学导航】

| | |
|---|---|
| 学习目标 | 1．了解jQuery的事件触发机制<br>2．熟悉jQuery事件绑定和事件解绑的方法<br>3．熟悉jQuery事件对象的属性和方法的使用<br>4．掌握jQuery常用事件的使用方法<br>5．掌握jQuery事件冒泡的概念以及阻止事件冒泡的方式 |
| 学习方式 | 本章内容以理论讲解、案例演示为主 |
| 重点知识 | 1．jQuery常用事件的使用方法<br>2．jQuery事件冒泡的概念以及阻止事件冒泡的方式 |
| 关键词 | ready、click、mouseover、mouseout、focus、event、on、delegateTarget、currentTarget、target、stopPropagation() |

## 4.1 常用事件

在前端开发中，经常使用事件来完成一些交互操作，如文本框获得焦点、鼠标滑过改变样式等。jQuery 提供了一些常用事件，包括页面加载事件、鼠标事件、焦点事件等。本节将围绕 jQuery 的常用事件进行讲解。

### 4.1.1 jQuery 事件方法

为了方便 jQuery 事件的学习，首先介绍什么是 jQuery 事件方法。

jQuery 中事件方法一般与事件名称相同。例如，单击事件 click，对应的事件方法是 click() 方法。常用事件方法如表 4–1 所示。

表 4–1　常用事件方法

| 分　类 | 事件方法 | 描　　述 |
| --- | --- | --- |
| 鼠标 | click() | 单击鼠标左键时触发 |
| | dbclick() | 双击鼠标左键时触发 |
| 键盘 | keypress() | 键盘按键（Shift、CapsLock 等非字符键除外）被按下时触发 |
| | keydown() | 键盘按键被按下时触发 |
| | keyup() | 键盘按键被松开时触发 |
| 焦点 | onfocus() | 获取焦点时触发 |
| | onblur() | 失去焦点时触发 |
| 改变 | change() | 元素的值发生改变时触发 |
| 其他 | submit() | 当表单提交时触发 |
| | select() | 当文本框（包括 <input> 和 <textarea>）中的文本被选中时触发 |
| | scroll() | 当滚动条发生变化时触发 |
| | resize() | 当调整浏览器窗口大小时触发 |

为了读者更好地理解这些事件方法的使用，下面以 click() 事件方法为例进行演示。示例代码如下。

```
$('#btn').click(function() {
    alert('我被单击了');
});
```

上述代码中，使用 click() 方法为 id 值为 btn 的元素绑定 click 事件，click() 方法的参数 function 便是事件处理函数。当单击按钮时，就会触发单击事件，执行事件处理函数。

另外，为元素绑定事件处理函数后，还可以手动触发事件。示例代码如下。

```
$('#btn').click();
```

上述代码中，使用 click() 方法触发元素的 click 事件，代码执行后，将触发 id 值为 btn 的元素的 click 事件。

**脚下留心：** 与 JavaScript 中的“DOM 对象 .onclick = function() {};”这种方式不同的是，jQuery 允许为同一个对象的同一个事件绑定多个事件处理函数。示例代码如下。

```
$('#btn').click(function() {
    console.log('text1');
});
$('#btn').click(function() {
    console.log('text2');
});
```

执行上述代码，当单击 id 值为 btn 的元素时，会在控制台中先输出“text1”，然后输出“text2”。由此可见，当触发事件时，其执行顺序与绑定时的顺序相同。

### 4.1.2 页面加载事件

在网页开发中，当通过 JavaScript 代码操作 DOM 时，如果 JavaScript 代码位于页面元素的上方，会因为页面元素还没有加载而执行失败。为了解决这个问题，便需要将这些代码包裹在 onload 事件的处理函数中，这样浏览器会在 DOM 加载完全后再执行 JavaScript 代码。

由于 onload 事件需要在页面的所有内容（包括 DOM 元素以及图片等文件）都加载完后才触发，为了提高网页的响应速度，jQuery 中提供了 ready 事件作为页面加载事件，其功能类似于 JavaScript 的 onload 事件，区别在于 ready 事件只需页面的 DOM 元素加载完全后便可触发。ready 事件的语法如下所示。

```
// 写法 1
$(document).ready(function() {
      // 页面加载后要执行的代码
});
```

```
// 写法 2
$(function() {
     // 页面加载后要执行的代码
});
```

上述语法中，document 参数可以省略，由于写法 2 比较简洁，所以在实际开发中应用频率较高。

另外，与 onload 事件相比，ready 事件的语法比较灵活。这是由于一个页面只能编写一个 onload 事件，并且只能执行一次；但是一个页面中可以包含多个 ready 事件，多个事件之间按照编写顺序依次执行。示例代码如下。

（1）一个页面编写多个 onload 事件。

```
window.onload = function() {
    console.log('text1');
```

```
};
window.onload = function() {
    console.log('text2');
};
```

上述代码无法正确执行，执行结果只输出“text2”。

（2）一个页面编写多个 ready 事件。

```
$(function() {
    console.log('text1');
});
$(function() {
    console.log('text2');
});
```

上述代码可以正确执行，在控制台中依次输出“text1”和“text2”。

**多学一招：** jQuery 的 load() 方法

在实际开发中，图片的放大缩小、图片的剪裁等功能的实现，需要网页所有的内容加载完毕后再执行 jQuery 代码，否则在图片文件还未加载完毕时 jQuery 代码将无法操作图片的高度和宽度等属性。

要解决上述问题，可以利用 jQuery 提供的另一个关于页面加载的方法——load() 方法。load() 方法会在元素的 onload 事件中绑定一个事件处理函数，对于不同的元素对象，事件触发的时机也不同。具体如下。

（1）非 window 对象

如果事件处理函数绑定在一般元素对象上，则会在元素的内容加载完毕后触发。

```
$('img').load(function() {
    // 元素内容加载完毕后要执行的代码
});
```

（2）window 对象

如果事件处理函数绑定在 window 对象上，则与 onload 事件的使用效果相同。例如，“window.onload = function() {};”可用如下代码实现。

```
$(window).load(function() {
    // 页面加载后要执行的代码
});
```

### 4.1.3 鼠标事件

鼠标事件是指用户在点击鼠标或者移动鼠标时触发的事件，jQuery 中鼠标事件包括鼠标单击事件、鼠标双击事件、鼠标移入事件和鼠标移出事件等。常用的 jQuery 鼠标事件如表 4-2 所示。

表 4-2　常用的 jQuery 鼠标事件

| 事　件 | 描　　述 |
| --- | --- |
| click | 单击鼠标左键时触发的事件 |
| dbclick | 双击鼠标左键时触发的事件 |
| mousedown | 按下鼠标时触发的事件 |
| mouseup | 松开鼠标时触发的事件 |
| mouseover | 鼠标指针移入目标元素或其子元素都会触发的事件 |
| mouseout | 鼠标指针移出目标元素或任何子元素都会触发的事件 |
| mouseenter | 鼠标指针移入目标元素时才会触发的事件 |
| mouseleave | 鼠标指针移出目标元素时触发的事件 |

表 4-2 所示的事件中，mouseover 和 mouseout 事件与 mouseenter 和 mouseleave 事件都可以实现鼠标的移入和移出。其区别在于，鼠标移入或移出目标元素的子元素时，也会触发 mouseover 和 mouseout 事件。

为了读者更好地理解，接下来通过一个案例演示 mouseout 与 mouseleave 的使用效果，HTML 代码片段如 demo4-1.html 所示。

demo4-1.html

```
<style>
    div {
        background-color: pink;
        padding: 20px;
        margin: 30px;
        width: 350px;
        height: 100px;
    }
    p {
        margin: 20px;
        padding: 10px;
    }
</style>
<div class="dv">
    <h3 style="background-color:white;">
    mouseout 事件被触发 <span id="mOut">0</span> 次 </br>
    mouseleave 事件被触发 <span id="mLeave">0</span> 次
    </h3>
</div>
```

上述代码中，在 div 元素中定义了一个子元素 h3，h3 元素中包含两行文本，分别用于记录 mouseout 事件和 mouseleave 事件触发的次数。

下面在 demo4–1.html 中添加 jQuery 代码，如下所示。

```
1  <script>
2      var x = 0;
3      var y = 0;
4      $('div.dv').mouseout(function() {
5          $('#mOut').text(x += 1);
6      });
7      $('div.dv').mouseleave(function() {
8          $('#mLeave').text(y += 1);
9      });
10 </script>
```

上述第 2~3 行代码中，x 变量用于记录 mouseout 事件触发次数，y 变量用于记录 mouseleave 事件触发的次数。第 4~9 行代码中，在 class 值为 dv 的 div 元素上分别注册了 mouseout 和 mouseleave 事件，每触发一次事件，对应变量（x 或 y）的值加 1，然后通过 text() 方法将其添加到 span 元素的文本中。

使用浏览器访问 demo4–1.html，页面效果如图 4–1 所示。

在图 4–1 中，外层的深色区域是绑定鼠标事件的 div 元素，中间的白色区域是其子元素 h3。下面在外层 div 元素上来回移动 5 次鼠标指针，测试 mouseout 和 mouseleave 事件的触发次数，页面效果如图 4–2 所示。

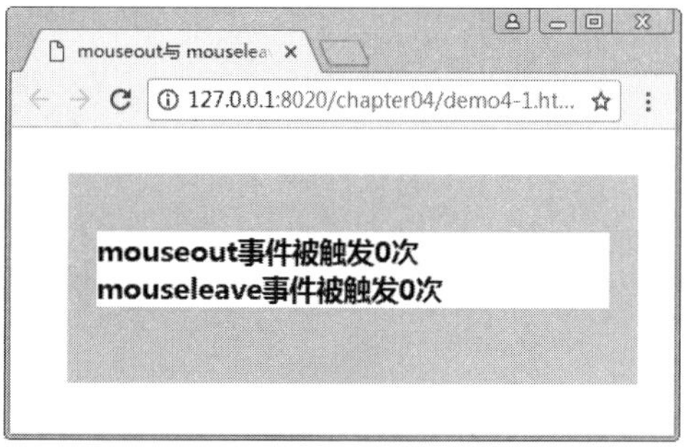


图 4–1　默认页面效果

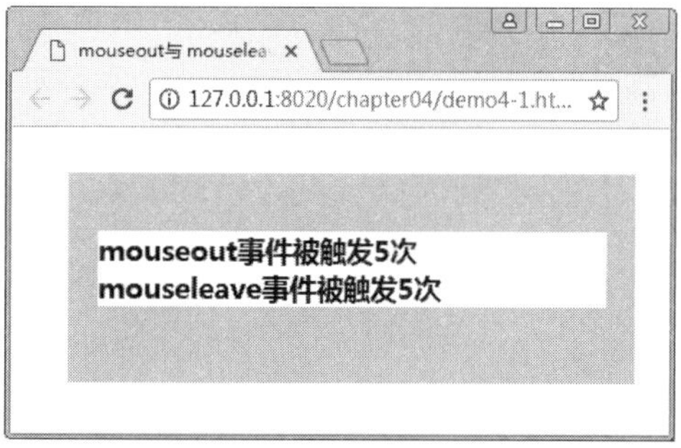


图 4–2　鼠标移入移出 div 父元素 5 次

接下来，在内层子元素上来回移动 3 次鼠标指针，测试 mouseout 和 mouseleave 事件的触发次数，页面效果如图 4–3 所示。

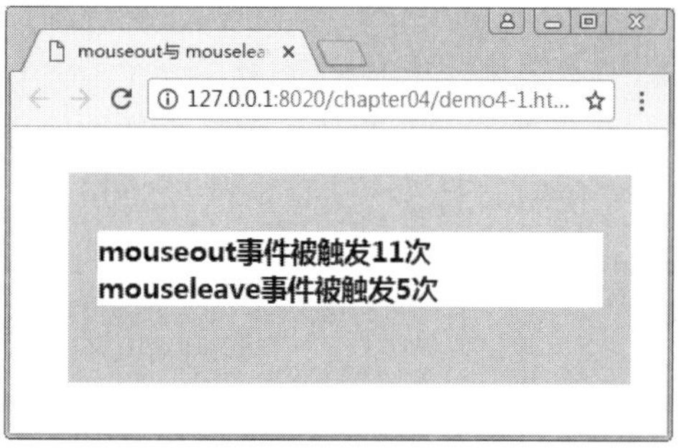


图 4–3　鼠标移入移出 h3 子元素 3 次

从图 4–3 可以看出，mouseout 事件的触发增加到 11 次，而 mouseleave 事件的触发次数不变，原因在于鼠标移出当前元素及其任意子元素时都会触发 mouseout 事件，而 mouseleave 事件只有鼠标移出当前元素时才会触发。

**多学一招：** hover() 方法处理鼠标移入和移出事件

项目开发中经常需要对鼠标的移入和移出操作进行处理，为此，jQuery 中提供了 hover() 语法，格式如下。

```
$(selector).hover(([over, ]out);
```

上述语法中，参数 over 和 out 分别表示鼠标移入移出时执行的事件处理函数。接下来，打开 jQuery1.12.4.js 文件，查看 hover() 方法实现的源码，如下所示。

```
hover: function( fnOver, fnOut ) {
    return this.mouseenter( fnOver ).mouseleave( fnOut || fnOver );
}
```

从上述源码可以看出，hover() 方法实际上是通过 mouseenter() 方法和 mouseleave() 方法实现的鼠标移入和移出事件的处理。

### 4.1.4 焦点事件

与 JavaScript 中的 onfocus 和 onblur 事件功能类似，jQuery 中，元素获得焦点时，触发 focus 事件，元素失去焦点时触发 blur 事件。

为了读者更好地理解，接下来通过一个案例演示 jQuery 焦点事件的使用方法，HTML 代码片段如 demo4–2.html 所示。

demo4–2.html

```
1  输入框：<input type="text">
2  <script>
3      // 获得焦点
4      $('input').focus(function() {
5          $('input').css('background-color', 'gray');
6      });
7      // 失去焦点
8      $('input').blur(function() {
9          $('input').css('background-color', 'white');
10     });
11 </script>
```

上述第 1 行代码定义了一个 input 输入框，第 4~10 行代码分别为 input 输入框添加 focus 事件和 blur 事件，并在事件的处理函数中改变 input 输入框的背景色。

使用浏览器访问 demo4–2.html，单击 input 输入框，使其获得焦点，页面效果如图 4–4 所示。然后单击 input 输入域以外的区域，使其失去焦点，页面效果图 4–5 所示。

图 4–4　获得焦点

图 4–5　失去焦点

## 4.1.5 改变事件

表单在实际项目开发中经常被用到，若要监控表单中元素内容是否改变，可以使用 jQuery 提供的 change 事件。该事件仅适用于 input、textarea、select 元素控件，例如，文本框、单选按钮、下拉列表等。

为了读者更好地理解，接下来通过一个案例演示 change 事件的使用，HTML 代码片段如 demo4−3.html 所示。

demo4−3.html

```
1  <p>昵称：<input class="info" type="text"></p>
2  <p>密码：<input class="info" type="password"></p>
3  <p>性别：
4      <select class="info" name="male">
5          <option value="boy">男</option>
6          <option value="girl">女</option>
7      </select>
8  </p>
9  <script>
10     // 注册改变事件
11     $('.info').change(function() {
12         $(this).css('background-color', '#7FE1A1');
13     });
14 </script>
```

上述第 1~8 行代码定义了一个单行文本框、一个密码输入框和一个 select 选择列表，并将元素的 class 值设为 info。第 11~13 行代码为获取到的表单元素绑定 change 事件，当某个元素的内容被改变时，change 事件会被触发，并为该元素添加背景色。

使用浏览器访问 demo4−3.html，页面效果如图 4−6 所示。

接着，在图 4−6 中输入昵称和密码，选择性别为“女”后，页面效果如图 4−7 所示。

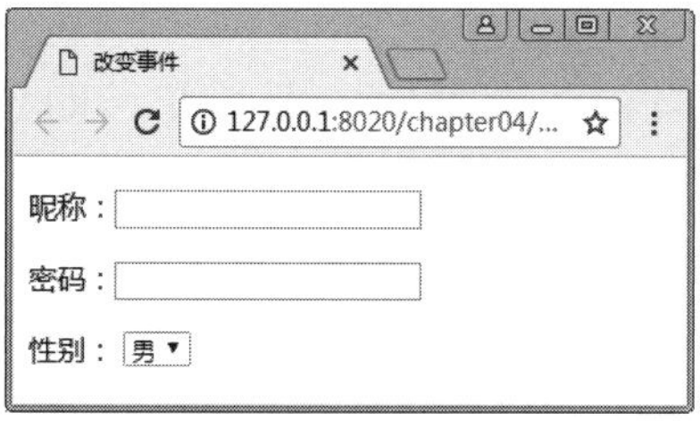


图 4−6 默认页面效果

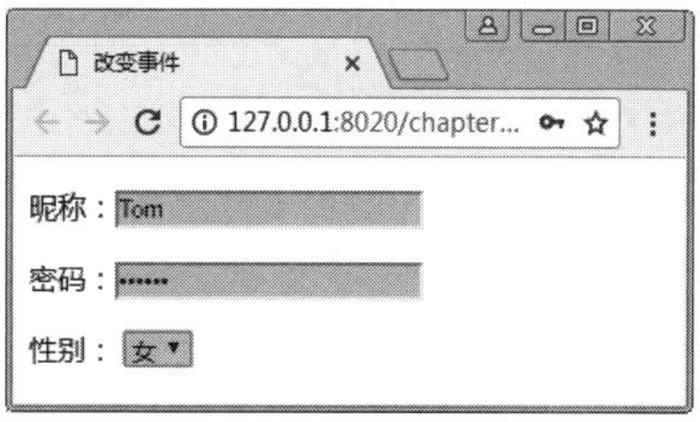


图 4−7 change 事件被触发后页面效果

## 4.1.6 【案例】星级评价

网上购物订单完成后，一般会显示评价功能，让卖家获取用户体验度是否良好，用户也能通过此功能表达自己的想法。其中，最常见的评价方式就是星级评价，点亮的星星越多，表示用户的满意度越高，相应的店家获得的信誉度也就越高。

【案例展示】

本案例要完成的效果是使用 jQuery 实现一个星级评价功能的特效，默认页面效果如图 4-8 所示。

在图 4-8 中，当鼠标移入某个星星，前面的星星都会被点亮；当鼠标移出，星星将会变暗；单击某个星星后，即可完成评价，此时鼠标移出后，被单击星星前面的星星都会被点亮，后面的星星变暗，页面效果如图 4-9 所示。

图 4-8　默认页面效果

图 4-9　完成评价

【案例分析】

该案例功能的实现主要分为 HTML 结构的实现和 jQuery 特效的实现，具体如下所示。

（1）HTML 结构

该案例在 HTML 中定义一个 ul 列表，ul 中包含 5 个 li 元素，每个 li 元素对应一个星星的位置，通过 CSS 代码为 li 元素设置背景图来完成星星的展示，点亮和变暗的星星都在一张图片上，如图 4-10 所示。

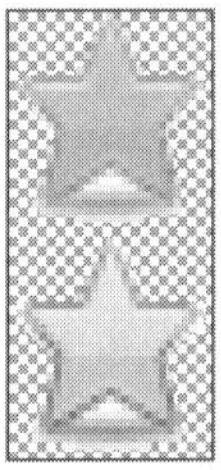

图 4-10　星星图片

通过切换图 4-10 中背景图的显示位置，可以实现星星点亮和变暗的效果。

（2）jQuery 特效

jQuery 特效部分需要为 li 元素注册 3 个事件，分别为鼠标移入、鼠标单击和鼠标移出，这 3 个事件的处理函数中分别需要实现的功能如下所示。

- 鼠标移入星星（mouseover）：为当前的 li 元素和它前面所有的 li 元素添加一个预定义的 CSS 样式“.light”，实现点亮星星的效果，同时，删除当前的 li 元素后所有 li 元素的“.light”样式，实现星星变暗的效果。
- 鼠标单击星星（click）：为被单击的当前 li 元素做一个标记，即设置属性 light=on，并删除其他包含 li 元素的 light 属性（上次单击操作做的标记）。
- 鼠标移出星星（mouseout）：删除所有 li 元素的“.light”样式，实现星星变暗的效果，找到包含 light=on 属性的 li 元素，将该元素和它前面的 li 元素都变成点亮效果。

【案例实现】

分析该案例要实现的功能后，接下来通过代码演示该案例的具体实现。

**注意：** 由于本书主要讲解 jQuery 的使用，CSS 代码部分建议读者直接引用案例源码中的 chapter04\star\css\style.css 文件。

本案例的 HTML 代码如 chapter04\star\star.html 所示。

star.html

```
1  <!DOCTYPE html>
2  <html>
3      <head>
4          <meta charset="UTF-8">
5          <title> 星级评价 </title>
6          <link rel="stylesheet" href="css/style.css">
7          <script src="js/jquery-1.12.4.js"></script>
8      </head>
9      <body>
10         <ul class="comment">
11             <li class="light"></li>
12             <li></li>
13             <li></li>
14             <li></li>
15             <li></li>
16         </ul>
17     </body>
18 </html>
```

上述代码中定义了一个 ul 列表，该列表中包含 5 个 li 元素，并在第 6 行引入 style.css 样式文件，页面效果如图 4-11 所示。

图 4-11　静态页面效果

在图 4-11 中，可以看到第一个星星为点亮效果，这是由于在 li 元素上添加了 class="light"，该样式对应的 star.css 文件中的代码如下所示。

```
ul li.light {
    background-position: 0 -29px;
}
```

上述 CSS 代码用于改变星星背景图的位置，接下来删除上述第 11 行代码中的 class="light" 属性，然后在 start.html 中添加如下 jQuery 代码。

start.html

```
$('.comment>li').mouseover(function() {
    $(this).addClass('light').prevAll('li').addClass('light');
    $(this).nextAll('li').removeClass('light');
});
$('.comment>li').click(function() {
    $(this).attr('light', 'on').siblings('li').removeAttr('light');
});
$('.comment>li').mouseout(function() {
    $('.comment').find('li').removeClass('light');
```

```
10      $('.comment>li[light=on]').addClass('light').prevAll('li')
11      .addClass('light');
12  });
```

上述代码中，第 1~4 行在 li 元素上注册 mouseover 事件，使用 prevAll() 方法获取 li 元素前面的所有兄弟元素，在这些元素添加 light 类，实现点亮星星的效果；使用 nextAll() 方法获取 li 元素后面的所有兄弟元素，并移出这些元素上的 light 类，实现星星变暗的效果。

第 5~7 行在 li 元素上注册 click 事件，在当前被单击的 li 元素上添加属性 light=on，并删除其他元素上的 light 属性。

第 8~12 行在 li 元素上注册 mouseout 事件，删除所有 li 元素上的 light 类，实现星星变暗的效果，然后获取包含 light 属性的 li 元素，并为该元素前面的 li 元素添加 light 类，实现星星点亮效果。

至此，本案例的全部代码已经演示完毕，测试方法请参考前文的案例展示。

## 4.2 事件绑定与事件解绑

除了使用事件方法绑定事件，jQuery 还提供了 3 种功能更灵活的事件绑定方式，分别是 on()、bind() 和 delegate() 方法。在绑定事件后，还可以用 off()、unbind() 和 undelegate() 方法来解除绑定。本节将针对 jQuery 中的几种常用事件绑定和事件解绑方法进行详细讲解。

### 4.2.1 事件绑定

使用 on() 方法绑定事件不仅可以适用于当前元素，也可以适用于动态添加的元素，语法如下所示。

```
$(selector).on(event, childSelector, data, function);
```

上述语法中，on() 方法的各个参数说明如表 4-3 所示。

表 4-3 on() 方法参数说明

| 参数 | 描述 |
| --- | --- |
| event | 必需。事件类型，如 click、change、mouseover 等 |
| childSelector | 可选。要绑定事件的一个或多个子元素 |
| data | 可选。传入事件处理函数的数据，可通过“事件对象 .data”获取到参数值 |
| function | 必需。事件被触发运行的事件处理函数 |

在了解 on() 方法的基本语法后，下面介绍通过示例介绍它的几种典型用法。

（1）绑定事件

on() 方法在不设置任何可选参数时，表示为指定的元素绑定指定的事件。示例代码如下。

```
$('#btn').on('click', function() {
    alert('我被单击了');
});
```

上述代码用于为 id 值为 btn 的元素绑定单击事件，当事件触发时，在浏览器中会弹出对话框，显示提示信息“我被单击了”。

（2）多个事件使用相同的事件处理函数

当多个事件的处理函数相同时，可以利用 on() 方法一次为多个事件绑定相同的处理函数。示例代码如下。

```
$('#btn').on('mouseover mouseout', function() {
   console.log('事件被触发');
});
```

从上述代码可知，当 id 值为 btn 的元素发生鼠标移入和移出事件时，都会在控制台输出提示信息“事件被触发”。

（3）绑定多个事件

为 on() 方法传递对象型的参数时，可一次为指定元素绑定多个事件。示例代码如下。

```
$('#btn').on({'click': function() {
    alert('我被单击了');
},'mouseover': function() {
    $(this).css('backgroundColor', 'red');
}});
```

从上述代码可知，使用 on() 方法对多个事件绑定不同的处理函数时，事件名称与函数之间使用冒号（:）分隔，多个事件之间使用逗号（,）分隔。

（4）事件委托

当 on() 方法设置可选参数 childSelector 时，表示将子元素的事件委托给父元素进行监控，每当子元素的事件被触发时，就会执行相应的处理。示例代码如下。

```
$('#dv').on('click', 'p', function() {
    $(this).css('background-color', 'red');
});
```

上述代码用于将 p 元素的 click 事件委托给 id 值为 dv 的父元素监控。这种实现方式与直接为子元素绑定事件相比的优势在于，对于新增的子元素 p 发生单击事件，也会被父元素监控到，从而执行相应的处理。

为了使读者更好地理解，接下来通过一个案例演示 on() 方法的使用效果，HTML 代码片段如 demo4−4.html 所示。

demo4-4.html

```
<input id="btn" type="button" value="添加两个 p 元素">
<div id="dv"></div>
```

上述代码中，定义了一个按钮和一个 div 元素，div 元素没有添加任何样式。

下面在 demo4-4.html 中添加 jQuery 代码，如下所示。

```
1  // 为 div 中 p 元素绑定事件
2  $('#dv').on('click', 'p', function() {
3      $(this).css('background-color','#6A84E1');
4  });
5  // 单击按钮通过 on() 方式为 div 中添加一个元素
6  $('#btn').on('click', function() {
7      // 创建两个 p 标签，添加到 div 中
8      $('<p> 这是第 1 个 p</p>').appendTo($('#dv'));
9      $('<p> 这是第 2 个 p</p>').appendTo($('#dv'));
10 });
```

上述代码中，第 2~4 行为 div 中的 p 元素绑定 click 事件，事件触发后，为当前 p 元素添加背景色。需要注意的是，默认情况下 div 下没有 p 元素。

第 6~10 行使用 on() 方法为 id 值为 btn 的按钮绑定 click 事件，单击按钮后，在 div 中动态创建 p 元素。

使用浏览器访问 demo4-4.html，页面效果如图 4-12 所示。

在图 4-12 中，单击“添加两个 p 元素”按钮，页面效果如图 4-13 所示。

图 4-12 默认页面效果

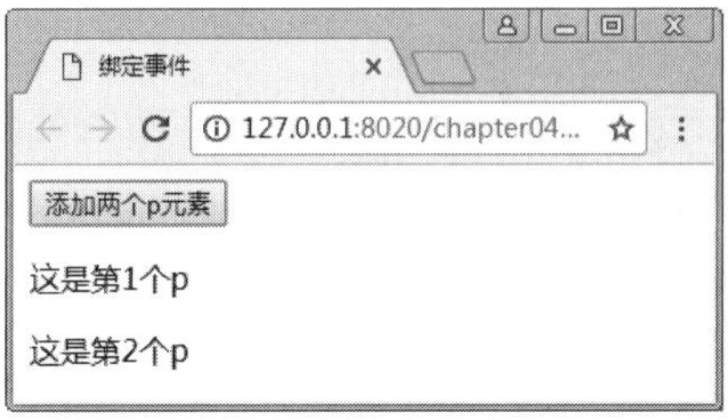


图 4-13 添加 p 元素页面效果

在图 4-13 中，动态添加的两个 p 元素此时已经被绑定了 click 事件，单击某个 p 元素后，便可为其添加背景色，页面效果如图 4-14 所示。

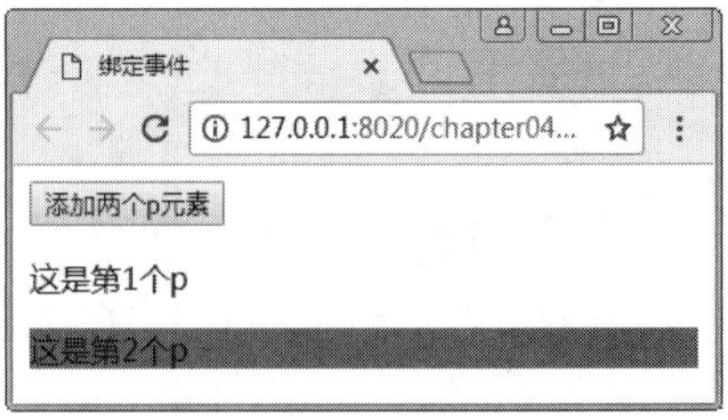


图 4-14 单击 p 元素页面效果

值得一提的是，在 jQuery 中提供了完成事件绑定的 bind() 方法和 delegate() 方法，但在 jQuery 新版本中已经由 on() 方法替代。

在 jQuery-1.12.4.js 文件中可以查看 bind() 和 delegate() 方法的源代码，如下所示。

```
bind: function(types, data, fn) {
    return this.on(types, null, data, fn);
},
delegate: function(selector, types, data, fn) {
   return this.on(types, selector, data, fn);
},
```

从上述源码可以看出，bind() 和 delegate() 这两个方法都是利用 on() 方法实现的。两者的区别在于，bind() 方法将 on() 方法的第 2 个参数设为 null，而 delegate() 方法传递了 selector 参数。

**多学一招：** 使用 one() 方法绑定单次事件

使用 jQuery 绑定事件时，如果事件在页面中只需要执行一次，便可以使用 one() 方法绑定事件，具体示例如下。

```
$('div').one('click', function() {
   console.log('1 次单击就失效');
});
```

上述代码为 div 元素绑定单击事件，该事件在触发一次后就会失效，不需要手动解绑事件。

### 4.2.2 事件解绑

元素上绑定的事件，在不需要使用时，可以利用 jQuery 提供的方法进行事件解绑。下面将针对如何实现事件解绑进行详细讲解。

jQuery 提供的 off() 方法适用于解绑事件方法（如 click() 事件）、或 on() 方法绑定的事件，基本使用格式如下所示。

```
$(selector).off();                  // 解绑匹配元素的所有事件
$(selector).off('click');           // 解绑匹配元素的指定事件，如 click
```

从上述代码可知，当 off() 无参时，用于解绑匹配元素 selector 上的所有事件，如 click、mouseover 等。若要解绑指定的事件时，仅需传递一个事件名称即可，如 click 等。

除此之外，off() 方法还可以在第 2 个参数中传入特殊值“**”，用于解绑被委托的事件，而元素本身的事件则不会被解绑。示例代码如下。

```
//li 元素将 click 事件委托给父元素 ul 监听
$('ul').on('click', 'li', function() {
    console.log('哈哈');
});
//ul 元素添加 mouseenter 事件
$('ul').on('mouseenter', function() {
    $(this).css('background', 'darkblue');
```

```
});
//解绑 ul 元素上被委托的 click 事件
$('ul').off('click', '**');
```

上述代码中，ul 元素上有两类事件：一类是它本身的 mouseenter 事件；另一类是 li 元素的委托事件 click，在解绑被委托的 click 事件后，ul 元素的 mouseenter 事件依然存在。鼠标移入 ul 元素内，会将其背景色设置为 darkblue。

值得一提的是，对应于 jQuey 中 bind() 方法和 delegate() 方法，jQuery 提供了相应解绑事件的方法 unbind() 方法和 undelegate() 方法，但在 jQuery 新版本中已经由 off() 方法替代。

在 jQuery-1.12.4.js 文件中可以查看 unbind() 方法和 undelegate() 方法的源代码，如下所示。

```
unbind: function( types, fn ) {
    return this.off( types, null, fn );
},
undelegate: function( selector, types, fn ) {
    //( namespace ) or ( selector, types [, fn] )
    return arguments.length === 1 ?
        this.off( selector, "**" ) :
        this.off( types, selector || "**", fn );
}
```

在上述源码中可以看出，unbind() 和 undelegate() 方法解绑事件都是通过 off() 方法实现的。由此可见，这两个方法绑定的事件也可以使用 off() 方法来解绑。

为了读者更好地理解，接下来通过一个案例演示事件的解绑，HTML 代码片段如 demo4-5.html 所示。

demo4-5.html

```
<style>
    div {
        width: 200px;
        height: 100px;
        border: 1px solid black;
    }
    p {
        background-color: #6A84E1;
    }
</style>
<input type="button" value="绑定事件" id="btn1">
<input type="button" value="解绑事件" id="btn2">
<div id="dv">
    <p>这是 div 中的 p 元素</p>
</div>
```

上述代码中，第 13~15 行代码定义了一个 div 元素，并在 div 元素中包含一个 p 元素。第 11、12 行定义的两个按钮，用于在 div 元素和 p 元素上绑定事件和解绑事件。

下面在 demo4–5.html 中添加 jQuery 代码，如下所示。

```
1  // 单击第 1 个按钮为 div 和 div 中 p 元素绑定单击事件
2  $('#btn1').click(function() {
3      $('#dv').on('click', function() {
4          alert('div 元素被单击了 ');
5      });
6      $('#dv').delegate('p', 'click', function() {
7          alert('p 元素被单击了 ');
8      });
9      alert(' 事件绑定成功 ');
10 });
11 // 单击第 2 个按钮为 div 中 p 解除绑定事件
12 $('#btn2').click(function() {
13     // 解绑 p 元素的事件
14     $('#dv').off('click');
15 });
```

上述代码中，第 2~10 行用于在“绑定事件”按钮上绑定 click 事件，该事件被触发后，首先使用 on() 方法在 div 元素上注册单击事件，然后使用 delegate() 方法为 div 元素的子元素 p 注册单击事件。

第 12~15 行用于在“解绑事件”按钮上注册单击事件，事件被触发后，会在 div 元素上调用 off() 方法解绑 div 元素及 p 元素上的事件。

使用浏览器访问 demo4–5.html，页面效果如图 4–15 所示。

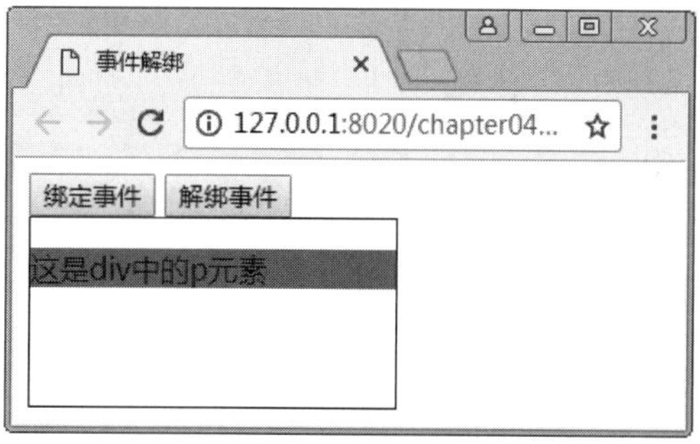


图 4–15　默认页面效果

在图 4–15 中，单击“绑定事件”按钮，会弹出提示框，提示“事件绑定成功”。关闭弹出框后，无论是单击 div 元素或者 p 元素都会弹出当前元素被单击的提示框。以 p 元素为例，页面效果如图 4–16 和图 4–17 所示。

图 4–16　p 元素 click 事件被触发

图 4–17　div 元素 click 事件被触发

接下来，单击图 4–15 中的“解绑事件”按钮后，div 元素和 p 元素的 click 事件都会被解绑。这是由于子元素若是通过其父元素调用 delegate() 方法绑定的事件，这时在父元素上调用 off() 解绑事件，父元素和子元素上的相同事件都会被解绑。

需要注意的是，单击 p 元素后，其父元素 div 的 click 事件也会被触发，这里涉及事件冒泡的内容将在本书的 4.4 节做详细的讲解。

### 4.2.3 【案例】动态添加和删除表格数据

添加和删除表格数据是开发后台管理系统的经常遇到的功能，这些功能通常需要依赖脚本代码（JavaScript、jQuery）来实现一些动态操作数据的特效。

**【案例展示】**

本案例将带领读者实现一个 jQuery 动态添加和删除表格数据的特效，默认页面效果如图 4–18 所示。

在图 4–18 中，单击课程名称为 JavaScript 的“删除”操作，便可以删除一条数据，页面效果如图 4–19 所示。

在图 4–19 中，单击“添加数据”按钮，会弹出“添加数据”对话框，如图 4–20 所示。

127.0.0.1:8020/chapter04/dynamicData/d...
添加数据
课程名称
所属学院
操作
JavaScript
信息工程系
删除
css
信息工程系
删除
html
信息工程系
删除
jQuery
信息工程系
删除


图 4–18　默认页面效果

图 4–19　删除数据

在图 4–20 中，添加课程名称“VUE”，单击“添加”按钮后弹出框关闭，在表格的最后一行中添加一条数据，页面效果如图 4–21 所示。

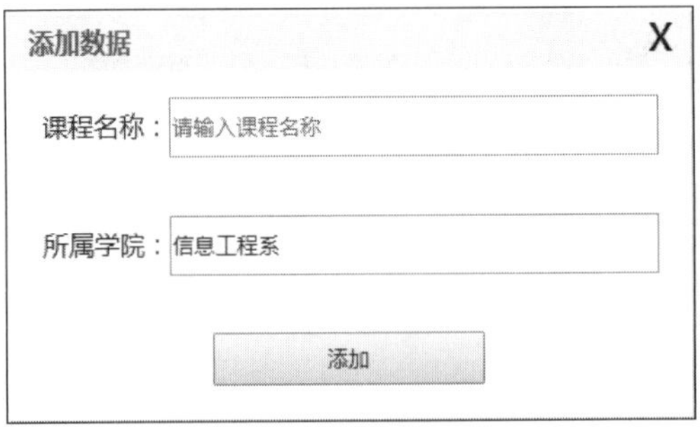


图 4–20 “添加数据”对话框

图 4–21　添加数据成功

**【案例分析】**

该案例功能的实现主要分为 HTML 结构的实现和 jQuery 特效的实现，具体如下所示。

（1）HTML 结构

该案例页面主要分为两大部分：主界面和“添加数据”对话框，下面分别对其 HTML 组成结构进行分析。

- 主界面。

主界面主要由一个按钮和一个表格构成，HTML 结构如图 4–22 所示。

在图 4–22 中，class 属性值为 wrap 的 div 用于定义最外层容器，该容器中包含 div 子元素和一个 table 表格，且该 div 子元素中包含一个 input 按钮。

- “添加数据”对话框。

“添加数据”对话框主要由一个按钮和两个文本框构成，HTML 结构如图 4–23 所示。

在图 4–23 中，class 属性值为 form–add 的 div 是最外层容器，在该容器内部包含 4 个 div 元素。其中，class 值为 form–add–title 的 div 用于定义标题区域，class 值为 form–item 的 div 用于定义输入框区域，class 值为 form–submit 的 div 用于定义按钮区域。

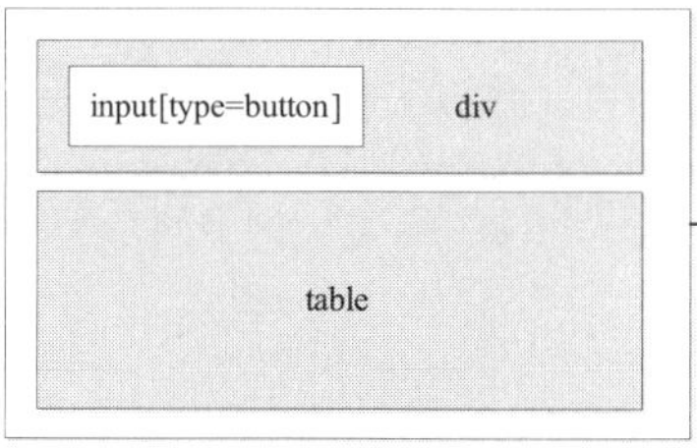


图 4–22　主界面 HTML 结构

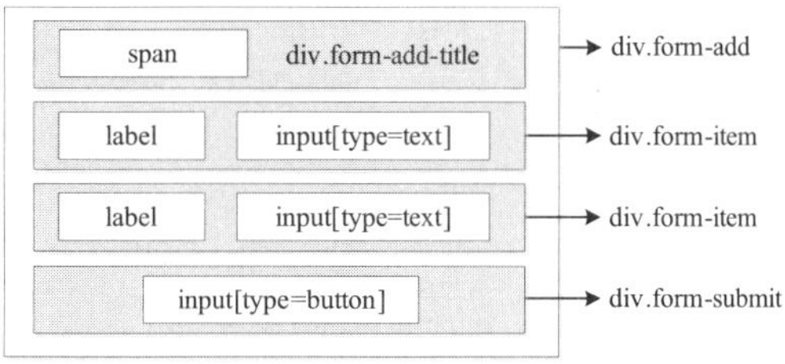


图 4–23“添加数据”对话框 HTML 结构

需要注意的是，弹出框的右上角需要包含一个关闭按钮，该按钮使用 id 值为 #j_hideFormAdd 的 div 定义。弹出框弹出时需要显示一个遮罩层，遮罩层使用 class 属性值为 j_mask 的 div 来定义。

（2）jQuery 特效

该案例需要添加的 jQuery 特效包括遮罩层和“添加数据”对话框的显示与隐藏、添加数据功能以及删除数据功能。其中，遮罩层和“添加数据”对话框的显示和隐藏通过 jQuery 的 css() 方法实现即可，这里主要分析添加数据和删除数据的功能。

- 添加数据：为“添加数据”按钮绑定单击事件，事件被触发后，首先获取输入框中的课程和学院信息数据，将获取到的数据拼接成一段 HTML，在表格中添加一个行，添加数据后隐藏遮罩层和弹出框，清空 input 输入框输入的课程信息。
- 删除数据：为表格中的“删除”链接绑定单击事件，当某个“删除”的单击事件被触发，删除此“删除”按钮所属的当前行。

【案例实现】

分析该案例要实现的功能后，接下来通过代码来演示该案例的具体实现。

**注意：** 由于本书主要讲解 jQuery 的使用，CSS 代码部分建议读者直接引用案例源码中的 chapter04\dynamicData\css\style.css 文件。

（1）本案例的 HTML 代码如 chapter04\dynamicData\dynamicData.html 所示。

dynamicData.html

```
<!DOCTYPE html>
<html>
    <head>
        <meta charset="UTF-8">
        <title>jQuery动态添加和删除数据</title>
        <link rel="stylesheet" href="css/style.css">
        <script src="js/jquery-1.12.4.js"></script>
    </head>
    <body>
        <div class="wrap">
            <div><input type="button" value="添加数据" id="j_btnAddData"
                class="btnAdd"></div>
            <table>
                <thead>
                    <tr><th>课程名称</th><th>所属学院</th><th>操作</th></tr>
                </thead>
                <tbody id="j_tb">
                    <tr>
                        <td>JavaScript</td>
                        <td>信息工程系</td>
                        <td><a href="javascrip:;" class="del">删除</a></td>
                    </tr>
                    <tr>
                        <td>css</td>
                        <td>信息工程系</td>
                        <td><a href="javascrip:;" class="del">删除</a></td>
                    </tr>
                    <tr>
                        <td>html</td>
                        <td>信息工程系</td>
                        <td><a href="javascrip:;" class="del">删除</a></td>
                    </tr>
                    <tr>
                        <td>jQuery</td>
                        <td>信息工程系</td>
                        <td><a href="javascrip:;" class="del">删除</a></td>
                    </tr>
                </tbody>
            </table>
        </div>
        <div id="j_mask" class="mask"></div>
        <div id="j_formAdd" class="form-add">
```

```
43              <div class="form-add-title">
44                  <span>添加数据</span><div id="j_hideFormAdd">x</div></div>
45              <div class="form-item">
46                  <label class="lb" for="j_txtLesson">课程名称：</label>
47                  <input class="txt" type="text" id="j_txtLesson"
                        placeholder="请输入课程名称"></div>
48              <div class="form-item">
49                  <label class="lb" for="j_txtBelSch">所属学院：</label>
50                  <input class="txt" type="text" id="j_txtBelSch"
                        value="信息工程系" readonly></div>
51          <div class="form-submit">
52              <input type="button" value="添加" id="j_btnAdd"></div>
53          </div>
54      </body>
55  </html>
```

上述代码中，第 10~40 行用于定义主界面区域，该区域中包含“添加数据”按钮和表格。其中，第 17~38 行代码用于定义静态的初始数据。第 41 行用于定义遮罩层。第 42~53 行用于定义“添加数据”的弹出框，第 44 行用于定义弹出框标题和关闭按钮，至此静态页面搭建完毕。

使用浏览器访问 dynamicData.html，静态页面效果如图 4-24 所示。

图 4-24　静态页面效果

（2）在 dynamicData.html 添加 jQuery 代码，完成动态添加数据的效果。首先编写实现遮罩层和“添加数据”对话框的代码，如下所示。

dynamicData.html

```
1   <script>
2       //单击"添加数据"按钮，显示遮罩层和对话框
3       $('#j_btnAddData').click(function() {
4           $('#j_mask').css('display', 'block');
5           $('#j_formAdd').css('display', 'block');
6       });
7       //单击"关闭"按钮，隐藏遮罩层和对话框
8       $('#j_hideFormAdd').click(function() {
9           $('#j_mask').css('display', 'none');
10          $('#j_formAdd').css('display', 'none');
11      });
12  </script>
```

上述代码中，第 2~6 行代码为“添加数据”按钮（id 值为 j_btnAddData）绑定单击事件，

事件触发后，使用 css() 方法显示遮罩层（id 值为 j_mask）和添加数据弹出框（id 值为 j_formAdd）。

第 7~11 行代码为“关闭”按钮（id 值为 j_hideFormAdd）绑定单击事件，事件触发后，使用 css() 方法隐藏遮罩层和添加数据弹出框。

接着，继续在 dynamicData.html 中添加 jQuery 代码，实现添加数据和删除数据的功能。具体如下。

dynamicData.html

```
1  // 添加数据
2  $('#j_btnAdd').click(function() {
3      // 获取课程  j_txtLesson
4      var lesson = $('#j_txtLesson').val();
5      // 获取学院  j_txtBelSch
6      var belSch = $('#j_txtBelSch').val();
7      // 创建行  拼接字符串，添加到 tbody 中
8      $('<tr><td>' + lesson + '</td><td>' + belSch +
9      '</td><td><a href="javascrip:;" class="del">删除 ' +
10     '</a></td></tr>').appendTo($('#j_tb'));
11     // 隐藏遮罩层和 " 添加数据 " 对话框
12     $('#j_mask').css('display', 'none');
13     $('#j_formAdd').css('display', 'none');
14     // 清空课程的文本框
15     $('#j_txtLesson').val('');
16 });
17  // 为 tbody 中拥有 del 类的元素绑定单击事件
18 $('#j_tb').on('click', '.del', function() {
19     // 删除 tr
20     $(this).parent().parent().remove();
21 });
```

上述代码中，第 2~16 行用于实现添加数据的功能，为对话框中的“添加”按钮（id 值为 j_btnAdd）注册单击事件。事件触发后，获取课程（lesson）和学院（belsCh）的数据，然后通过第 8~10 行将数据拼接在 tr 元素中，最后将 tr 元素追加到表格的 tbody（id 值为 j_tb）中。

数据添加完成后，执行第 12、13 行代码隐藏遮罩层和对话框，同时为了保证下一次添加对话框弹出时课程文本框为空，利用第 15 行代码清空课程文本框中的内容。

第 17~21 行代码用于实现删除数据的功能，由于包含动态添加的数据，所以这里使用 on() 方法在“删除”链接（class 值为 del）上注册单击事件，事件触发后，会删除“删除”链接所在的当前行。

至此，本案例的全部代码已经演示完毕，测试方法请参考前文的案例展示。

## 4.3 事件触发

在前面学习过的事件绑定，如果按钮被绑定了单击事件，那么单击该按钮之后，该按钮的单击事件将会被自动触发。但是在实际开发中，有时需要在某个元素上触发其他元素所绑定的事件，这时便需要手动触发事件。

为了读者更好地理解，下面结合示例代码为读者演示事件触发的效果。HTML 代码如下所示。

```
<input type="button" value=" 第 1 个按钮 " id="btn1">
<input type="button" value=" 第 2 个按钮 " id="btn2">
```

上述代码中定义了两个按钮，id 值分别为 btn1 和 btn2。接下来，在 id 值为 btn1 的按钮上注册单击事件，代码如下。

```
$('#btn1').click(function() {
    $(this).css('backgroundColor', 'red');
});
```

上述代码中，单击事件被触发后，id 值为 btn1 的按钮会将背景色设为 red。

接下来，通过 jQuery 提供的 3 种事件触发方式，在 id 值为 btn2 的按钮上注册单击事件，在事件的处理函数中触发 id 值为 btn1 的按钮的单击事件。

（1）使用普通事件方法触发事件

```
$('#btn2').click(function() {
    $('#btn1').click();
});
```

上述代码中，调用匹配元素 click() 事件方法来触发事件。

（2）使用 trigger() 方法触发事件

```
$('#btn2').click(function() {
    $('#btn1').trigger('click');
});
```

上述代码中，trigger() 方法的调用对象是待触发事件的对象，参数是要触发的事件名称。

（3）使用 triggerHandler() 方法触发事件

```
$('#btn2').click(function() {
    $('#btn1').triggerHandler('click');
});
```

以上 3 种触发事件的方式中，使用事件方法触发事件和使用 trigger() 方法触发事件的效果是相同的，两者均会触发浏览器的默认行为，而 triggerHandler() 方法不会触发浏览器的默认行为，如文本框获取焦点后的光标闪烁行为。

接下来，通过一个案例演示使用 trigger() 方法和 triggerHandler() 方法触发事件的区别，HTML 代码片段如 demo4-6.html 所示。

demo4-6.html

```
<input type="button" value=" 触发事件 " id="btn">
<input type="text" id="txt">
<span id="sp"></span>
```

上述代码中，定义了一个 input 按钮、一个 input 输入框和一个 span 元素。接下来在 demo4-6.html 中添加如下 jQuery 代码，为 HTML 元素绑定相应事件。具体如下。

```
1 $('#txt').focus(function() {
2       $('#sp').text(' 输入框获取到焦点了 ');
3 });
4 $('#btn').click(function() {
5      // 触发输入框的获取焦点的事件
6      $('#txt').trigger('focus');
7 });
```

上述代码中，第 1~3 行用于为 input 输入框绑定 focus 事件，当 input 输入框获取焦点时，使用 text() 方法为 span 元素（#sp）添加文本内容。

第 4~7 行为“触发事件”按钮（#btn）绑定单击事件，单击该按钮后，使用 trigger() 方法触发 input 输入框（#txt）的获取焦点事件。

使用浏览器访问 demo4-6.html，页面效果如图 4-25 所示。

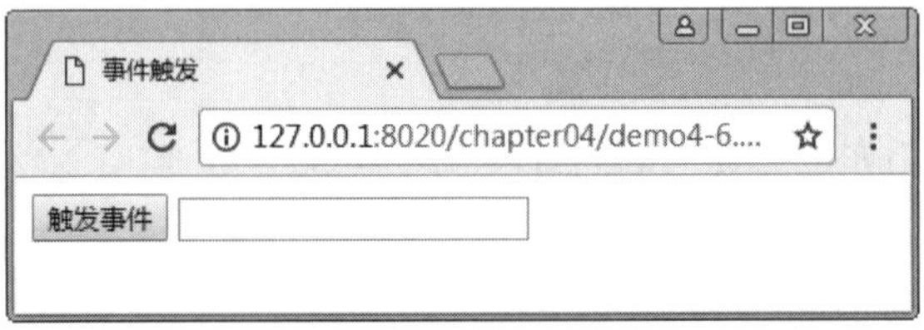


图 4-25　默认页面效果

在图 4-25 中单击“触发事件”按钮，页面效果如图 4-26 所示。

图 4-26　trigger() 方法触发获取焦点事件

从图 4-26 可以看出，input 输入框的后面显示了文字“文本框获取到焦点了”，同时文本框中有光标闪烁，光标闪烁的效果就是浏览器对于获取焦点事件的默认行为。

接下来将 demo4−6.html 中的 trigger() 方法替换为 tiggerHandler() 方法，如下所示。

```
$('#txt').triggerHandler('focus');
```

刷新 demo4−6.html，单击“触发事件”按钮，页面效果如图 4−27 所示。

图 4−27　triggerHandler() 方法触发获取焦点事件

从图 4−27 可以看出，input 输入框获取焦点后，没有光标闪烁的效果，说明使用 triggerHandler() 方法触发事件不会触发浏览器的默认行为。

# 4.4 事件冒泡

## 4.4.1 什么是事件冒泡

在 HTML DOM 中，事件传播同时采用了两种策略，即事件捕获和事件冒泡。一个事件被触发后，首先从最外层元素到具体元素逐层捕获，然后在通过冒泡的方式返回到 DOM 的顶层。

事件捕获的特点是，当页面触发一个事件（例如单击事件），事件传播的顺序是从最外层元素向触发事件的元素传递。以 span 元素触发事件为例，如图 4−28 所示。

事件冒泡是与事件捕获相反，即当页面触发某个事件，事件传播的顺序是从触发事件的元素向外层元素传递。以 span 元素触发事件为例，如图 4−29 所示。

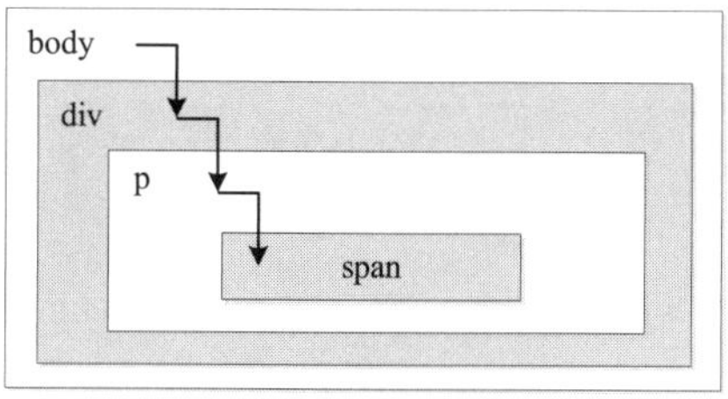


图 4−28　事件捕获

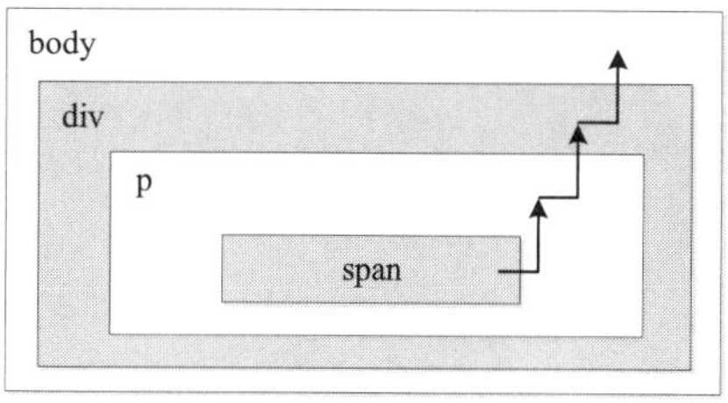


图 4−29　事件冒泡

目前并非所有主流的浏览器都支持事件捕获，而且这个问题无法通过 JavaScript 来修复。为了保证跨浏览器的兼容性问题，jQuery 中不支持事件捕获，而是在事件冒泡阶段注册事件处理程序，也就是说在 jQuery 中注册的事件默认拥有事件冒泡的特点。在后面的小节中将为读者介绍事件冒泡的代码实现以及 jQuery 中如何阻止事件冒泡。

### 4.4.2 如何实现事件冒泡

事件冒泡就是当元素中嵌套（一层或多层）元素，一旦最里层元素的事件被触发，那么此事件会向该元素的父级对象传播，并触发父对象上定义的同类事件。

为了读者更好地理解，接下来通过一个案例演示事件冒泡的效果，HTML 代码片段如 demo4−7.html 所示。

demo4−7.html

```
<style>
    div,p,span {
        border: 1px solid #3f3852;
        margin: 0 auto;
    }
    div {
        width: 200px;
        height: 150px;
        background-color: #ede3b9;
    }
    p {
        width: 150px;
        height: 100px;
        background-color: #6a84e1;
    }
    span {
        width: 80px;
        margin-top: 25px;
        background-color: #a0edbc;
        display: inline-block;
    }
</style>
<div>
  div 元素
  <p>
   p 元素
   <span>span 元素 </span>
  </p>
</div>
```

上述代码中，定义了一个 div 元素，div 元素中嵌套 p 元素，p 元素中嵌套 span 元素。

下面在 demo4−7.html 中添加 jQuery 代码，分别为 div、p 和 span 元素绑定单击事件，如下所示。

```
// 为 span 元素绑定 click 事件
$('span').click(function() {
```

```
    console.log('span 元素被单击了 ');
});
// 为 p 元素绑定 click 事件
$('p').click(function() {
    console.log('p 元素被单击了 ');
});
// 为 div 元素绑定 click 事件
$('div').click(function() {
    console.log('div 元素被单击了 ');
});
```

上述代码中，触发了某个元素的单击事件后，会在浏览器控制台中输出该元素被单击了。例如，span 元素的单击事件被触发，浏览器控制台中将会输出“span 元素被单击了”。

使用浏览器访问 demo4–7.html，单击 span 元素，页面效果如图 4–30 所示。

从图 4–30 控制台可以看出，单击 span 元素后，其外层的 p 元素以及 p 元素外层的 div 元素的单击事件都被触发了，这样的效果就是事件冒泡引起的，事件冒泡的过程如图 4–31 所示。

图 4–30 默认页面效果

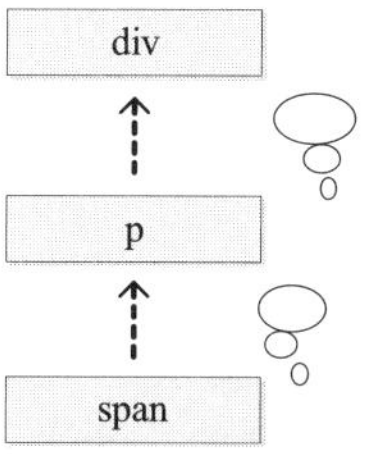


图 4–31 事件冒泡过程

从图 4–31 可以看出，事件冒泡的事件传播的方向是从触发事件的元素到最顶层，类似于水泡从水底浮上来一般。

### 4.4.3 如何阻止事件冒泡

事件冒泡在实际开发中会引起一些问题。例如，单击子元素，会向上触发其父元素，祖先元素的单击事件。为此，jQuery 提供了阻止事件冒泡的两种方式，下面分别进行讲解。

（1）使用 event. stopPropagation() 方法阻止事件冒泡

事件的使用会涉及一个事件对象，即 HTML DOM Event 对象，该对象中提供了 stopPropagation() 方法可用于阻止事件冒泡。

例如，demo4−7.html 中，如果单击 span 元素，而不想触发其父元素和祖先元素的单击事件，那么便可以使用如下代码阻止事件冒泡。如下所示。

```
$('span').click(function(event) {
    console.log('span元素被单击了');
    event.stopPropagation();
});
```

上述代码中，event 参数表示事件对象，在事件处理程序执行完毕后，调用 event.stopPropagation() 方法即可阻止事件冒泡的发生。

（2）使用 return false 语句阻止事件冒泡

例如，demo4−7.html 中，可以使用 return false 语句阻止事件冒泡。如下所示。

```
$('span').click(function() {
    console.log('span元素被单击了');
    return false;
});
```

上述代码中，在 span 元素的单击事件处理程序执行完毕后，调用 return false 语句，即可阻止事件冒泡的发生。

## 4.5 事件对象

通过事件对象可以获取事件的状态。例如，触发事件的元素、键盘按键的状态、鼠标的位置、鼠标按钮的状态等。由于不同浏览器之间事件对象的获取方式，以及事件对象的属性都有差异，导致在使用 JavaScript 时很难跨浏览器使用事件对象。

为了解决上述问题，jQuery 在遵循 W3C 规范的情况下对事件对象做了统一封装，使得事件处理可以兼容各大主流浏览器。当绑定事件处理函数时，jQuery 会将格式化后的事件对象作为唯一参数传入事件处理函数，基本格式如下所示。

```
$('element').on('click', function(event) {
    //event: 事件对象
});
```

在上述代码中，通过 jQuery 的事件对象，可以获取一些事件相关的信息。例如，触发事件的类型、触发的事件源等。

jQuery 事件对象的常用属性和方法如表 4−4 所示。

在表 4−4 中，需要注意的是，delegateTarget、currentTarget 和 target 属性的使用。通过调用事件本身的方法（如 click()）为元素绑定事件，并且不通过事件冒泡触发事件时，3 个属性返回的元素是相同的。使用事件委托的方式（如使用 on() 方法）绑定事件，或者通过事件冒泡触发事件时，3 个属性返回的元素便有所不同。

表 4-4　事件对象的常用属性和方法

| 属性 / 方法 | 描　　述 |
| --- | --- |
| type | 事件类型，如果使用一个事件处理函数来处理多个事件，可以使用此属性获得事件类型，比如 click |
| data | 传递给事件处理程序的额外数据（即事件方法中的 data 参数） |
| pageX/Y | 鼠标事件中，鼠标相对于页面原点的水平 / 垂直坐标 |
| keyCode | 键盘事件中，键盘按键代码 |
| delegateTarget | 当前调用的 jQuery 事件处理程序的元素对象 |
| currentTarget | 当前触发事件的 DOM 对象，等同于 this |
| target | 事件源，也叫事件触发者 DOM 对象，不一定等同于 this |
| stopPropagation() | 阻止事件冒泡 |
| preventDefault() | 阻止默认行为，例如 a 元素的 href 链接加载、表单提交以及 click 引起复选框的状态切换 |

为了读者更好地理解，接下来通过一个案例演示上述效果，HTML 代码片段如 demo4-8.html 所示。

demo4-8.html

```
<style>
    div,span {
        border: 1px solid #3f3852;
        margin: 0 auto;
    }
    div {
        width: 200px;
        height: 100px;
        background-color: #ede3b9;
    }
    span {
        width: 80px;
        margin-top: 25px;
        background-color: #a0edbc;
        display: inline-block;
    }
 </style>
<div>
  <span>span 元素 </span>
</div>
```

上述代码中，一个 div 元素嵌套一个 span 元素。

接下来通过几段不同的代码，演示事件对象属性 delegateTarget、currentTarget 和 target 的不同使用情况。

(1) 使用普通方法绑定的事件

在 demo4-8.html 使用普通事件方法为 span 元素绑定事件，如下所示。

```
$('span').click(function(event) {
    console.log('deletateTarget:' + event.delegateTarget);
    console.log('currentTarget:' + event.currentTarget);
    console.log('target:' + event.target);
});
```

使用浏览器访问 demo4-8.html，单击 span 元素后，控制台输出结果如图 4-32 所示。

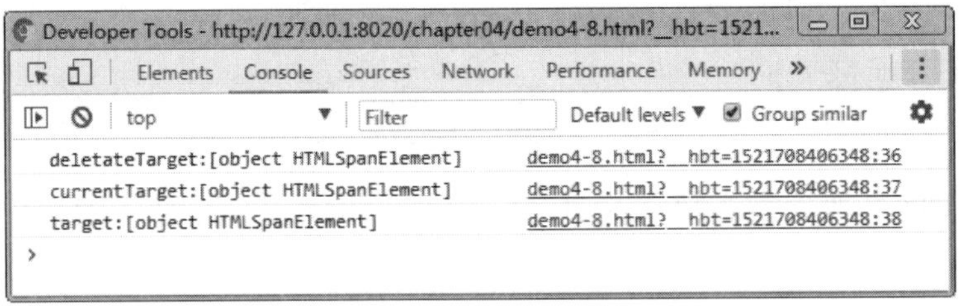


图 4-32　控制台输出结果 1

从图 4-32 可以看出，使用普通方法绑定事件时，触发事件后 deletateTarget、currentTarget 和 target 属性获取的值是相同的（由事件冒泡触发的情况除外）。

(2) 通过事件委托绑定事件

事件委托是指在一个元素（如 document）上绑定一个事件处理函数来处理该元素所有子孙元素的事件。例如，通过 on() 方法绑定事件的形式称为事件委托，示例代码如下。

```
$('div').on('click', 'span', function(event) {
    // 添加代码处理 span 元素的单击事件
});
```

上述代码中，当 div 元素调用 on() 方法后，on() 方法内部会通过参数来判断，如果单击的是目标元素 span，那么就触发 span 元素的 click 事件。

替换 demo4-8.html 中的代码，使用事件委托绑定事件，如下所示。

```
$('div').on('click', 'span', function(event) {
    console.log('deletateTarget:' + event.delegateTarget);
    console.log('currentTarget:' + event.currentTarget);
    console.log('target:' + event.target);
});
```

上述代码中，调用 on() 方法的是 div 元素对象，也就是说当前调用的 jQuery 事件处理程序的是 div 元素对象，单击 span 元素后，控制台输出结果如图 4-33 所示。

从图 4-33 可以看出，delegateTarget 属性获取的值为 div 元素对象，currentTarget 和 target 属性获取的都是 span 元素对象。

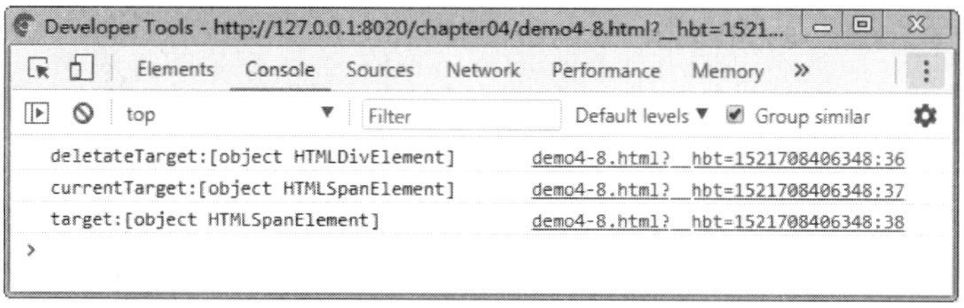


图 4–33　控制台输出结果 2

（3）通过事件冒泡触发事件

替换 demo4–8.html 中的代码，使用事件冒泡方式触发事件，如下所示。

```
1  //为 span 元素绑定 click 事件
2  $('span').click(function() {
3      console.log('span 元素被单击了 ');
4  });
5  //为 div 元素绑定 click 事件
6  $('div').click(function(event) {
7      console.log('div 元素被单击了 ');
8      console.log('deletateTarget:' + event.delegateTarget);
9      console.log('currentTarget:' + event.currentTarget);
10     console.log('target:' + event.target);
11 });
```

上述代码中，第 2~4 行代码为 span 元素绑定单击事件，第 6~11 行代码在 span 元素的父元素 div 上绑定单击事件。

由于事件冒泡的原因，单击 span 元素后会触发 div 元素的单击事件，这时在 div 元素的事件处理程序中获取 deletateTarget、currentTarget 和 target 的值。其中，只有 target 属性获取的是 span 元素对象，即实际发生单击事件的元素，控制台输出效果如图 4–34 所示。

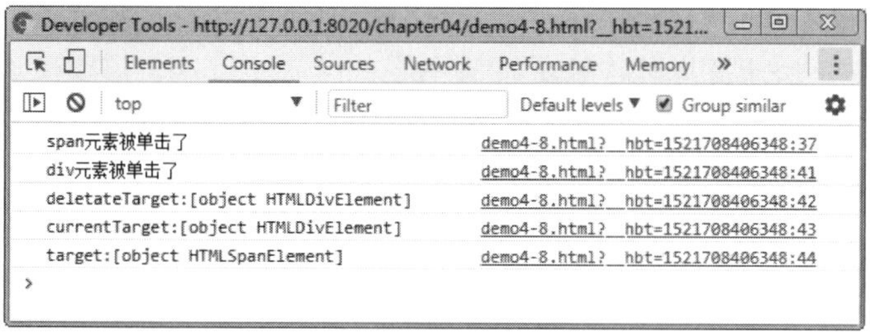


图 4–34　控制台输出结果 3

## 本章小结

本章内容围绕 jQuery 的事件处理机制介绍了 jQuery 的常用事件，如页面加载事件、鼠标事件、焦点事件、改变事件等，然后介绍了 jQuery 的事件绑定、事件解绑以及事件触发，最后介绍了事件冒泡、阻止事件冒泡的方式以及事件对象的应用。

学习本章内容后，要求读者掌握 jQuery 常用事件的用法，事件绑定的方式以及阻止事件冒泡的方式，熟悉 jQuery 事件触发机制和事件对象属性的用法，能够应用 jQuery 事件机制灵活的构建动态页面效果。

## 课后习题

### 一、填空题

1. jQuery 中元素获得焦点时触发______事件，元素失去焦点时触发______事件。
2. jQuery 中______与______都是鼠标移出事件，它们的区别是______的触发范围更小。
3. jQuery 中______事件只要页面的 DOM 节点加载后便可触发。
4. jQuery 中提供了改变事件______，适用于 input 和 select 元素。
5. jQuery 事件绑定的方法中，______方法绑定的事件，在页面中仅执行一次就会失效。

### 二、判断题

1. jQuery 中 bind() 方法是最推荐的一种事件绑定方式。 ( )
2. jQuery 中 delegate() 方法内部调用了 on() 方法。 ( )
3. jQuery 中 off() 方法只能用来解绑 on() 方法绑定的事件。 ( )
4. jQuery 中 trigger() 方法和 triggerHandler() 方法都可以触发按钮的 click 事件。 ( )
5. jQuery 中触发某个元素的事件，其子元素上的相同事件也会被触发。 ( )

### 三、选择题

1. jQuery 事件对象中，用于取消事件冒泡的方法是（ ）。
   A. return false　B. stopPropagation()　C. preventDefault()　D. stop()
2. jQuery 中，松开鼠标时将触发的事件是（ ）。
   A. mouseover　B. mouseleave　C. mouseout　D. mouseup
3. jQuery 中，鼠标移出元素将触发的事件是（ ）。
   A. mouseover　B. mouseleave　C. mouseout　D. mouseup
4. 下列选项中，用于解绑 jQuery 事件的方法有（ ）。
   A. unbind()　B. close()　C. undelegate()　D. off()
5. 下列选项中，能够为元素的子元素绑定 jQuery 事件的方法是（ ）。
   A. bind()　B. on()　C. delegate()　D. one ()

### 四、简答题

1. 列举 jQuery 中两种阻止事件冒泡的方式。

2. 简述 trigger() 方法和 triggerHandler() 方法的区别。

3. 阅读下面的程序，列举 4 种为 select 元素绑定 change 事件的方式。要求事件能够执行多次，事件处理函数中可以填写“//TODO”，不限制选择器的使用。

```
<div id="dv">
    <select>
        <option> 请选择 </option>
        <option> 向左 </option>
        <option> 向右 </option>
    </select>
</div>
```

## 五、编程题

1. 阅读下面的代码，实现在单击“显示盒子”按钮时，显示 id 为 box 的元素；而按下键盘中的“Esc”键时，让盒子消失。

```
<style>
    #box {width: 200px; height: 200px; background-color: #888;
          margin: 100px 0 0 100px; display: none;}
</style>
<button id="btn"> 显示盒子 </button>
<div id="box"></div>
```

2. 使用 jQuery 的 change 事件实现关键字查询。在用户输入完成后，根据输入的关键字，从 data 数据中检索出包含关键字的数据项，展示到页面中。

```
var data = [
    'Head First HTML 与 CSS', 'JavaScript 高级程序设计 ',
    'JavaScript DOM 编程艺术 ', ' 高性能网站建设进阶指南 ',
    ' 高性能网站建设指南 ', 'Web 前端黑客技术揭秘 ', 'JavaScript 权威指南 ',
    ' 精通 CSS', ' 编写可维护的 JavaScript', ' 高性能 JavaScript'
];
```

参考页面效果如图 4-35 所示。

图 4-35 通过关键字检索

# 第5章 jQuery 动画

在网页开发中，动画的使用可以使页面更加美观，进而增强用户体验。jQuery 中内置了一系列方法用于实现动画，当这些方法不能满足实际需求时，还可以自定义动画。本章将针对 jQuery 动画进行详细讲解。

【教学导航】

| | |
|---|---|
| 学习目标 | 1．熟悉 jQuery 中常用动画的使用<br>2．掌握 jQuery 中如何自定义动画<br>3．掌握 jQuery 中停止动画的作用及使用 |
| 学习方式 | 本章内容以理论讲解、代码演示为主 |
| 重点知识 | 1．使用 jQuery 中的 animate() 方法自定义动画<br>2．使用 jQuery 中的 stop() 方法停止动画 |
| 关键词 | show()、hide()、slideUp()、slideDown()、fadeIn()、fadeOut()、fadeTo()、toggle()、slideToggle()、fadeToggle()、animate()、stop() |

## 5.1 常用动画

jQuery 中提供了很多方法，用于实现网页中的常用动画，包括元素的显示与隐藏、淡入与淡出以及上滑与下滑等效果，本节将针对这些常用动画进行详细讲解。

### 5.1.1 元素的显示和隐藏

jQuery 中用于控制元素显示和隐藏效果的方法如表 5-1 所示。

表 5–1 控制元素的显示和隐藏效果的方法

| 方　　法 | 描　　述 |
|---|---|
| show([speed,[easing],[ fn]]) | 显示隐藏的匹配元素 |
| hide([speed,[easing],[ fn]]) | 隐藏显示的匹配元素 |
| toggle([speed],[easing],[ fn]) | 元素显示与隐藏切换 |

表 5–1 中的 3 个方法具有相同的可选参数，关于各参数的说明如表 5–2 所示。

表 5–2 参数说明

| 参　数 | 描　　述 |
|---|---|
| speed | 表示动画速度，取值范围为预定义字符串（"slow","normal","fast"）或表示动画时长毫秒数的数值（如 1000 表示 1 秒） |
| easing | 用来指定切换效果，默认是 swing，可用参数为 linear |
| fn | 在动画完成时执行的函数，每个元素执行一次 |

值得一提的是，show() 方法和 hide() 方法可控制元素的显示和隐藏；而 toggle() 方法可显示和隐藏效果的切换。在 jQuery1.12.4.js 中，关于 toggle() 方法的源码如下所示。

```
toggle: function(state) {
    if( typeof state === "boolean" ) {
        return state ? this.show(): this.hide();
    }
    return this.each( function() {
        if( isHidden( this ) ) {
            jQuery( this ).show();
        } else {
            jQuery( this ).hide();
        }
    } );
}
```

从上述源码中可以看出，toggle() 方法是通过 show() 方法和 hide() 方法实现的。当传递布尔类型参数时，按指定的操作执行。参数为 true，显示执行元素；参数为 false，隐藏执行元素。在不传递参数时，则根据当前元素的是否为隐藏，执行相反操作。

为了读者更好地理解，接下来通过一个案例演示 show() 方法、hide() 方法和 toggle() 方法的具体使用，HTML 代码片段如 demo5–1.html 所示。

demo5–1.html

```
<input id="btnHide" type="button" value=" 隐藏图形 ">
<input id="btnShow" type="button" value=" 显示图形 ">
<input id="btnToggle" type="button" value=" 切换显示隐藏效果 "><br>
<div style="width: 100px; height: 100px; background: #edbc80;"></div>
```

上述代码中定义了 3 个按钮和 1 个 div 元素，页面效果如图 5-1 所示。

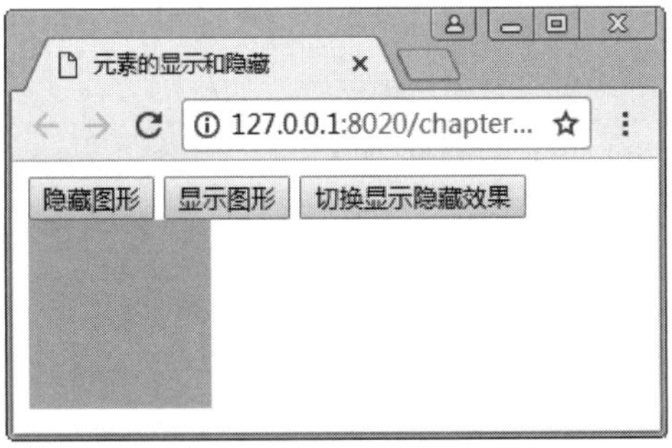


图 5-1　默认页面效果

下面在 demo5-1.html 中添加 jQuery 代码，如下所示。

```
1   // 隐藏图形
2   $('#btnHide').click(function() {
3       $('div').hide();
4   });
5   // 显示图形
6   $('#btnShow').click(function() {
7       $('div').show(1000, function() {
8           $('div').css('border-radius', '50%');
9       })
10  });
11  // 切换显示隐藏效果
12  $('#btnToggle').click(function() {
13      $('div').toggle('slow', 'linear');
14  });
```

上述代码中，分别为 HTML 代码中定义的 3 个按钮注册单击事件，当事件触发时，分别调用 hide() 方法、show() 方法和 toggle() 方法实现 div 的显示和隐藏效果。需要注意的是，第 8 行在显示 div 后，将 div 修改为圆形。

使用浏览器访问 demo5-1.html，单击“隐藏图形”按钮，div 将被隐藏，页面效果如图 5-2 所示。

在图 5-2 中，单击“显示图形”按钮，div 将被显示出来，并且从矩形变成圆形，页面效果如图 5-3 所示。

图 5-2　隐藏图形

图 5-3　显示并改变图形

在图 5-3 中，单击“切换显示隐藏效果”按钮，div 会不断地切换显示与隐藏的效果。

### 5.1.2 元素的淡入和淡出

jQuery 中用于控制元素淡入和淡出效果的方法如表 5–3 所示。

表 5–3 控制元素淡入和淡出效果的方法

| 方 法 | 说 明 |
| --- | --- |
| fadeIn([speed],[easing],[ fn]) | 淡入显示匹配元素 |
| fadeOut([speed],[easing],[ fn]) | 淡出隐藏匹配元素 |
| fadeTo([[speed],opacity,[easing],[ fn]]) | 以淡入淡出方式将匹配元素调整到指定的透明度 |
| fadeToggle([speed,[easing],[ fn]]) | 在 fadeIn() 和 fadeOut() 两种效果间的切换 |

在表 5–3 中，各方法的参数与 show()、hide() 等方法中的参数功能一致，后续将不再赘述。需要注意的是，fadeTo() 方法可以根据指定的透明度值（opacity 参数）逐渐调整元素的透明度。

接下来通过一个案例演示 fadeIn()、fadeOut() 和 fadeTo() 方法的使用，HTML 代码片段如 demo5–2.html 所示。

demo5–2.html

```
1  <style>
2      div {
3          width: 100px;
4          height: 200px;
5          border: 1px solid #000;
6      }
7      div img {
8          width: 100px;
9          height: 200px;
10     }
11     div img:first-child {
12         display: none;
13     }
14 </style>
15 <input type="button" value=" 开灯 ">
16 <div>
17     <img src="img/on.png">
18     <img src="img/off.png">
19 </div>
```

上述代码中设置的“开灯”按钮，用于以淡入和淡出的方式完成第 17、18 行代码中的图片切换效果。其中，默认情况下，利用第 11~13 行代码隐藏第 1 张图片。默认的页面效果如图 5–4 所示。

下面在 demo5–2.html 添加 jQuery 代码，如下所示。

```
$('input').click(function() {
```

```
2      $('img:last').fadeOut('fast', function() {
3          $('img:first').fadeIn('slow', function() {
4              $('input').val('灯亮了');
5          });
6      });
7  });
```

上述代码中，在触发 input 框的单击事件后，执行第 2~6 行代码，使用 fadeOut() 方法快速地让最后一个 img 元素淡出，接着使用 fadeIn() 方法慢慢地让第一个 img 元素淡入，最后，将 input 按钮的 value 值设置为“灯亮了”。

使用浏览器访问 demo5–2.html，单击“开灯”按钮，页面效果如图 5–5 所示。

图 5–4　默认页面效果

图 5–5　灯亮了

在图 5–5 中，第一个图片已经淡出，第 2 个图片已经淡入，并且按钮的 value 值被设置为“灯亮了”。

继续在 demo5–2.html 添加 jQuery 代码，如下所示。

```
$('div').fadeTo(1200, 0.3);
```

上述代码中，利用 fadeTo() 方法为 div 元素设置透明度为 0.3。

修改完成后，重新访问 demo5–2.html，可以看到无论是“开灯”还是“关灯”状态，页面上图片的透明度都会采用 0.3 这个值，页面效果如图 5–6 和图 5–7 所示。

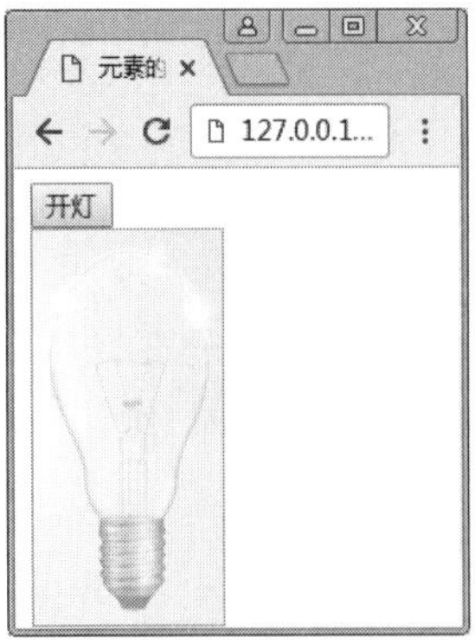


图 5–6　关灯

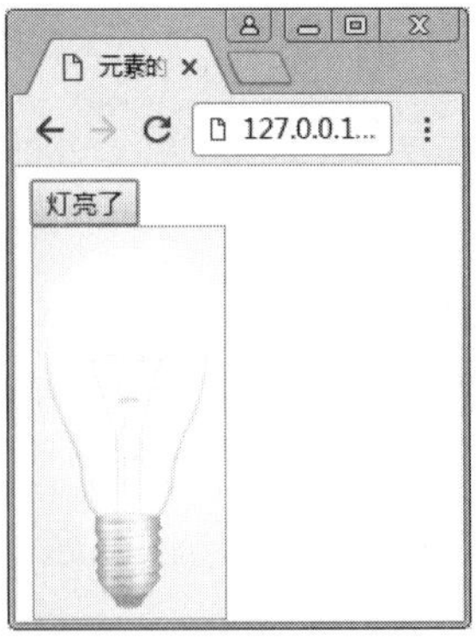


图 5–7　开灯

### 5.1.3　元素的上滑和下滑

jQuery 中用于控制元素上滑和下滑效果的方法如表 5-4 所示。

表 5-4　控制元素的上滑和下滑

| 方　　法 | 说　　明 |
|---|---|
| slideDown([speed],[easing],[ fn]) | 垂直滑动显示匹配元素（向下增大） |
| slideUp([speed,[easing],[ fn]]) | 垂直滑动显示匹配元素（向上减小） |
| slideToggle([speed],[easing],[ fn]) | 在 slideUp() 和 slideDown() 两种效果间的切换 |

为了读者更好地理解，接下来通过一个案例演示 slideUp() 和 slideDown() 方法的使用，HTML 代码片段如 demo5-3.html 所示。

demo5-3.html

```
<style>
    img {
        width: 200px;
        height: 360px;
    }
    .wrap {
        position: relative;
        width: 200px;
        height: 360px;
    }
    .wrap div {
        position: absolute;
        width: 130px;
        height: 228px;
        top: 63px;
        left: 34px;
        text-align: center;
        line-height: 150px;
    }
    .wrap div.img1 {
        z-index: 3;
        background: pink;
    }
    .wrap div.img2 {
        z-index: 2;
        background: lightgreen;
    }
    .wrap div.img3 {
        z-index: 1;
        background: plum;
    }
</style>
```

```
33 <input type="button" value="滑动">
34 <div class="wrap">
35     <img src="img/iphone.png" alt="">
36     <div class="img1">滑动有惊喜</div>
37     <div class="img2">只要努力</div>
38     <div class="img3">一切皆有可能</div>
39 </div>
```

上述代码中设置的“滑动”按钮，用于以“上滑”的方式，在第 35 行设置的手机模型图片中，完成第 36~38 行代码中 div 的切换效果。默认情况下，在手机模型图片中显示第 1 个 div 元素。

页面效果如图 5−8 所示。

接下来，在 demo5−3.html 添加 jQuery 代码，如下所示。

```
1 $('input').click(function() {
2     $('.wrap div:first').slideUp(1500, function() {
3         $('.wrap div:eq(1)').slideUp(1000);
4     });
5 });
```

上述代码中，在触发 input 框的单击事件后，执行第 2~4 行代码，使用 slideUp() 方法让手机屏幕中的第 1 个 div 元素，在 1500 毫秒的时长中完成向上滑动的效果，显示出第 2 个 div 元素。接着使用 slideUp() 方法让手机模型屏幕中的第 2 个 div 元素，在 1000 毫秒的时长中，完成向上滑动的效果。

使用浏览器访问 demo5−3.html，单击“滑动”按钮，可在页面中连续看到图 5−9 和图 5−10 所示的效果。

图 5−8　默认页面效果

图 5−9　向上滑的第 1 个页面

图 5−10　向上滑的第 2 个页面

### 5.1.4 【案例】星空闪烁

对于网站中的页面，在设计时一些特定功能的页面，通常内容比较简洁、背景采用一张图片或仅在背景图中添加一些动画效果。例如，网站的登录页面。

【案例展示】

本案例要完成的效果是仿网站登录页面的背景动画效果，默认的页面中只有 1 个按钮，单击按钮后会滑动显示星空的背景图，滑动效果执行完成后显示的页面如图 5-11 所示。

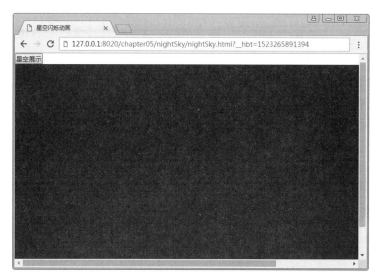

图 5-11　星空闪烁背景图

在图 5-11 中，星空完全显示后，会有星星闪烁，不同颜色的星星以不同的速度闪烁，页面效果如图 5-12 所示。

图 5-12　星空闪烁页面效果

【案例分析】

该案例需要完成的效果，是在按钮的单击事件触发后，以滑动的效果显示夜空。夜空显示完全后，夜空中的星星开始闪烁。在此过程中涉及两种动画。这种效果的实现主要分为 HTML 结构的实现和 jQuery 特效的实现，具体如下。

（1）HTML 结构

在页面设计时，首先利用一个 div 容器包含一个星空背景图，然后再以一个 div 元素包含 6 个星星的图片。

（2）jQuery 特效

当单击按钮后，星空的背景图片以滑动的效果逐步展示出来，并且完全展示好以后，即在滑动动画的回调函数中，开启一个间隔定时器，该定时器每隔 500 ms 执行一次，执行的函数中定义星空中的小星星以显示隐藏和淡入淡出两种动画形式闪烁。

**【案例实现】**

分析该案例要实现的功能后，接下来通过代码演示该案例的具体实现。

**注意：** 由于本书主要讲解 jQuery 的使用，CSS 代码部分建议读者直接引用案例源码中的 chapter05\nightSky\css\style.css 文件。

本案例的 jQuery 代码和 HTML 代码如 chapter05\nightSky\nightSky.html 所示。

nightSky.html

```
<!DOCTYPE html>
<html>
    <head>
        <meta charset="UTF-8">
        <title>星空闪烁动画</title>
        <link rel="stylesheet" href="css/style.css">
        <script src="js/jquery-1.12.4.js"></script>
    </head>
    <body>
        <input type="button" value="星空展示">
        <div class="sky">
            <img class="wrap" src="img/night.jpg" width="920" height="450">
            <div class="starWrap">
                <img src="img/star.png" width="150" height="150">
                <img src="img/star2.png" width="60" height="60">
                <img src="img/star.png" width="150" height="150">
                <img src="img/star2.png" width="60" height="60">
                <img src="img/star.png" width="150" height="150">
                <img src="img/star2.png" width="60" height="60">
            </div>
        </div>
        <script>
            $('input').click(function() {
                $('.wrap').slideDown(1500, function() {
```

```
25                      setInterval(twinkle, 500);
26                  });
27              });
28              function twinkle() {
29                  $('.starWrap img:even').toggle(10);
30                  $('.starWrap img:odd').fadeToggle(300);
31              }
32          </script>
33      </body>
34  </html>
```

上述代码中，在“星空展示”按钮的单击事件被触发后，执行第 24~26 行代码，在 1.5 s 的时长中，让背景图以滑动的形式展现出来。其中，第 25 行用于在背景图全部展示出来后，开启一个定时器，定时器的第 1 个参数表示自定义的星星闪烁的函数，第 2 个参数是每执行一次 twinkle() 方法间隔的时间。

第 28~31 行定义了 twinkle() 方法，其中，第 29 行使用 toggle() 方法，在 10 毫秒的时长中设置偶数行的小星星切换显示和隐藏的效果；第 30 行使用 fadeToggle() 方法，在 300 ms 的时长中，设置奇数行的小星星切换淡入与淡出的效果。

至此，本案例的全部代码已经演示完毕，测试方法请参考前文的案例展示。

## 5.2 自定义动画

在 jQuery 中，自带很多常用动画，这些动画虽然用起来方便，但在实际开发中有时并不能满足需求。因此，经常需要使用 animate() 方法自定义动画。本节将针对 jQuery 中的自定义动画进行详细讲解。

### 5.2.1 简单自定义动画

为了满足动画实现的灵活性，解决单个方法实现动画的单一性，jQuery 中提供了 animate() 方法自定义动画。语法如下所示。

```
$(selector).animate(styles, speed, callback);
```

上述语法中，styles 参数是必选的，用于定义动画执行时元素的样式属性以及对应的属性值组合成的键值对，可以包含多个属性名和属性值。

接下来通过一个雪花飘落的案例演示 animate() 方法的使用，HTML 代码片段如 demo5−4.html 所示。

demo5−4.html

```
<style>
    ul {
```

```
3            width: 300px;
4            height: 260px;
5            background: deepskyblue;
6            padding: 20px;
7            border-radius: 30px;
8        }
9        ul li {
10           list-style: none;
11           float: left;
12       }
13       ul li img {
14           width: 20px;
15           height: 20px;
16       }
17   </style>
18   <input type="button" value="snow">
19   <ul>
20       <li><img src="img/snowflake.png"></li>
21       <li><img src="img/snowflake.png"></li>
22       <li><img src="img/snowflake.png"></li>
23       <li><img src="img/snowflake.png"></li>
24       <li><img src="img/snowflake.png"></li>
25       <li><img src="img/snowflake.png"></li>
26       <li><img src="img/snowflake.png"></li>
27       <li><img src="img/snowflake.png"></li>
28       <li><img src="img/snowflake.png"></li>
29       <li><img src="img/snowflake.png"></li>
30       <li><img src="img/snowflake.png"></li>
31       <li><img src="img/snowflake.png"></li>
32   </ul>
```

上述代码中，第 18 行定义的 input 按钮用于单击事件被触发后，开始雪花飘落。其中，第 19~32 行代码用于载入一组雪花的图片，然后利用第 1~17 行代码完成 CSS 样式的设计。限定 img 元素的宽高都为 20 像素，默认页面效果如图 5−13 所示。

图 5−13　默认页面效果

下面在 demo5−4.html 中添加 jQuery 代码，如下所示。

```
$('input').click(function() {
    $('ul li').animate({
        marginLeft: '15px'
    }, 1000, function() {
        $('ul li:odd').animate({
            marginTop: '25px',
```

```
7            }, 1500, function() {
8                $('ul li:even img').animate({
9                    width: '45px',
10                   height: '45px'
11               }, 1200, function() {
12                   $('ul li:even').animate({
13                       marginTop: '60px',
14                   }, 1000);
15               });
16           });
17       });
18   });
```

上述代码中，在 snow 按钮的单击事件被触发后，使用 animate() 方法定义动画。首先在 1000 ms 的时长中，将每个 li 的左外边距设为 15 px，动画完成后执行第 5~16 行代码。其中，第 5~7 行使用 animate() 方法定义所有奇数索引的 li 元素上外边距为 25 px。第 8~11 行使用 animate() 方法定义所有偶数索引的 li 元素中的雪花图片宽度和高度都为 45 px。第 12~14 行使用 animate() 方法定义所有的偶数行索引的 li 元素上外边距为 60 px。

使用浏览器访问 demo5-4.html，单击 snow 按钮后的页面效果变化如图 5-14 和图 5-15 所示。

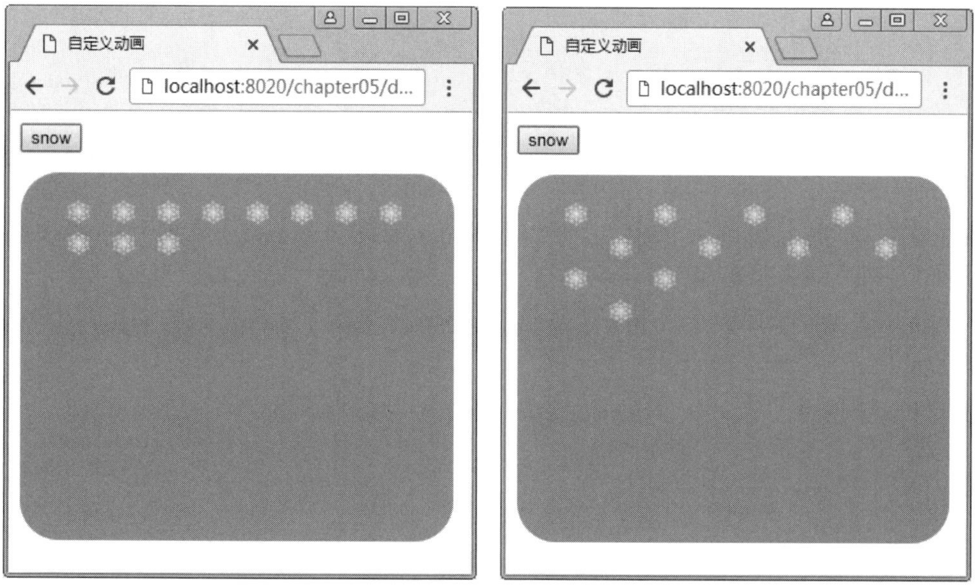


图 5-14　雪花间距变大

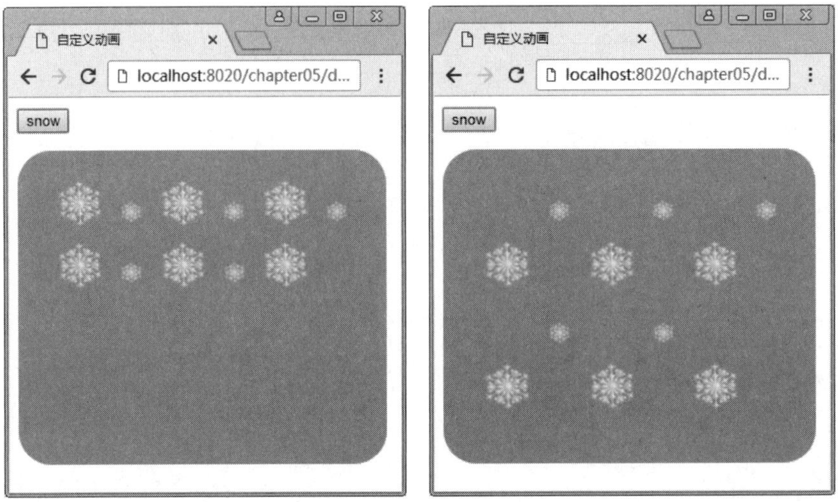


图 5-15 调整雪花大小和位置

### 5.2.2 加入表达式的动画

上一节讲到 animate() 方法实现自定义动画，在传递参数时可以定义一些动画的样式属性。例如，设置 width 为 500 px。除了可以设置这些固定的值外，animate() 方法中还可以有表达式的属性值。例如，在固定的值基础上增加一些运算符，示例代码如下。

```
$('input').click(function() {
    $('div').animate({
        height: '+=100px',
        width: '-=100px'
    });
});
```

上述代码中，在 animate() 方法内部设置 height 属性的值为“+=100px”，width 属性的值为“-=100px”。动画执行后，div 元素的高度会在原来的基础上增加 100 px，宽度会在原来的基础上减少 100 px。

为了读者更好地理解，接下来通过一个案例演示实现加入表达式的动画，HTML 代码片段如 demo5-5.html 所示。

demo5-5.html

```
<style>
    div {
        width: 160px;
        height: 10px;
        padding: 20px;
        text-align: center;
        overflow: hidden;
        position: absolute;
```

```
9            background: url("img/flag.png")  top center no-repeat;
10           background-size: 200px 500px;
11       }
12       div span {
13           margin-top: 50px;
14           margin-left: -10px;
15           line-height: 50px;
16           display: inline-block;
17           width: 20px;
18           font-family: "KaiTi";
19           font-size: 40px;
20           color: #ff0;
21       }
22   </style>
23  <input type="button" value="show"><br>
24  <div>
25      <span>青春有志须勤奋</span>
26  </div>
```

上述代码中，第 23 行代码用于定义 input 按钮，第 24~26 行代码用于定义实现自定义动画的元素，并利用第 1~22 行代码完成相关的 CSS 样式设置。

使用浏览器访问 demo5−5.html，页面效果如图 5−16 所示。

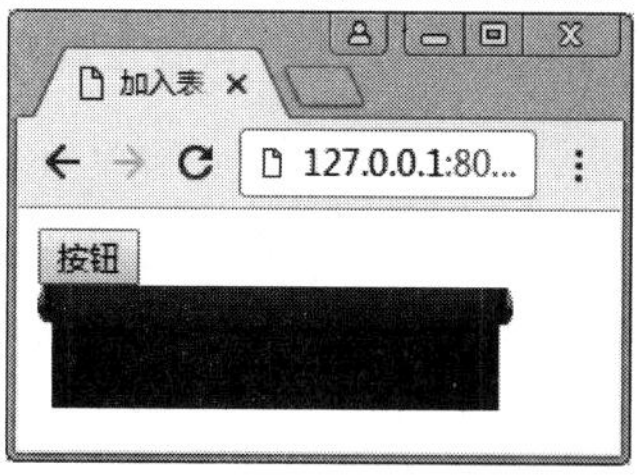


图 5−16　默认页面效果

下面在 demo5−5.html 添加 jQuery 代码，如下所示。

```
1  $('input').click(function() {
2      $('div').animate({
3          height: '+=470px',
4          left: '+=150px',
5          top: '+=50px'
6      }, 1500, function() {
7          $('div').animate({
8              height: '-=470px',
9              left: '-=150px',
10             top: '-=50px'
11         }, 1000);
12     });
13 });
```

上述代码中，“按钮”的单击事件被触发后，执行第 2~12 行代码，使用 animate() 方法为 div 元素定义动画，分别在其原来的基础上增加 div 元素的高度、左偏移以及上偏移。在 1.5 s 完成动画后，再次为 div 添加动画，在原来的基础上减少 div 元素的高度、左偏移以及上偏移。

使用浏览器访问 demo5−5.html，单击按钮后的页面效果变化如图 5−17 和图 5−18 所示。

图 5−17　调整位置并显示部分图片

图 5−18　调整位置并完全展开图片

在图 5−17 中，div 元素的高度在原来的基础上增加，并且左偏移和上偏移也都增加。在图 5−18 中，div 元素的高度、左偏移以及上偏移已经增加完成。之后这些值都会减少，直至减少为图 5−16 所示的初始效果。

# 5.3 停止动画

## 5.3.1　停止元素动画的方法

使用动画的过程中，如果在同一个元素上调用一个以上的动画方法，那么对这个元素来说，除了当前正在调用的动画，其他动画将被放到效果队列中，这样就形成了动画队列。

动画队列中所有动画都是按照顺序执行的，默认要前一个动画执行完毕才会执行后面的动画。为此，jQuery 提供了 stop() 方法用于停止动画效果。通过此方法，可以让动画队列后面的动画提前执行。

stop() 方法适用于所有的 jQuery 效果，包括元素的淡入或者淡出以及自定义动画等。stop() 方法语法如下所示。

```
$(selector).stop(stopAll, goToEnd);
```

上述语法中，stop() 方法的两个参数都是可选的。其中，stopAll 参数用于规定是否清除动画队列，默认是 false；goToEnd 参数用于规定是否立即完成当前的动画，默认是

false。

stop() 方法参数的不同设置会有不同的作用。下面以 div 元素为例，演示几种常见的使用方式。示例代码如下。

```
$('div').stop();                        // 停止当前动画，继续下一个动画
$('div').stop(true);                    // 清除 div 元素动画队列中的所有动画
$('div').stop(true, true);              // 停止当前动画，清除动画队列中的所有动画
$('div').stop(false, true);             // 停止当前动画，继续执行下一个动画
```

上述代码中，stop() 方法在不传递参数时，表示立即停止当前正在执行的动画，开始执行动画队列中的下一个动画 。如果将第 1 个参数设置为 true，那么就会删除动画队列中剩余的动画，并且永远也不会执行。如果将第 2 个参数设置为 true，那么就会停止当前的动画，但参与动画的每一个 CSS 属性将被立即设置为它们的目标值。

为了读者更好地理解，接下来通过一个案例演示 stop() 方法的具体使用，HTML 代码片段如 demo5−6.html 所示。

demo5−6.html

```
1  <button id="stop1"> 停止 </button>
2  <button id="stop2"> 停止所有 </button>
3  <button id="stop3"> 停止但要完成 </button>
4  <button id="stop4"> 完成当前并继续 </button>
5  <p><b>" 停止 "</b> 停止当前动画，继续执行下一个动画。</p>
6  <p><b>" 停止所有 "</b> 按钮停止当前活动的动画，并清空动画队列。</p>
7  <p><b>" 停止但要完成 "</b> 完成当前动画，然后停止动画。</p>
8  <p><b>" 完成当前并继续 "</b> 完成当前动画，继续执行下一个动画。</p>
9  <div style="background:#ceedc6;height:100px;width:100px;">
10 animate</div>
```

上述代码中，第 1~4 行代码定义的 4 个按钮用于绑定单击事件，完成停止动画的不同操作。第 9、10 行定义的 div 元素作为完成指定的动画。其中，第 5~8 行代码用于解释每个按钮操作的含义。

下面在 demo5−6.html 中添加 jQuery 代码，如下所示。

```
// 开始动画
$('div').animate({fontSize: '3em'}, 5000);        // 动画 1
$('div').animate({width: '+=100px'}, 5000);       // 动画 2
// 停止
$('#stop1').click(function() {
    $('div').stop();
});
// 停止所有
$('#stop2').click(function() {
    $('div').stop(true);
```

```
});
// 停止但要完成
$('#stop3').click(function() {
    $('div').stop(true, true);
});
// 完成当前并继续
$('#stop4').click(function() {
    $('div').stop(false, true);
});
```

上述代码中，首先在 div 元素上定义了两个动画，第 1 个动画是将 div 中的文本缓慢变大，第 2 个动画将 div 缓慢变宽。然后为 4 个按钮分别绑定单击事件，当事件触发后，完成 stop() 方法不同参数设置的执行效果。

使用浏览器访问 demo5-6.html，单击不同按钮，页面效果如图 5-19~ 图 5-22 所示。

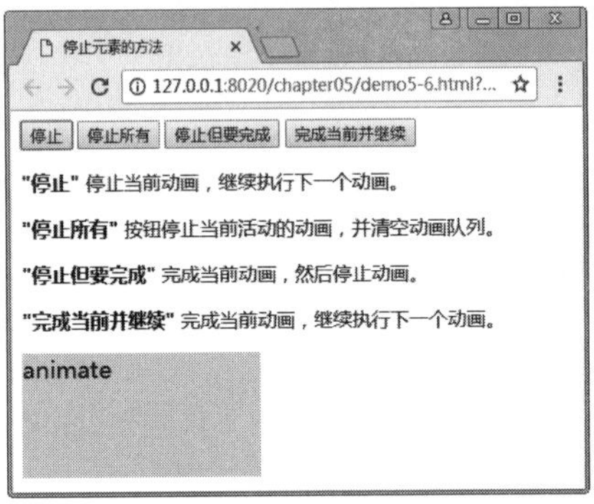


图 5-19　停止

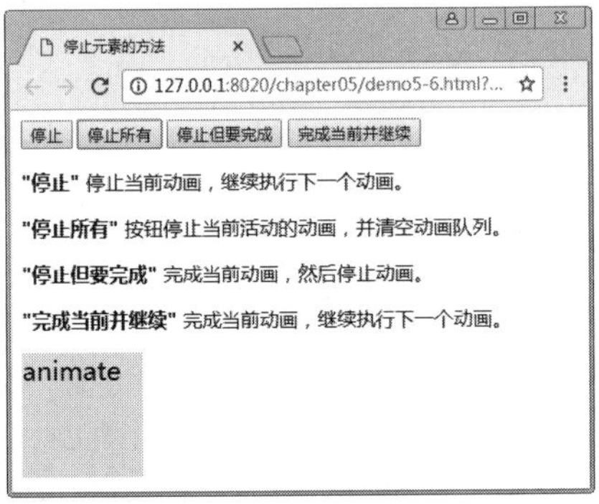


图 5-20　停止所有

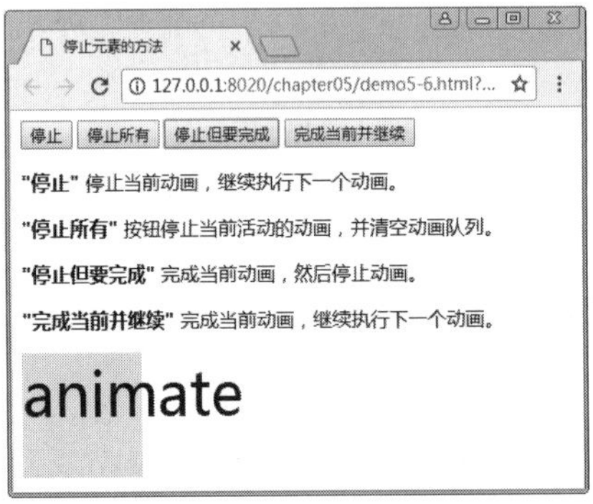


图 5-21　停止但要完成

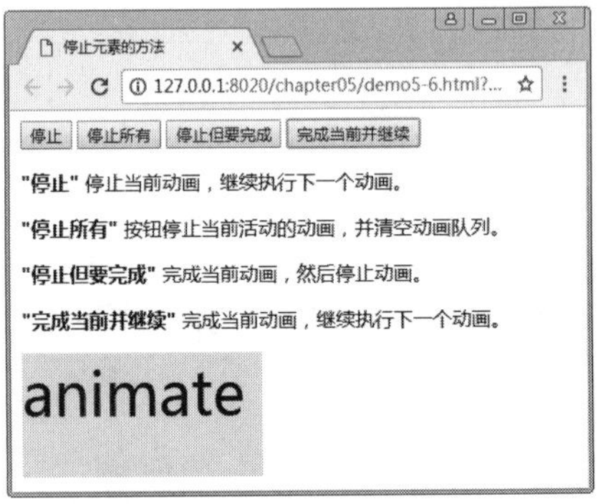


图 5-22　完成当前并继续

### 5.3.2　判断元素是否处于动画状态

用户操作网页中的元素时，如果某个元素的 animate() 方法被调用多次，会导致当前动画效果与用户行为不一致。例如，用户使用鼠标单击某个元素一次，动画是正常显示的，当连续多次单击该元素，就会积累多次的动画效果，造成与单击一次的预定义动画效果不一致，这种情况就是元素当前动画未执行完又加入了动画。

为了解决网页中的动画积累，在开发时可以先判断元素是否正处于动画状态，若没有处于动画状态，再去添加新的动画；如果当前元素处于动画状态，就不添加新的动画效果。

利用 jQuery 提供的 is() 方法和基本过滤选择器 “:animated” 即可判断元素是否处于动画状态，语法如下所示。

```
$(selector).is(':animated')
```

上述语法中，“:animated” 用于匹配所有正在执行动画效果的元素，如果元素 selector 处于动画状态，则代码执行后返回 true。

下面通过一个示例演示如何判断元素是否处于动画状态，代码如下。

```
$('input').click(function() {
    if(!$('div').is(':animated')) {
        $('div').animate({
            left: '+=100px'
        }, 1000);
    }
});
```

上述代码中，当 input 的单击事件被触发后，首先通过第 2 行代码判断 div 元素是否处于动画状态，若不处于动画状态，则为 div 元素添加向右移动的动画。

### 5.3.3 【案例】导航下拉列表

网站首页的导航菜单为用户浏览网页提供了很多便捷性，用户操作网页中的导航菜单，可以快速链接到页面的某个模块或网站中其他页面。网站导航栏中的大多数选项都含有下拉菜单，下拉菜单通常是在用户鼠标移入导航选项时显示，用户鼠标移出后隐藏。

**【案例展示】**

本案例要完成的效果是用户操作导航选项后展开菜单，当用户鼠标移入导航菜单时，展示对应的下拉菜单，效果如图 5–23 所示。

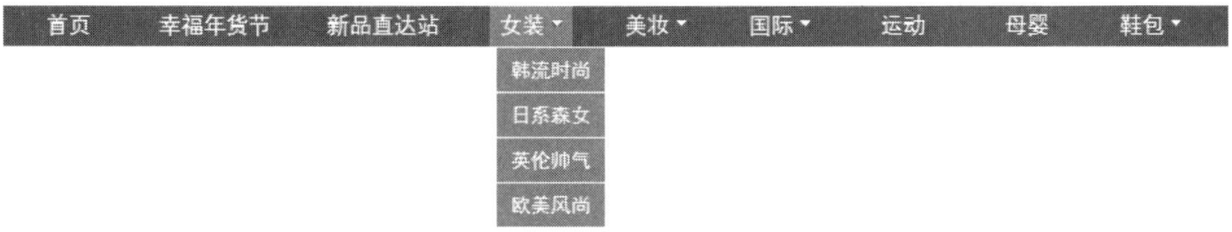


图 5–23　导航下拉列表效果 1

在图 5–23 中，鼠标移入“女装”选项，展示该选项的下拉菜单，鼠标移出“女装”选项，移入“美妆”选项以后的页面效果如图 5–24 所示。

在图 5–24 中，可以看到的是“女装”选项的下拉菜单已经隐藏，而“美妆”选项的下拉菜单显示。实际运行代码后，在浏览器中演示可以看到，下拉菜单的显示与隐藏都以滑动的形式展开与收起。

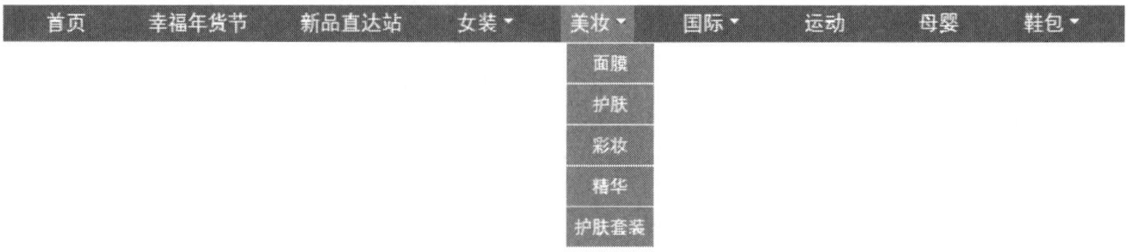


图 5-24　导航下拉列表效果 2

**【案例分析】**

该案例需要完成的效果是为导航栏的每个选项注册鼠标移入事件和移出事件。鼠标移入选项之后，该选项背景色改变，并以滑动的形式展示下拉菜单；鼠标移出的时候，该下拉菜单向上滑动至完全隐藏。

在案例实现的过程中还存在一个问题：当用户连续多次触发鼠标移入事件，会出现动画重叠的现象，即用户操作与实际效果不一致。为了解决这种问题，在添加新动画之前先停止所有动画。

本案例所有效果的实现主要分为 HTML 结构的实现和 jQuery 特效的实现，具体如下。

（1）HTML 结构

编写一个 div 作为导航栏的容器，在此容器中再设计一个 div 作为 9 个选项列表的容器。其中，每个选项都是一个 li 元素，并在 li 元素中设置 a 元素用于添加超链接。另外，为选项列表中的 4 个 li 元素中使用 ul 再设置一组下拉菜单。

（2）jQuery 特效

当用户鼠标移入导航栏中的任意选项，改变此选项的背景色；鼠标移出后，该选项恢复原来的背景色。

当用户鼠标移入有下拉菜单的任意选项时，向下滑动此选项的下拉菜单；鼠标移出后，向上滑动收起下拉菜单。

**【案例实现】**

分析该案例要实现的功能后，接下来通过代码演示该案例的具体实现。

**注意：** 由于本书主要讲解 jQuery 的使用，CSS 代码部分建议读者直接引用案例源码中的 chapter05\nav\css\style.css 文件。

本案例的 jQuery 代码和 HTML 代码如 chapter05\nav\nav.html 所示。

nav.html

```
<!DOCTYPE html>
<html>
<head>
    <meta charset="UTF-8">
    <title>导航下拉菜单</title>
    <link rel="stylesheet" href="css/style.css">
    <script src="js/jquery-1.12.4.js"></script>
```

```
</head>
<body>
    <div id="nav-wrap">
    <div id="nav">
        <ul>
            <li class="nav"><a href="#">首页</a></li>
            <li class="nav"><a href="#">幸福年货节</a></li>
            <li class="nav"><a href="#">新品直达站</a></li>
            <li class="nav">
                <a href="#">女装<img src="img/arrow.jpg"></a>
                <ul class="list" style="width:76px;">
                    <li><a href="#">韩流时尚</a></li>
                    <li><a href="#">日系森女</a></li>
                    <li><a href="#">英伦帅气</a></li>
                    <li><a href="#">欧美风尚</a></li>
                </ul>
            </li>
            <li class="nav">
                <a href="#">美妆<img src="img/arrow.jpg"></a>
                <ul class="list" style="width:68px;">
                    <li><a href="#">面膜</a></li>
                    <li><a href="#">护肤</a></li>
                    <li><a href="#">彩妆</a></li>
                    <li><a href="#">精华</a></li>
                    <li><a href="#">护肤套装</a></li>
                </ul>
            </li>
            <li class="nav">
                <a href="#">国际<img src="img/arrow.jpg"></a>
                <ul class="list" style="width:48px;">
                    <li><a href="#">韩国</a></li>
                    <li><a href="#">日本</a></li>
                    <li><a href="#">欧洲</a></li>
                    <li><a href="#">美洲</a></li>
                </ul>
            </li>
            <li class="nav"><a href="#">运动</a></li>
            <li class="nav"><a href="#">母婴</a></li>
            <li class="nav">
                <a href="#">鞋包<img src="img/arrow.jpg"></a>
                <ul class="list" style="width:48px;">
                    <li><a href="#">女鞋</a></li>
                    <li><a href="#">男鞋</a></li>
```

```
51                      <li><a href="#">女包</a></li>
52                      <li><a href="#">男包</a></li>
53                  </ul>
54              </li>
55          </ul>
56      </div>
57      </div>
58      <script>
59          $('.nav').hover(function() {
60              $(this).find('.list').stop().slideDown(500);
61          }, function() {
62              $(this).find('.list').stop().slideUp(500);
63          }).mousemove(function() {
64              $(this).css({
65                  background: '#ff78f2'
66              }).mouseleave(function() {
67                  $(this).css({
68                      background: '#e60ceb'
69                  });
70              });
71          });
72      </script>
73  </body>
74  </html>
```

上述代码中，第 59~63 行，使用 hover() 方法为导航中的每个选项注册移入移出事件。当鼠标移入选项时，调用 slideDown() 方法以向下滑动的方式显示此选项中的下拉菜单，并且在调用该方法之前，首先调用 stop() 方法停止其他动画；同理，实现鼠标移出选项时的下拉菜单滑动效果。

第 63~71 行中使用 mousemove() 方法，规定鼠标在指定的元素中移动时改变导航选项的背景色；移出导航栏选项时，利用 mouseleave() 方法，设置鼠标离开被选元素时恢复原来的背景色。

至此，本案例的全部代码已经演示完毕，测试方法请参考前文的案例展示。

## 本章小结

本章首先介绍了 jQuery 中常用的动画特效，包括元素的显示与隐藏、元素的淡入和淡出，以及元素的上滑和下滑；然后介绍了自定义动画的方法，使用这些方法可以做出更复杂的动画；最后介绍了停止动画方法 stop() 的使用。

学习本章内容后，读者需要掌握 jQuery 中常用动画和自定义动画的方法，熟练制作网页中常见的动画效果。

## 课后习题

### 一、填空题

1. jQuery 中用于控制元素显示和隐藏效果的分别是______方法和______方法。
2. jQuery 中的______方法用来控制元素的淡入显示。
3. 若要实现自定义动画，需调用 jQuery 中的______方法。
4. 切换元素的透明度可使用 jQuery 提供的______方法。
5. 元素调用 toggle(false) 方法在 jQuery 中表示______。

### 二、判断题

1. animate() 方法无参时使用默认方式显示动画。（ ）
2. jQuery 中支持动画效果的自定义动画。（ ）
3. 元素调用 slideUp() 方法表示以滑动方式向上收起。（ ）
4. 正在执行动画的元素直接调用 stop() 方法即可停止动画队列中动画的执行。（ ）
5. 过滤选择器“:animated”可以匹配所有正在执行动画效果的元素。（ ）

### 三、选择题

1. jQuery 中 animate() 方法语法格式如下，下列对其描述错误的是（ ）。

```
$(selector).animate(styles, speed, callback);
```

   A. styles 参数以数组形式设置参与动画的元素样式
   B. speed 参数用于设置动画执行的时长
   C. animate() 方法在执行时必须设置 styles 参数
   D. callback 是动画完成后执行的函数

2. 下列属于 jQuery 中常用动画的方法有（ ）。
   A. show() B. fadeIn() C. slideDown() D. toggle()

3. jQuery 中 fadeTo() 方法语法格式如下，下列对其描述正确的是（ ）。

```
$(selector).fadeTo(speed, opacity, callback);
```

   A. speed 的值可以是 slow 或 normal
   B. callback 参数会在所有元素的动画执行完成执行
   C. opacity 参数的取值范围是 1~100
   D. fadeTo() 效果会在 fadeIn() 和 fadeOut() 两种效果间切换

4. 下列关于 jQuery 中的方法，说法错误的是（ ）。
   A. slideDown() 方法控制元素的向下滑动

B. show() 方法控制元素的显示

C. toggle() 方法用于控制元素的透明度切换

D. fadeOut() 方法控制元素的淡出

5. 下列选项中，关于 jQuery 中停止动画的方法描述错误的是（　　）。

A. stop() 方法可以控制动画的停止

B. stop() 方法的参数默认都为 false

C. stop() 方法的参数都设为 true 时表示停止所有动画

D. 以上说法都不正确

## 四、简答题

1. 列举 jQuery 中常用的实现动画效果方法。
2. 对比 slideDown() 方法和 slideUp() 方法的异同。
3. jQuery 中的自定义动画可以加入表达式，编写示例代码并解释。

## 五、编程题

1. 使用 jQuery 控制一个高度为 50 px 的盒子，使宽度在 0~400 px 之间动态变化。
2. 使用 jQuery 控制一个盒子中心位置不变而长度和宽度增加两倍。

# 第6章

# jQuery的Ajax操作

在Web开发中，使用Ajax技术可以实现页面的局部更新，这种异步的数据交互方式给用户带来了更好的使用体验。但原生Ajax操作不仅代码复杂，而且需要考虑浏览器的兼容问题，给开发人员的使用带来了不便。因此，jQuery对Ajax的操作重新进行了整理与封装，简化了Ajax的使用方法。本章将针对jQuery中的Ajax进行详细讲解。

【教学导航】

| | |
|---|---|
| 学习目标 | 1．熟悉jQuery中常用Ajax方法<br>2．掌握jQuery中Ajax的全局事件<br>3．掌握jQuery中序列化元素的方式 |
| 学习方式 | 本章内容以理论讲解、代码演示为主 |
| 重点知识 | 1．掌握jQuery中的Ajax方法的使用<br>2．掌握jQuery对请求所得数据的处理 |
| 关键词 | $.ajax()、$.load()、$.get()、$.post()、$.getJSON()、$.getScript()、$. serialize() |

## 6.1 Ajax简介

### 6.1.1 什么是Ajax

Ajax全称是Asynchronous JavaScript and XML，即异步的JavaScript和XML。Ajax不是一门新的编程语言，而是一种Web应用程序技术，该技术是在JavaScript、DOM、服务器配合下，实现浏览器向服务器发出异步请求。

那么 Ajax 和传统方式有什么区别呢？下面通过图 6−1 和图 6−2 来对这两种交互方式进行比较。

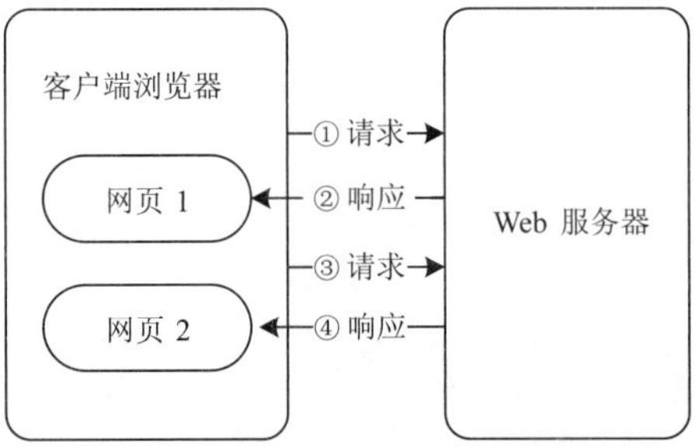


图 6−1 传统方式

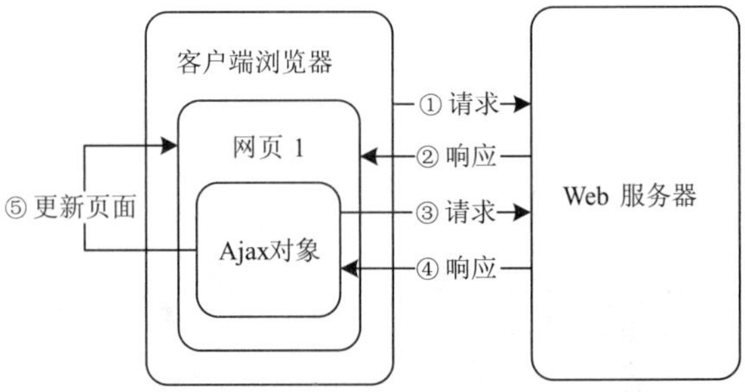


图 6−2 Ajax 方式

在图 6−1 中，传统方式在页面跳转或者刷新时发出请求，每次发出请求都会请求一个新的页面，即使刷新页面也要重新请求加载本页面。而在图 6−2 中，Ajax 方式向服务器发出请求，会得到数据后再更新页面（通过 DOM 操作来修改页面内容），整个过程不会发生页面跳转或刷新操作。

下面通过表格来展示两者区别，具体如表 6−1 所示。

表 6−1 传统方式和 Ajax 方式对比

| 比较<br>方式 | 遵循的协议 | 请求发出方式 | 数据展示方式 |
|---|---|---|---|
| 传统方式 | HTTP | 页面链接跳转发出 | 重新载入新页面 |
| Ajax 方式 | HTTP | 由 XMLHttpRequest 实例发出请求 | 通过 JavaScript 和 DOM 技术把数据更新到本页面 |

从表 6−1 可以看出，相较于传统网页，使用 Ajax 技术具有以下几点优势。

- 请求数据量少：因为 Ajax 请求只需要得到必要数据，对不需要更新的数据不做请求，所以数据量少，传输时长较短。
- 请求分散：Ajax 是按需请求，请求是异步形式，可在任意时刻发出，所以请求不会集中爆发，一定程度上减轻了服务器的压力，响应速度也有效提升。
- 用户体验优化：Ajax 数据请求响应时间短、数据传送速度快已经很大程度提升了用户的使用体验。由于异步请求的形式，不会刷新页面，也使得页面上用户行为得到有效保留。

### 6.1.2 搭建 WampServer 服务器

在使用 Ajax 时，由于浏览器向服务器请求数据需要遵循 HTTP 协议，所以如果要实现 HTTP 请求，需要搭建执行 HTTP 协议的 Web 服务器。HBuilder 虽然提供了内置 Web 服务器的功能，不过与专业 Web 服务器相比，功能上有所不足。本书选择 WampServer 作为案例演示的服务器，它是一款整合了 Apache Web 服务器、PHP 解释器及 MySQL 数据库的软件。下面讲解具体的安装步骤。

1. 下载 WampServer

打开 WampServer 官方网站（http://www.wampserver.com），在页面中下载 WampServer 安装包，如图 6–3 所示。

图 6–3　下载 WampServer

本书选择下载 WAMPSERVER 32 BITS (X86) 3.0.6 版本。其中，3.0.6 是软件的版本号，X86 表示 32 位。读者可以按照本地计算机环境选择下载。

2. 安装 WampServer

双击软件安装包，打开安装向导，选择 I accept the agreement 单选按钮，然后单击 Next 按钮，如图 6–4 所示。进入选择安装路径界面，在该界面指定软件安装位置，这里使用默认的 c:\wamp 路径，如图 6–5 所示。

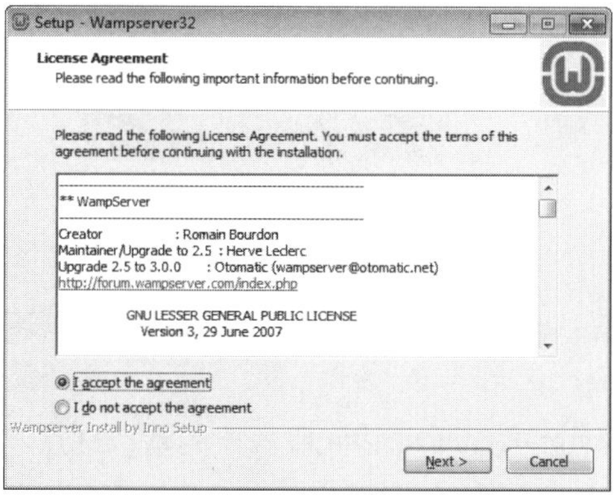


图 6–4　同意 WampServer 协议

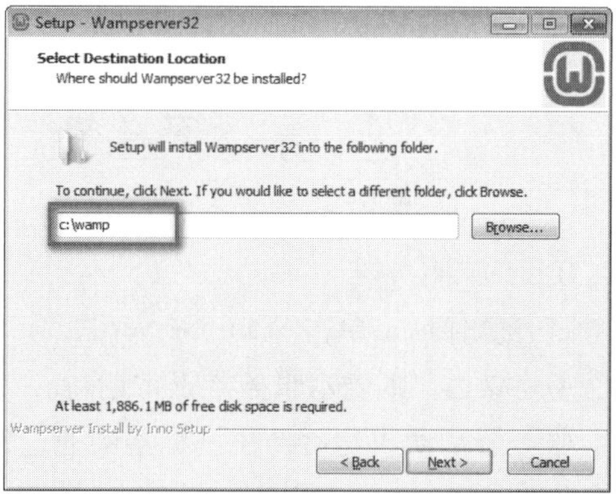


图 6–5　选择安装路径界面

单击图 6–4 中的 Next 按钮，会显示安装的详细信息，如果信息无误，单击 Install 按钮开始安装，如图 6–6 所示。

安装过程中，会弹出提示，选择软件使用的浏览器和编辑器，如图 6–7 所示。默认使用的是 IE 浏览器和记事本，此处不作修改，单击“否”按钮即可。如果读者需要更改，可单击“是”按钮，按照计算机环境和个人习惯选择合适的浏览器。

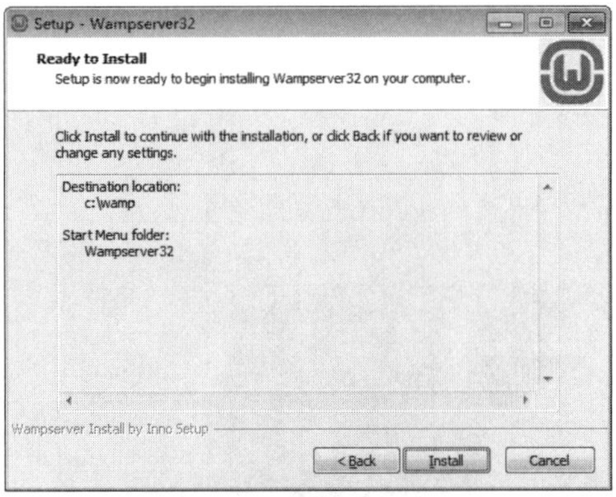


图 6-6　安装的详细信息

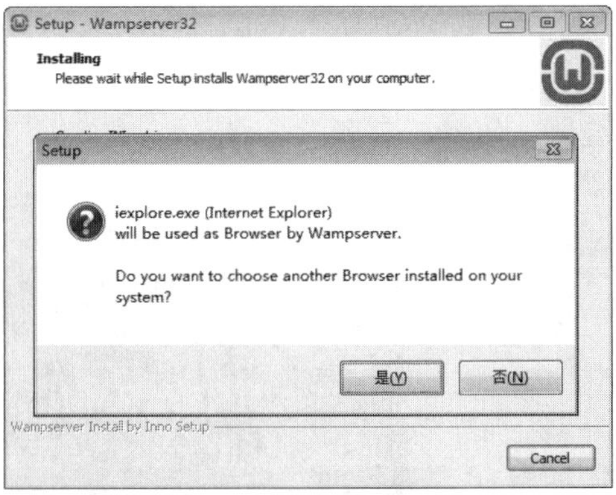


图 6-7　选择浏览器

软件安装成功后，打开安装完成对话框，如图 6-8 所示。

安装完成后打开软件，在系统的任务栏右下角会出现 WampServer 的图标。软件默认语言是英文。如果需要设置为中文，可右击 WampServer 图标，在弹出的快捷菜单中选择 Language → chinese 命令，如图 6-9 所示。

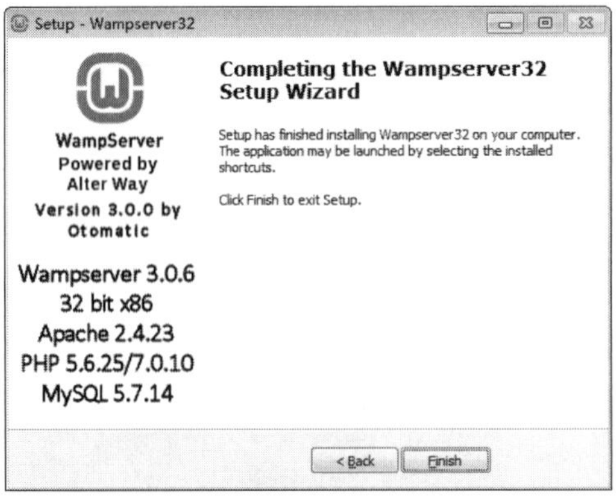


图 6-8　安装完成对话框

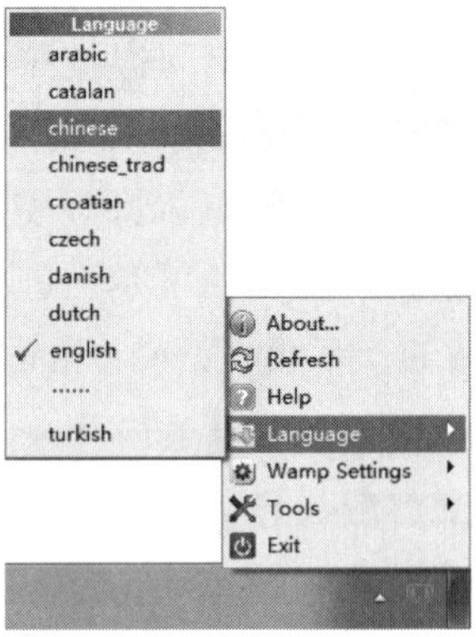


图 6-9　设置语言为中文

3. 开启服务器

打开软件后，单击 WampServer 图标，选择“启动所有任务”命令开启服务。若图标颜色变为绿色，则表示服务器正常运行。

服务器启动成功后，在浏览器中通过地址 http://localhost 访问服务器的默认站点，如图 6-10 所示。

4. 修改站点目录

WampServer 的默认站点目录是 c:\wamp\www，图 6-10 实际显示的是该目录中的 index.php 文件的执行结果。为了方便学习，此处将站点目录更改为 c:\jQuery。单击 WampServer 图标，选择 Apache → httpd-vhosts.conf 命令，如图 6-11 所示。

执行上述操作后，打开编辑器（默认情况下是记事本）并自动打开 Apache 配置文件 httpd-vhosts.conf。在该配置文件中，找到以下配置，更改站点目录。

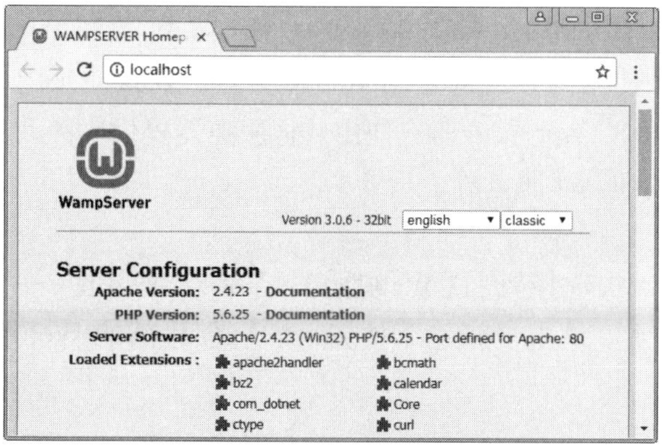


图 6-10　访问默认站点

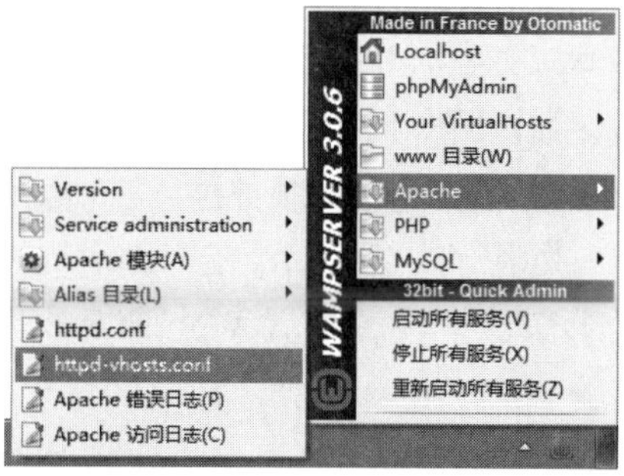


图 6-11　打开 httpd-vhosts.conf

```
DocumentRoot c:/wamp/www
<Directory  "c:/wamp/www/">
```

将上述配置中的“c:/wamp/www”都替换为“c:/jQuery”，如图 6-12 所示。

修改配置文件后，将文件保存。需要注意的是，每次更改配置文件，都需要重新启动服务器，配置才会生效。单击 WampServer 图标，选择“重新启动所有服务”命令，如图 6-13 所示。

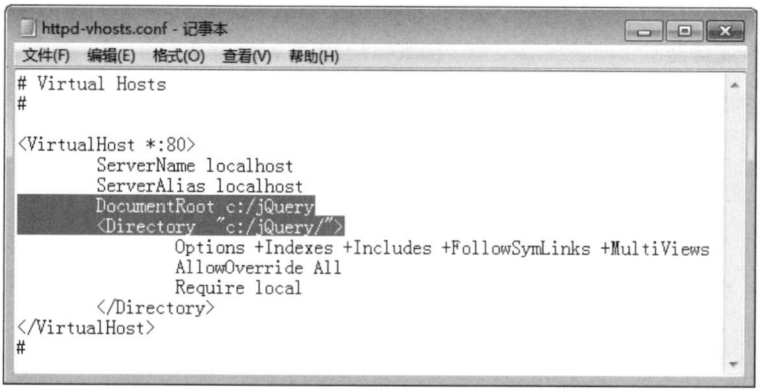


图 6-12　修改站点目录

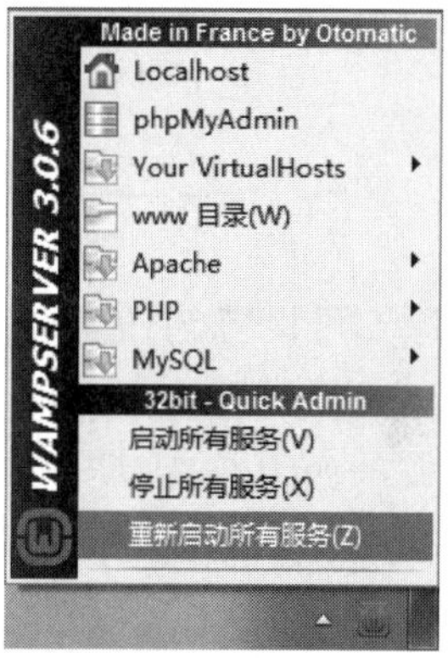


图 6-13　重启服务

为了测试站点目录是否修改成功，在 c:\jQuery 目录下创建 chapter06 目录，然后在该目录下创建 demo6-1.html 文件，HTML 代码片段如下。

demo6-1.html

```
<h1>Hello world! </h1>
```

使用浏览器访问 http://localhost/chapter06/demo6-1.html，结果如图 6-14 所示。

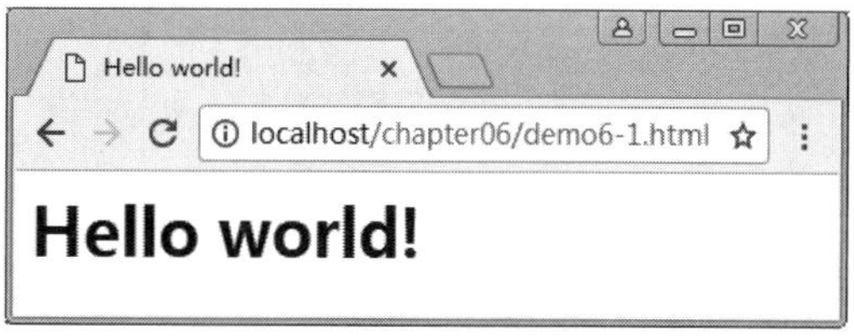


图 6-14　访问测试

## 6.1.3 在 HBuilder 中配置 WampServer 服务器

在 HBuilder 开发工具中，可以选择使用内置或外置的 Web 服务器。默认使用内置 Web 服务器提供服务，也可以通过创建新的 Web 服务器来使用其他服务器提供服务。下面详细讲解如何在 HBuilder 中使用 WampServer 服务器。

### 1. 设置 Web 服务器

如图 6–15 所示，在 HBuilder 窗口中，选择“设置 Web 服务器”命令，打开图 6–16 所示窗口。在“外置 Web 服务器”选项下单击“新建”按钮，即可创建新的 Web 服务器。

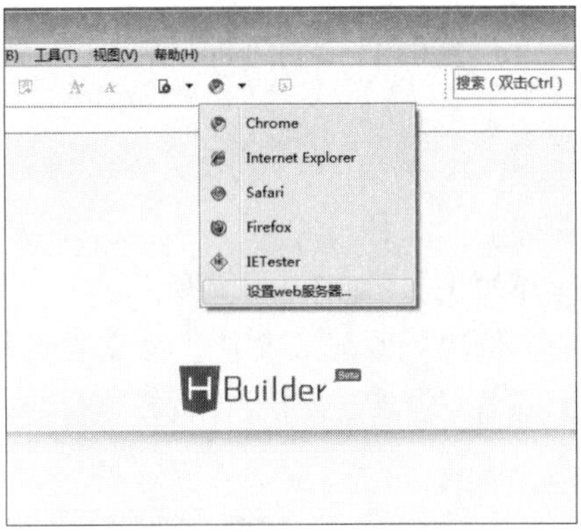


图 6–15 设置 Web 服务器

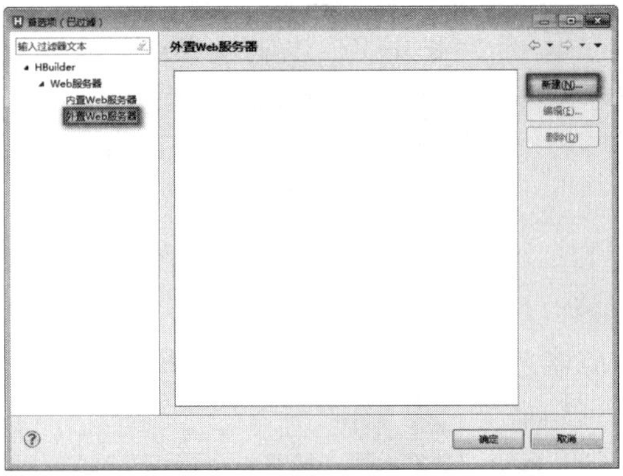


图 6–16 新建 Web 服务器

### 2. 新建外置 Web 服务器

在打开的“编辑”对话框中，填写新服务器相关信息，如图 6–17 所示。“名称”可设置为任意名称，本书设置为 WampServer；“浏览器运行 URL”设置为“http://localhost”。

如图 6–18 所示，将“Web 服务器”中的“HTML 类文件”和“PHP 类文件”设置为新创建的 WampServer。修改完成后，HBuilder 即可使用 WampServer 提供的服务。

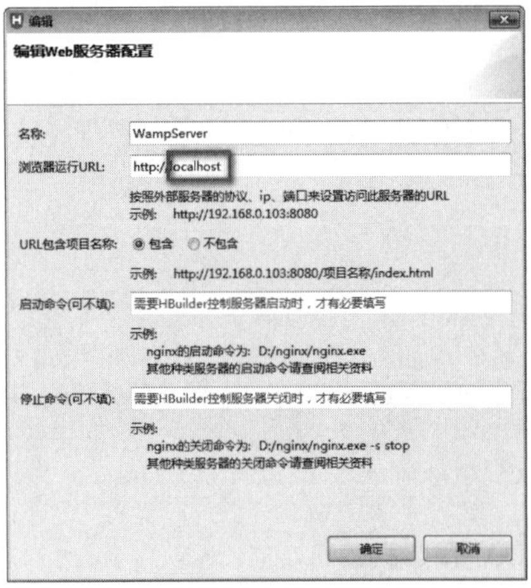


图 6–17 “编辑”对话框

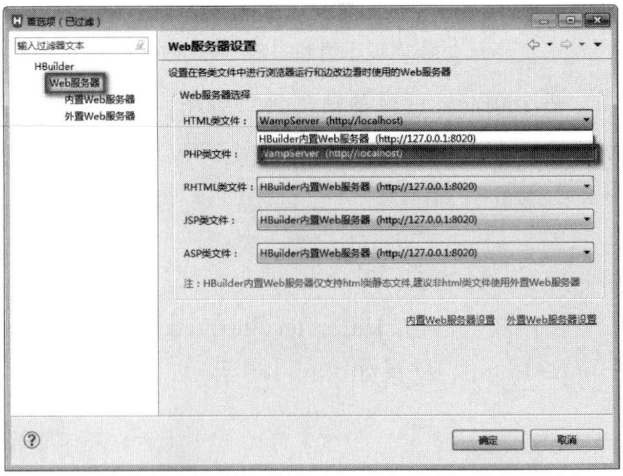


图 6–18 设置默认服务器

## 6.2 jQuery 的 Ajax 操作

由于使用 XMLHttpRequest 发送 Ajax 请求操作较为烦琐，jQuery 对这些操作做了一系列的封装简化，使操作更方便快捷。在 jQuery 中，向服务器请求数据的方法有很多。其中，最基本的方法是 $.ajax()。在 $.ajax() 方法之上又封装了 $.get()、$.post() 方法，用于发送 GET、POST 请求；封装了 $.load()、$.getJSON()、$.getScript() 等方法，用于获取不同格式的数据。本节将对 jQuery 的 Ajax 请求操作进行详细讲解。

### 6.2.1 加载 HTML 内容

在 jQuery 的 Ajax 请求方法中，load() 方法是最基本、最常用的方法之一。该方法可以请求 HTML 内容，并将获得的数据替换到指定元素的内容中。基本语法如下所示。

```
load(url, [data], [callback])
```

上述语法中，load() 方法的参数说明如表 6-2 所示。

表 6-2 load() 方法参数说明

| 参数 | 描述 |
|---|---|
| url | 必需，规定加载资源的路径 |
| data | 可选，发送至服务器的数据 |
| callback | 可选，请求完成时执行的函数 |

为了读者更好地理解，接下来以案例的方式讲解 load() 方法的常见应用。

#### 1. 请求 HTML 文件

load() 方法最基本的使用方式，是可以远程请求到某个 HTML 文档内容，并插入本页面某部分。

下面通过一个案例演示 load() 方法如何请求 HTML 文档内容，HTML 代码片段如 demo6-2.html 所示。

demo6-2.html

```
1 <button id="btn">加载数据</button>
2 <div id="box"></div>
3 <script>
4     $('#btn').click(function() {
5         $('#box').load('target.html');
6     });
7 </script>
```

上述第 4 行代码为按钮绑定单击事件，触发时执行第 5 行代码，利用 id 值为 box 的元素对象调用 load() 方法，加载 target.html 文件。

在 demo6-2.html 的相同目录下创建 target.html，HTML 代码片段如下所示。

target.html

```
<h3> 静夜思 </h3>
<h6> 唐 李白 </h6>
<pre>
    床前明月光，
    疑是地上霜。
    举头望明月，
    低头思故乡。
</pre>
```

完成上述操作后，使用浏览器访问 demo6−2.html，单击“加载数据”按钮，页面效果如图 6−19 所示。

从图 6−19 可以看出，利用 load() 方法从 target.html 文件中获取数据后，作为 HTML 内容插入到 id 为 box 的目标元素内。

2．筛选目标文档内容

在 demo6−2.html 的代码中，使用 load() 方法加载了 target.html 的所有内容。那么如果只需要获取 target.html 中的唐诗名称，该如何发送请求呢？为此，load() 方法提供了选择性获取部分文档的功能，将选择器添加到请求地址的后面即可。

修改 demo6−2.html 的第 5 行代码，在请求地址后加上标签的选择器 h3，这样就只会获取到 target.html 文档中匹配到选择器的内容，如下所示。

```
$('#box').load('target.html h3');
```

完成修改后，重新请求 demo6−2.html，单击“加载数据”按钮发送请求，页面效果如图 6−20 所示。从图 6−20 可以看出，load() 方法只获取指定标签 h3 中的唐诗名称部分。

图 6−19 load 获取文档内容

图 6−20 筛选目标文档内容

3．向服务器发送数据

load() 方法在发送请求时，可以附带一些数据。实现时只需要通过 load() 方法的第 2 个参数传入要发送给服务器的数据即可。

下面通过一个案例演示如何使用 load() 方法向服务器发送数据。HTML 代码片段如 demo6−3.html 所示。

demo6-3.html

```
1  <button id="btn">加载数据</button>
2  <div id="box"></div>
3  <script>
4      $('#btn').click(function() {
5          $('#box').load('register.php', {username: '小明', password: 18});
6      });
7  </script>
```

上述第 5 行代码中，load() 方法的第 2 个参数被传入一个对象类型的数据，该数据将被发送到服务器。

接下来，编写 demo6-3.html 请求的服务器端页面 register.php，如下所示。

```
1  <h3>注册成功</h3>
2  <h6>用户名：<?php echo $_REQUEST['username']; ?></h6>
3  <h6>密码：<?php echo $_REQUEST['password']; ?></h6>
```

上述代码中，第 2、3 行代码在获取到 demo6-3.html 发送的数据后，由 PHP 语法输出，从而检测服务器是否收到了 load() 方法发送的数据。

通过浏览器访问 demo6-3.html，单击“加载数据”按钮后，页面效果如图 6-21 所示。

图 6-21　向服务器发送数据

值得一提的是，在 load() 方法设置第 2 个参数发送数据时，使用的是 POST 请求方式；未设置第 2 个参数时，默认使用的是 GET 请求方式。通过开发者工具中的 Network 面板可以查看具体的请求方式。以 demo6-2.html 和 demo6-3.html 为例，在没有发送数据时，请求信息如图 6-22 所示；在发送数据时，请求信息如图 6-23 所示。

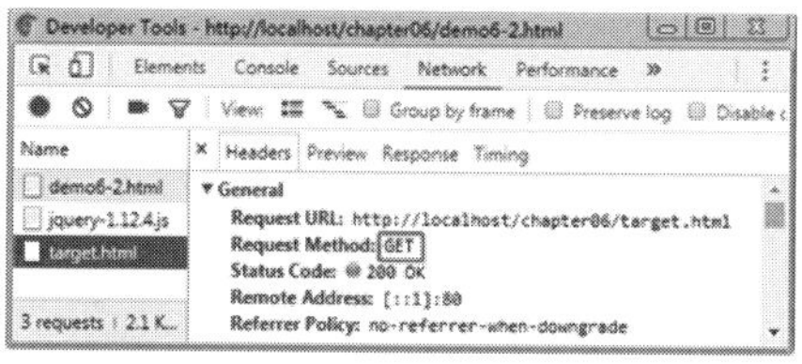


图 6-22　GET 方式

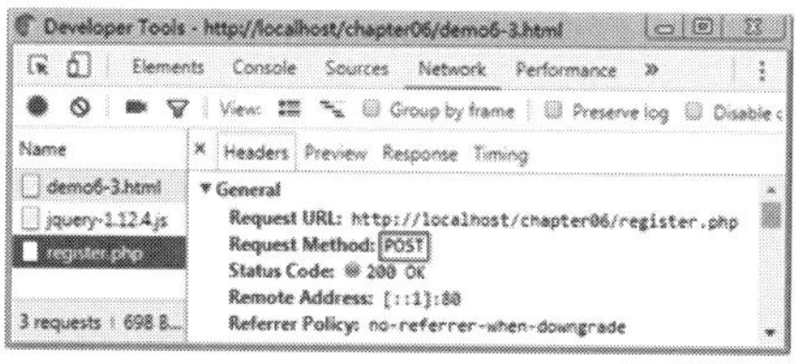


图 6-23　POST 方式

4. 回调函数

load() 方法的第 3 个参数是回调函数，该函数在请求数据加载完成后执行。回调函数有 3 个默认参数，用于获取本次请求的相关信息，分别表示响应数据、请求状态和 XMLHttpRequest 对象。

接下来，将 demo6-2.html 的第 5 行代码替换成以下代码。

```
1  $('#box').load('target.html', function(responseData, status, xhr){
```

```
    console.log(responseData);           //输出请求得到的数据
    console.log(status);                 //输出请求状态
    console.log(xhr);                    //输出XMLHttpRequest对象
})
```

上述代码在控制台输出了 load() 方法的回调函数的参数。其中，status 请求状态共有 5 种，分别为 success（成功）、notmodified（未修改）、error（错误）、timeout（超时）和 parsererror（解析错误）。修改完成后，在浏览器中重新请求 demo6-2.html，打开开发者工具，页面效果如图 6-24 所示。

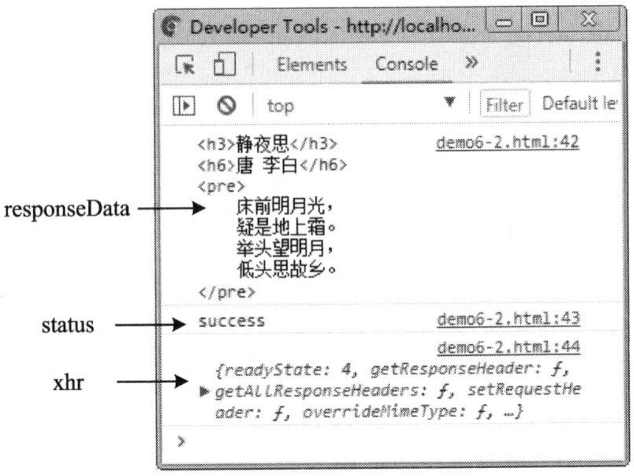


图 6-24　控制台输出

从图 6-24 可以看出，输出结果依次是 target.html 文档内容、请求状态以及本次请求对应的 XMLHTTPRequest 对象。

**脚下留心：**

本书在第 4 章 4.1.2 节的“多学一招”中为读者补充了事件方法 load()，与本节讲解 Ajax 方法 load() 名称相同。为了防止读者混淆，下面将详细解释二者的区别。

事件方法 load() 功能是为调用该方法的元素绑定加载事件，Ajax 方法 load() 的功能是向服务器远程请求文档。两者使用方式对比如下。

```
//事件方法load()
$('img').load(function() {
    alert('图片已载入');
});
```

```
// Ajax方法load()
$('button').click(function() {
    $('#box').load('demo.html');
});
```

通过对比可以看出，事件方法 load() 只有一个参数，参数类型是函数。而 Ajax 方法 load() 可以传递多个参数，并且第 1 个参数是字符串。由此可见，jQuery 会根据不同的参数类型，来确定 load() 方法的功能。

## 6.2.2　发送 GET 和 POST 请求

浏览器向服务器发送请求可以使用 GET 或 POST 方式，为此，在利用 Ajax 与服务器通信时，jQuery 提供了 $.get() 和 $.post() 方法，分别用于通过 GET 和 POST 方式进行通信。本小节将对 $.get() 和 $.post() 方法的使用进行详细讲解。

### 1. $.get() 方法

jQuery 中的 $.get() 方法，用于按照 GET 方式与服务器通信，语法格式如下。

```
$.get(url, [data], [function(data, status, xhr)], [dataType])
```

从上述语法可以看出，$.get() 是 jQuery 的静态方法，由“$”对象直接调用。$.get() 方法的参数的含义如表 6-3 所示。

表 6-3 $.get() 方法的参数的含义

| 参　　数 | 描　　　　　述 |
| --- | --- |
| url | 必需，规定加载资源的路径 |
| data | 可选，发送至服务器的数据 |
| function(data, status, xhr) | 可选，请求成功时执行的函数<br>data 表示从服务器返回的数据<br>status 表示请求的状态值<br>xhr 表示当前请求相关的 XMLHttpRequest 对象 |
| dataType | 可选，预期的服务器响应的数据类型（xml、html、text、script、json、jsonp） |

为了使读者更好地理解 $.get() 方法的使用方式，下面通过案例演示其常见的用法。

（1）使用 $.get() 方法请求数据

使用 $.get() 方法请求 6.2.1 小节编写的 target.html 文件，并将返回的数据显示到页面指定位置。HTML 代码片段如 demo6-4.html 所示。

demo6-4.html

```
1 <button id="btn">加载数据</button>
2 <div id="box"></div>
3 <script>
4     $('#btn').click(function() {
5         $.get('target.html', function(data) {
6             $('#box').html(data);
7         }, 'html');
8     });
9 </script>
```

上述第 5 行代码，$.get() 的第 2 个参数表示请求成功后执行的回调函数。其中，回调函数的参数 data 表示服务器返回的数据。第 6 行代码用于将返回的数据替换到 id 值为 box 的元素中。

通过浏览器访问 demo6-4.html，单击“加载数据”按钮，页面效果如图 6-25 所示。

从图 6-25 可以看出，浏览器使用 GET 方式从服务器端请求到了数据，并且通过回调函数将数据输出到页面中。

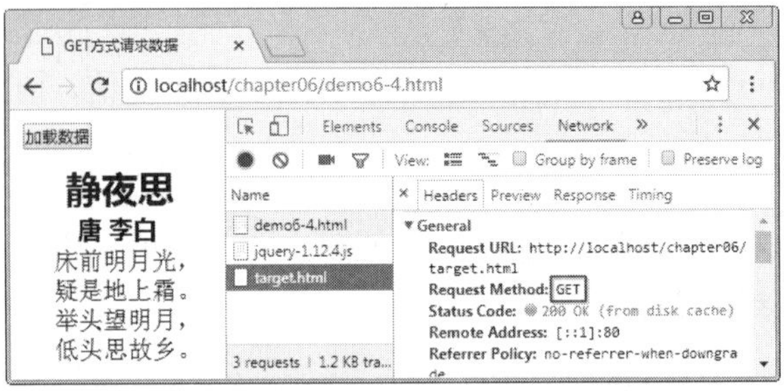


图 6–25　$.get() 方法请求数据

（2）使用 $.get() 方法发送数据

使用 $.get() 方法发送数据时，需要使用第 2 个参数来传递数据，具体实现如 demo6–5.html 所示。

demo6–5.html

```
<button id="btn"> 加载数据 </button>
<div id="box"></div>
<script>
    $('#btn').click(function() {
        var userData = {username: '小明', password: 123456};
        $.get('register.php', userData, function(data) {
            $('#box').html(data);
        }, 'html');
    });
</script>
```

上述代码中，$.get() 方法的第 2 个参数表示向服务器 register.php 请求时携带的数据。register.php 文件已经在 6.2.1 小节中编写过。

使用浏览器访问 demo6–5.html，单击“加载数据”按钮，页面效果如图 6–26 所示。

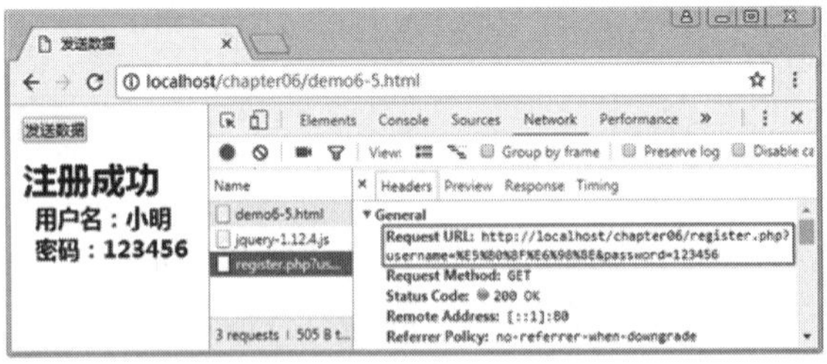


图 6–26　$.get() 发送数据

从图 6–26 可以看出，$.get() 方法在发送数据时，会将数据处理成查询字符串（即 URL 参数）添加到请求地址中。在实际开发中，url 参数通常用于在请求数据时传递一些附加信息（如查询价格大于 100 元的商品），但不适合发送对安全敏感的信息和数据量较大的信息，当需要发送这类信息时，推荐使用 $.post() 方法。

2. $.post() 方法

在 jQuery 中，发送 GET 请求使用 $.get() 方法，发送 POST 使用 $.post() 方法，两个方法使用方式完全相同。替换两者的方法名就可以在 GET 和 POST 请求方式中切换。

下面修改 demo6-5.html，将第 6 行中使用的 get() 方法替换为 post() 方法，代码如下。

```
$.post('register.php', userData, function(data) {
    $('#box').html(data);
}, 'html');
```

重新访问 demo6-5.html，页面效果如图 6-27 所示。

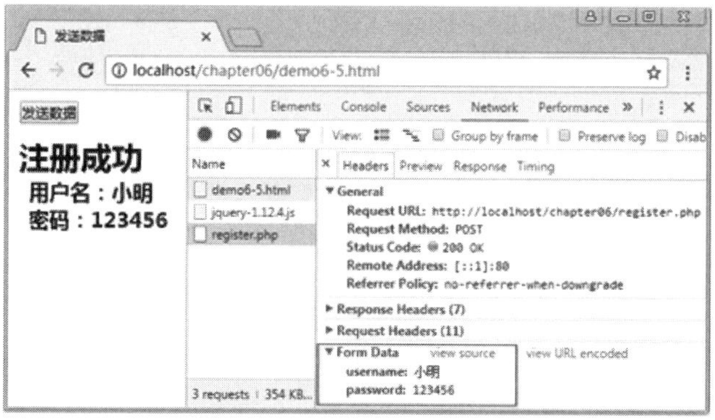


图 6-27　$.post() 方法请求页面

从图 6-27 可以看出，$.post() 方法请求的数据并未在 url 参数中，而是将其作为请求实体发送到服务器。

POST 和 GET 两种请求方式虽然都能够向服务器发送数据，但还是有本质的区别，具体如下。

- 发送数据的方式不同：GET 方式将要发送的数据作为 URL 参数发送至服务器，而 POST 方式将发送的数据放在请求实体中。
- 发送数据的内容大小不同：服务器和浏览器对查询字符串有长度限制，每个浏览器和服务器限制的字符长短都不同。字符长度最大限制在 2 ~ 8 KB 之间。POST 方式以请求实体的方式发送数据，理论上内容大小没有限制。
- 数据的安全性：GET 方式将数据作为查询字符串加在请求地址后面，通常来说，URL 地址中不应该包含用户的密码等一些对安全敏感的信息，较容易被他人读取；而 POST 方式将数据作为请求实体发送，所以更为安全。

### 6.2.3　数据格式处理

前面介绍了 jQuery 中发送 Ajax 请求的一些方法，这些方法都可以获取服务器返回的数据。在实际开发中，服务器返回的数据会遵循一种规范的数据格式，如 XML、JSON 和 TEXT 等。通过数据格式来保存数据，可以确保 JavaScript 程序能够正确解析、识别这些数据。

jQuery 中针对不同的数据格式会采取不同的处理方式，接下来介绍目前最常见的 XML、JSON 和 TEXT 这 3 种数据格式的处理方式。

1. XML 数据格式

XML 采用双标签嵌套来记录信息，文件格式类似于 HTML 文档。下面创建 target.xml 来记录部分书籍信息，XML 代码片段如下。

target.xml

```
<booklist>
    <book>
        <name>JavaScript 高级程序设计 </name>
        <price>¥78.20</price>
        <author> 扎卡斯 </author>
    </book>
    <book>
        <name>HTML5 移动 Web 开发 </name>
        <price>¥39.50</price>
        <author> 黑马程序员 </author>
    </book>
    <book>
        <name>MongoDB 设计模式 </name>
        <price>¥28.40</price>
        <author> 科普兰 </author>
    </book>
</booklist>
```

从上述代码可以看出，booklist 标签有 3 对 book 标签，每个 book 下又有 name、price 和 author 标签。

接着，创建 demo6-6.html 文件，使用 $.get() 方法获取 target.xml 文件中的数据，并将数据解析到页面中。HTML 代码如下。

demo6-6.html

```
<button id="btn"> 加载数据 </button>
<table id="dataTable" border="1" cellpadding="0" cellspacing="0">
    <tr>
        <th> 书名 </th>
        <th> 作者 </th>
        <th> 价格 </th>
    </tr>
</table>
<script>
    $('#btn').click(function() {
        $.get('target.xml', function(data) {
            console.log(data);
```

```
13            }, 'xml');
14        });
15 </script>
```

上述第 11、12 行代码中，data 参数是请求到的数据，在控制台的输出结果如图 6-28 所示。

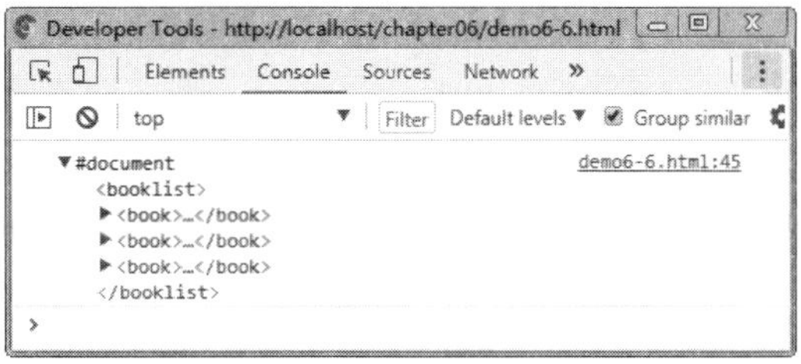


图 6-28　获取 XML 数据

从图 6-28 中可以看出，获取到的数据是文档对象。XML 文档对象的处理方式与 HTML 文档对象的处理方式基本相同。

下面通过操作文档对象的方式把文档中的数据提取出来，并在处理后显示到页面中。修改 demo6-6.html 中第 11~13 行代码，处理获取到的 XML 格式数据，如下所示。

```
1  $.get('target.xml', function(data, status, xhr) {
2      var html = '';
3      $(data).find('book').each(function(index, ele) {
4          html += '<tr>';
5          $(ele).children().each(function(index, ele) {
6              html += '<td>' + $(ele).text() + '</td>';
7          });
8          html += '</tr>';
9      });
10     $('#dataTable').append(html);
11 }, 'xml');
```

上述第 3~9 行代码中，使用 jQuery 操作文档的方式将 XML 中的图书信息提取出来，并且处理成 HTML 内容插入表格中，页面如图 6-29 所示。

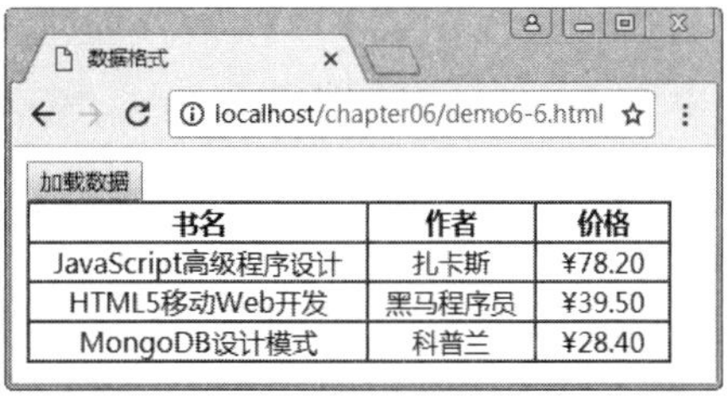


图 6-29　将 XML 文档数据插入页面中

在实际开发中，XML 数据格式的优点在于，可以轻松地跨平台应用，便于信息的检索，同时具有很强的可扩展性。但相比 JSON 格式，其在提取信息时较为不便。

2. JSON 数据格式

JSON 是一种 key/value（键值对）数据格式，类似于 JavaScript 的对象格式。它的优势在于，能被处理成对象，方便获取信息字段。需要注意的是，JSON 数据格式要求键名必须使用双引号包裹。

下面创建 JSON 文件 target.json 来记录书籍信息，代码如下。

target.json

```
[
```

```
    {
        "name": "JavaScript 高级程序设计 ",
        "author": " 扎卡斯 ",
        "price": "¥78.20"
    }, {
        "name": "HTML5 移动 Web 开发 ",
        "author": " 黑马程序员 ",
        "price": "¥39.50"
    }, {
        "name": "MongoDB 设计模式 ",
        "author": " 科普兰 ",
        "price": "¥28.40"
    }
]
```

接下来修改之前的案例 demo6−6.html，在页面中请求 target.json 中的数据，修改后的代码如下。

```
1 $.get('target.json', function(data) {
2     console.log(data);
3 }, 'json');
```

上述第 2 行代码在控制台中输出从服务器获取的数据，输出结果如图 6−30 所示。

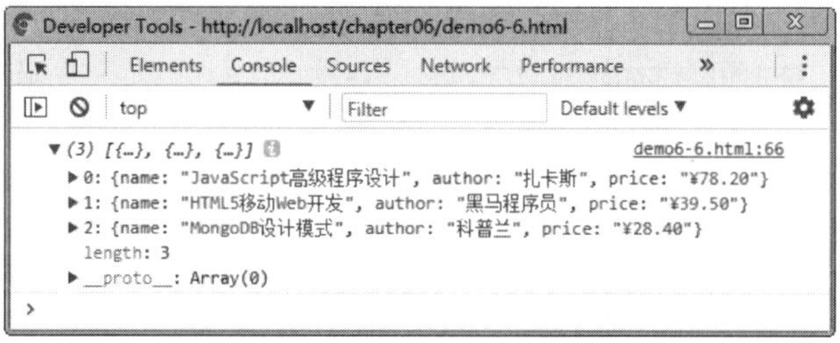


图 6−30　获取 JSON 文件

从图 6−30 可以看出，使用 JSON 文件通信时，获取到的是一个以 JSON 文件内容为主体的对象。

修改 demo6−6.html 代码，将对象中的数据提取出来，加工成 HTML 内容后插入页面中，代码如下。

```
$.get('target.json', function(data) {
    var html = '';
    for(var i = 0; i < data.length; ++i) {
        html += '<tr>';
        for(var key in data[i]) {
            html += '<td>' + data[i][key] + '</td>';
        }
```

```
8           html += '</tr>';
9       }
10      $('#dataTable').append(html);
11  }, 'json');
```

在第 3~9 行代码中，通过循环遍历的方式将从 JSON 文件中获取到的数据进行解析，又通过对象的操作方式获取相应信息，并且将其拼接成 HTML 字符串。在第 10 行中通过 append() 方法将拼接的 HTML 内容插入页面中，页面效果与图 6−29 相同。

3. TEXT 数据格式

TEXT 数据格式就是最基本的字符串。在 jQuery 中得到这部分字符串之后，可以通过一定的处理方式，将信息处理成需要的形式。

之前已经讲解了 XML 和 JSON 格式文件的获取和处理，而文本文件是没有固定格式的文件，其信息需要开发者使用操作字符串的方式进行提取。

接下来将前面编写的 target.json 文件复制一份，将文件命名为 target.txt。接着修改 demo6−6.html 中调用 $.get() 方法的代码，将获取的文件路径以及数据格式修改为 target.txt 文件和 text 数据格式，代码如下。

```
1  $.get('target.txt', function(data) {
2      console.log(data);
3  }, 'text');
```

在浏览器控制台中查看上述第 2 行代码的输出结果，如图 6−31 所示。

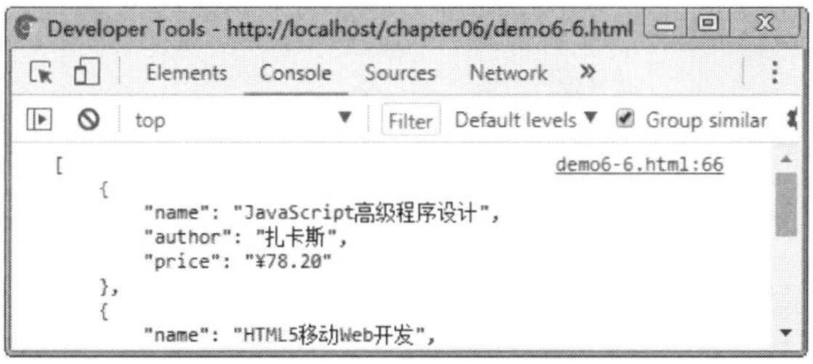


图 6−31　获取文本文件

从图 6−31 中可以看出，浏览器获取到数据的数据类型为字符串类型。

若要从一个字符串中获取图书信息，需要对字符串中的内容进行解析。由于 target.txt 中保存的字符串符合 JSON 的语法格式，因此可以利用 JavaScript 中的 JSON.parse() 方法，将字符串转换成对应格式的对象。下面修改 demo6−6.html 中的代码，将获取到的数据 data 转换为对象后输出，具体代码如下。

```
$.get('target.txt', function(data) {
    console.log(JSON.parse(data));
}, 'text');
```

使用浏览器访问测试，输出结果与图 6−30 相同。

另外，如果字符串并不是标准的 JSON 格式，则无法按照上面的方式来转换为对象，需要使用字符串的操作方式手动提取出所需的信息。

### 6.2.4 获取 JSON 数据

在前端开发中，JSON 数据格式是目前最流行的数据传递格式。因此，jQuery 提供了 $.getJSON() 方法来直接获取 JSON 数据。语法格式如下。

```
$.getJSON(url, [data], [callback])
```

上述语法中，参数 url 是请求地址；可选参数 data 是发送至服务器的数据；可选参数 callback 是请求成功后执行的回调函数。

接下来针对 $.getJSON() 方法的常见应用进行详细讲解。

1. 请求与处理数据

之前在 demo6-6.html 中已经使用 $.get() 方法成功获取 JSON 数据，接下来将案例第 11~13 行修改为使用 $.getJSON() 方法获取 JSON 文件，修改后 HTML 代码片段如下。

```
$.getJSON('target.json', function(data, status, xhr) {
    var html = '';
    for(var book in data) {
        html += '<tr>';
        for(var key in data[book]) {
            html += '<td>' + data[book][key] + '</td>';
        }
        html += '</tr>';
    }
    $('#dataTable').append(html);
});
```

上述代码的页面结果和使用 $.get() 方法时运行结果相同，如图 6-29 所示。

2. 处理跨域请求

$.getJSON() 方法支持跨域请求。在网络中，协议、域名、端口号有任何一个不同都属于不同的域，而跨域就是指一个域的页面请求另外一个域的资源。出于安全考虑，浏览器限制了跨域行为，只允许页面访问本域的资源，这种限制称为同源策略。

如果需要跨域请求，可以通过 JSONP（JSON with Padding）、CORS（Cross-Origin Resource Sharing）等方案来实现。$.getJSON() 方法采用 JSONP 方案实现跨域请求，其使用方式非常简单，在请求地址后增加 url 参数“callback=?”即可。其中，callback 表示回调函数，它的值“?”将被 $.getJSON() 方法替换成一个自动生成的函数名。

为读者更好地理解跨域请求，下面通过一个案例进行演示。由于 JSONP 需要服务器端的配合，因此先创建一个 jsonp.php 用于在服务器端执行，具体代码如下。

jsonp.php

```
<?php
$callback = $_GET['callback'];
```

```
3 echo "$callback(123);";
```

在上述代码中，第 2 行通过变量 $callback 接收来自 url 参数中的 callback 回调函数名，第 3 行对变量进行了字符串拼接，拼接结果为“回调函数名(123);”，表示调用函数并传递参数“123”。“123”是返回给浏览器的数据，此处可以根据实际需求换成其他数据。

通过浏览器访问“http://localhost/chapter06/jsonp.php?callback=test”，运行结果如图 6-32 所示。

图 6-32 测试 jsonp.php

从图 6-32 可以看出，jsonp.php 的输出结果为“test(123);”，这个结果符合 JavaScript 语法规则，表示调用 test() 函数并传递参数“123”。

接下来编写 demo6-7.html，用于请求 jsonp.php，代码如下。

demo6-7.html

```
var url = 'http://localhost/chapter06/jsonp.php?callback=?';
$.getJSON(url, function(data) {
    console.log(data);
});
```

通过 URL 地址“http://127.0.0.1/chapter06/demo6-7.html”访问 demo6-7.html，由于 127.0.0.1 和 localhost 属于不同的域，此时将出现跨域请求。由于 $.getJSON() 使用 JSONP 来实现跨域请求，因此可以请求成功，如图 6-33 所示。

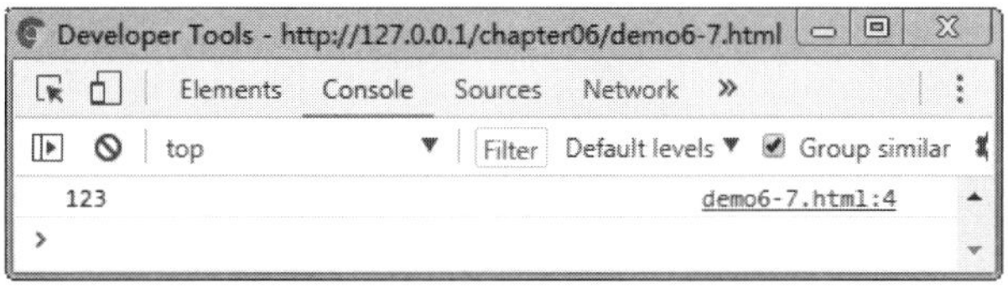


图 6-33 跨域请求成功

从图 6-33 中可以看出，控制台输出了服务器返回的数据，即“123”。此时如果切换到 Network 面板，可以看到 $.getJSON() 发送的 url 参数，如图 6-34 所示。

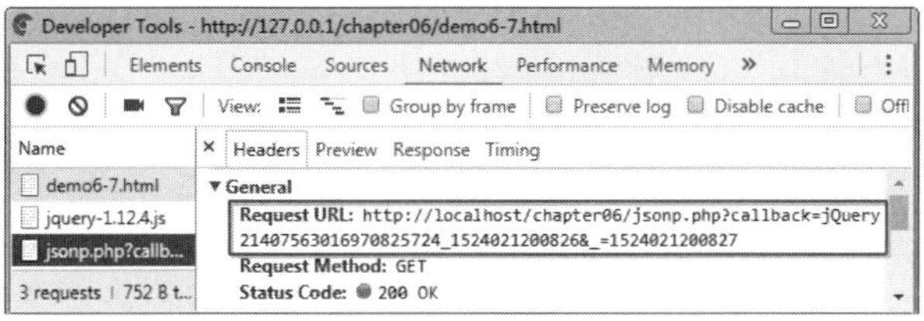


图 6-34 查看 url 参数

从图 6-34 中可以看出，$.getJSON() 发送了两个 url 参数，分别是“callback”和“_”，第 1 个参数是自动生成的回调函数名，第 2 个参数用于解决 Ajax 缓存问题。

接下来测试跨域请求失败的情况。修改 demo6-7.html 中的请求地址，将 URL 参数 callback 删除，如下所示。

```
var url = 'http://localhost/chapter06/jsonp.php';
```

通过浏览器访问测试，会看到跨域请求失败的错误提示，如图 6-35 所示。

图 6-35　跨域请求失败

### 6.2.5　获取 JavaScript 代码并执行

随着页面功能越来越多，需要的 JavaScript 文件也越来越多。在多数情况下，并没有必要在页面刚加载时就加载所有的 JavaScript 文件，有一些 JavaScript 文件是按需加载的，此时就可以利用 $.getScript() 方法来实现这个需求。

$.getScript() 的语法格式如下。

```
$.getScript(url, [callback])
```

上述语法中，参数 url 是请求地址；可选参数 callback 是请求成功后执行的回调函数。

为了读者更好地理解，下面使用一个案例来演示该方法的使用方式。HTML 代码片段如 demo6-8.html 所示。

demo6-8.html

```
<button id="btn">按钮</button>
<script>
    $('#btn').click(function() {
        $.getScript('lib/createEle.js',function() {
            var styleObj = {
                width: '100px',
                height: '100px',
                background: 'blue'
            };
            var divBox = createEle('div', styleObj);
            $('body').append(divBox);
        });
    });
</script>
```

上述代码中，在成功加载了 createEle.js 之后，回调函数中调用了 createEle() 函数，用于创建一个 100×100 像素、背景色为蓝色的 div 元素。

接下来创建 createEle.js 文件，自定义 createEle() 函数。具体代码如下。

createEle.js

```
1 function createEle(tagName, styleOptions) {
2     var newEle = document.createElement(tagName);
3     for(var key in styleOptions) {
4         newEle.style[key] = styleOptions[key];
5     }
6     return newEle;
7 }
```

上述代码中，createEle() 函数的功能是创建元素并返回。其中，参数 tagName 表示元素的类型，参数 styleOptions 表示创建出的元素要设置的样式。第 3~5 行代码通过循环为 tagName 元素添加 CSS 样式。

在页面单击“按钮”，页面效果如图 6-36 所示。

图 6-36　$.getScript() 加载脚本

## 6.3 Ajax 底层操作

在前面的小节中已经讲解了多种 jQuery 操作 Ajax 的方法，操作非常简洁方便，但是这些方法无法非常精确地控制 Ajax 请求。例如，实时监听 Ajax 的请求过程，在请求出错时执行某些操作，设置请求字符集和超时时间等。如果要实现上述功能，需要使用 jQuery 提供的 Ajax 底层方法 $.ajax()。

### 6.3.1　$.ajax() 的基本使用

$.ajax() 方法是 jQuery 中底层的 Ajax 方法。之前讲解过的所有方法都是基于 $.ajax() 方法实现的。例如，在 jQuery 源码中，$.get()、$.post() 方法的实际封装代码如下。

```
jQuery.each( [ "get", "post" ], function( i, method ) {
    jQuery[ method ] = function( url, data, callback, type ) {
        //Shift arguments if data argument was omitted
        if( jQuery.isFunction( data ) ) {
            type = type || callback;
            callback = data;
            data = undefined;
        }
```

```
9          return jQuery.ajax({
10             url: url,
11             type: method,
12             dataType: type,
13             data: data,
14             success: callback
15         });
16     };
17 });
```

从第 9 行代码可以看出，$.get() 和 $.post() 方法在底层都是通过 $.ajax() 来实现的。

$.ajax() 方法可以实现所有关于 Ajax 的操作，其语法格式如下。

```
$.ajax(options)              //语法格式1
$.ajax(url, [options])       //语法格式2
```

上述语法中，url 表示请求的 URL；options 是一个对象，该对象以 key/value 的形式将 Ajax 请求需要的设置包含在属性中。具体可设置的参数如表 6–4 所示。

表 6–4 $.ajax() 方法参数

| 参　数 | 描　　述 |
|---|---|
| url | 请求地址，默认是当前页面 |
| data | 发送至服务器的数据 |
| xhr | 用于创建 XMLHttpRequest 对象的函数 |
| beforeSend(xhr) | 发送请求前执行的函数 |
| success(result,status,xhr) | 请求成功时执行的函数 |
| error(xhr,status,error) | 请求失败时执行的函数 |
| complete(xhr,status) | 请求完成时执行的函数（请求成功或失败时都会调用，顺序在 success 和 error 函数之后） |
| callback | 请求完成时执行的函数 |
| dataType | 预期的服务器响应的数据类型 |
| jsonp | 在 JSONP 请求中重写回调函数名称 |
| jsonpCallback | 在 JSONP 请求中指定回调函数名称 |
| type | 请求方式（GET 或 POST） |
| cache | 是否允许浏览器缓存被请求页面，默认为 true |
| timeout | 设置本地的请求超时时间（以毫秒计） |
| async | 是否使用异步请求，默认为 true |
| username | 在 HTTP 访问认证请求中使用的用户名 |
| password | 在 HTTP 访问认证请求中使用的密码 |
| contentType | 发送数据到服务器时所使用的内容类型。默认为 application/x-www-form-urlencoded |
| processData | 是否将请求发送的数据转换为查询字符串，默认为 true |

续表

| 参　数 | 描　　述 |
| --- | --- |
| context | 为所有 Ajax 相关的回调函数指定 this 值 |
| dataFilter(data,type) | 用于处理 XMLHttpRequest 原始响应数据 |
| global | 是否为请求触发全局 Ajax 事件处理程序，默认为 true |
| ifModified | 是否仅在最后一次请求后，响应发生改变时才请求成功，默认为 false |
| traditional | 是否使用传统方式序列化数据，默认为 false |
| scriptCharset | 请求的字符集 |

从表 6–4 中可以看出，$.ajax() 参数的设置项有很多，除了与前面学习过的相同功能的参数（如 url）外，还含有一些其他功能的属性（如 JSONP）。

为了让读者更加清晰地掌握 $.ajax() 的使用，下面分别演示如何实现 Ajax 基本操作以及如何实现跨域请求。

（1）实现 Ajax 基本操作

以 demo6–4.html 中通过 $.get() 方法请求 HTML 文件为例。实现代码对比如下。

```
// 利用 $.get() 方法实现
$.get(
    'target.html',
    function(data) {
        $('#box').html(data);
    },
    'html'
);
```

```
// 利用 $.ajax() 方法实现
$.ajax({
    url: 'target.html',
    success: function(data) {
        $('#box').html(data);
    },
    dataType: 'html'
});
```

上述两段代码功能完全相同，但参数形式不同。$.get() 方法参数是按照顺序识别，传递时不能修改参数的前后顺序；而 $.ajax() 方法的参数选项顺序可以任意排列。

（2）实现跨域请求

在 6.2.4 节的 demo6–7.html 文件中，使用 $.getJSON() 方法实现跨域请求，代码如下。

```
$.getJSON('http://localhost/chapter06/jsonp.php?callback=?',
    function(data) {
```

```
        console.log(data);
    }
);
```

若要实现以上相同的功能，$.ajax() 方法的实现代码如下。

```
1  $.ajax({
2      url: 'http://localhost/chapter06/jsonp.php',
3      dataType: 'jsonp',
4      jsonp: 'callback',
5      success: function(data) {
6          console.log(data);
7      }
8  });
```

上述第 4 行代码，表示发出 JSONP 请求时指定参数名称，形如“callback=?”。

另外，$.ajax() 的其他常用参数选项会在后面的章节中进行讲解。若在此处有需要，可参考 jQuery 手册或表 6–4 进行学习。

### 6.3.2 Ajax 相关事件

数据通过网络传输需要的时间长短与网络通信速率快慢有关，所以浏览器向服务器请求数据需要一定的时间。在网络较差的时候，有时会出现页面长时间得不到数据的情况，严重影响用户使用体验。

例如，用户向服务器提交了请求，但因为网络较差未能及时得到服务器发回的数据，这时用户因为无法得到网页反馈，便会认为网页出现问题或者发送数据失败。为了提升用户体验，在提交数据到接收返回数据的这段时间内，可以在网页中显示一个提示信息，提醒用户等待数据返回。那么，如何识别数据发送和返回的时机呢？这就需要利用 Ajax 的事件。

Ajax 的事件机制会监听 Ajax 请求过程，当 Ajax 请求进行到某个过程时，就会触发相应的事件。因此，利用事件可以捕捉到 Ajax 请求过程中的关键时间节点。Ajax 事件分为全局事件和局部事件。下面详细讲解这两种事件的具体使用。

1. 全局事件

全局事件会被页面上任意一个 Ajax 请求触发，当 Ajax 请求达到某个请求过程时，就会触发相应的全局事件。

为 Ajax 请求绑定事件的语法格式如下。

```
$(document).事件名(fn);
```

上述语法中，fn 是事件触发时执行的回调函数。在使用时，不同事件的回调函数会接收到不同的参数。

jQuery 中的 Ajax 全局事件的触发条件，以及回调函数参数规则如表 6–5 所示。

表 6-5 全局事件

| 事　　件 | 描　　述 |
|---|---|
| ajaxStart(fn()) | 请求开始时 |
| ajaxStop(fn()) | 请求结束时 |
| ajaxSuccess(fn(event,xhr,options)) | 请求成功时 |
| ajaxError(fn(event,xhr,options,ex)) | 请求发生错误时 |
| ajaxSend(fn(event,xhr,options)) | 请求发送前 |
| ajaxComplete(fn(event,xhr,options)) | 请求完成时 |

在表 6-5 中，参数 event 表示当前事件对象，参数 xhr 表示与请求对应的 XMLHttpRequest 对象，参数 options 表示触发该事件的请求的各项配置，参数 ex 表示请求发生错误时的错误描述信息。

需要注意的是，Ajax 的全局事件在 jQuery1.8 版本之前可绑定在普通 DOM 对象上，而在 jQuery1.8 版本之后只能绑定在文档对象 document 上。

接下来通过一个案例演示全局事件的使用，HTML 代码片段如 demo6-9.html 所示。

demo6-9.html

```
<form>
    <fieldset>
        用户名：<input type="text" id="username"><br>
        密码：<input type="text" id="password"><br>
    </fieldset>
</form>
<button id="btn">提交数据</button>
<table border="1" cellpadding="0" cellspacing="0">
    <tr><td>状态：</td><td id="status"></td></tr>
    <tr><td>返回数据：</td><td id="data"></td></tr>
</table>
<script>
    $('#btn').click(function() {
        var userData = {
            username: $('#username').val(),
            password: $('#password').val()
        };
        $.post('register.php', userData, function(data) {
            $('#data').html(data);
        });
    });
    $(document).ajaxStart(function() {
        $('#status').html('数据提交中');
    });
```

```
25     $(document).ajaxStop(function() {
26         alert('测试'); //弹出警告框时会暂停脚本，此时可观察状态文本
27         $('#status').html('数据已提交');
28     });
29 </script>
```

在第 22~28 行代码中，jQuery 分别绑定了 ajaxStart 和 ajaxStop 事件，用于在当前请求开始和结束时分别为 id 为 status 的元素设置不同的内容，表示事件被触发。

上述代码实现了在 Ajax 请求开始时，触发 ajaxStart 事件，将 id 为 status 的元素的内容设置为“数据提交中”。在请求结束后，又将该元素的内容设置为“数据已提交”，并在 id 为 data 的元素中填入获得的数据。

在本地环境中测试 demo6−9.html。由于加载速度过快，无法观察到状态文本的变化，为此，第 26 行代码弹出了警告框。在警告框弹出状态下，可以看到状态文本为“数据提交中”，单击警告框的“确定”按钮后，会看到状态文本变为“数据已提交”，如图 6−37 所示。

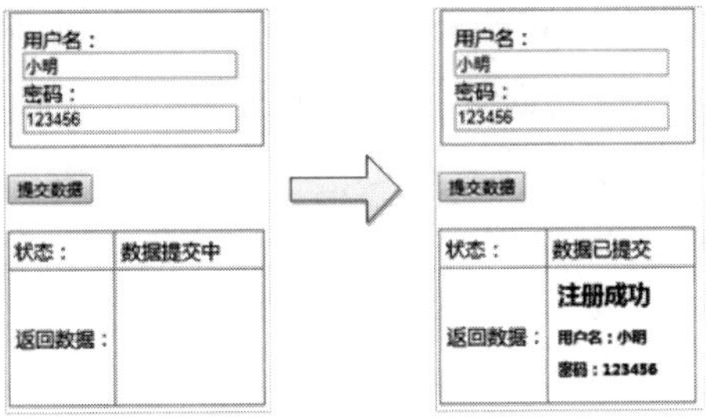


图 6−37　ajaxStart 和 ajaxStop 全局事件

## 2. 局部事件

Ajax 的局部事件只与某一个具体请求相关，在指定请求的对应时间节点才能被触发。局部事件可以通过 $.ajax() 方法中参数对象来设置，具体如表 6−6 所示。

表 6−6　局部事件

| 事件方法 | 描　　述 |
| --- | --- |
| beforeSend(xhr) | 发送请求前执行的函数 |
| success(result,status,xhr) | 请求成功时执行的函数 |
| error(xhr,status,error) | 请求失败时执行的函数 |
| complete(xhr,status) | 请求完成时运行的函数（请求成功或失败时都会调用，顺序在 success 和 error 函数之后） |

在表 6−6 列举的事件方法中，参数 xhr 表示该请求对应的 Ajax 对象；result 表示从服务器返回的数据；status 表示错误信息；error 表示请求错误描述。

接下来通过案例演示局部事件的设置方式，同时对比其和全局事件的区别。HTML 代码片段如 demo6−10.html 所示。

demo6−10.html

```
<button id="btn1">发送请求 1</button>
<button id="btn2">发送请求 2</button>
<script>
    $('#btn1').click(function() {
        $.ajax({type: 'get', url: 'register.php', complete: function() {
            console.log('请求 1-局部事件 -complete');
```

```
7           });
8       });
9       $('#btn2').click(function() {
10          $.ajax({type: 'get', url: 'register.php', complete: function() {
11              console.log('请求 2-局部事件-complete');
12          });
13      });
14      $(document).ajaxComplete(function() {
15          console.log('全局事件-complete');
16      });
17  </script>
```

在第 4~13 行代码中，为两个发送请求按钮绑定了单击事件，在单击时会发送 Ajax 请求，并通过局部事件 complete 输出状态。第 14~16 行绑定了 Ajax 全局事件 ajaxComplete。

通过浏览器访问测试，依次单击“发送请求 1”和“发送请求 2”按钮，控制台中的输出结果如图 6–38 所示。

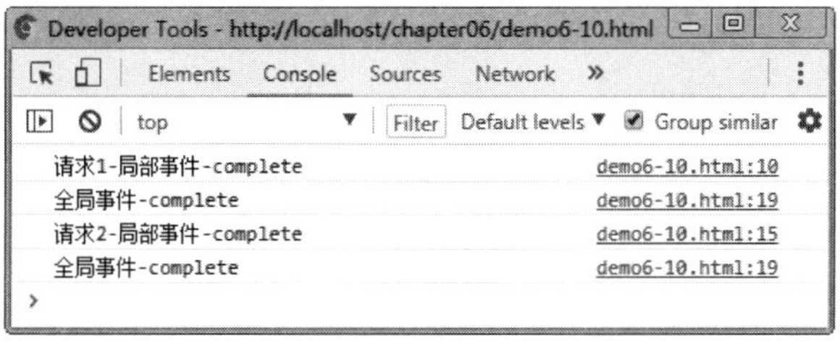


图 6–38 对比局部事件和全局事件

从图 6–38 可以看出，当单击按钮请求完成时，只触发当前 Ajax 请求的局部事件，而全局事件则都会被触发。

### 多学一招：Ajax 错误处理

jQuery 提供的 Ajax 方法允许在发送请求后再对结果进行处理。例如，下面的代码演示了在调用 $.post() 方法后链式调用 done()、fail() 和 always() 方法。

```
$.post('register.php', function() {
    console.log('success');
})
.done(function() {
    console.log('done');
})
.fail(function() {
    console.log('fail');
})
.always(function() {
    console.log('always');
});
```

上述代码在请求成功时，控制台中的输出结果如图 6–39 所示。

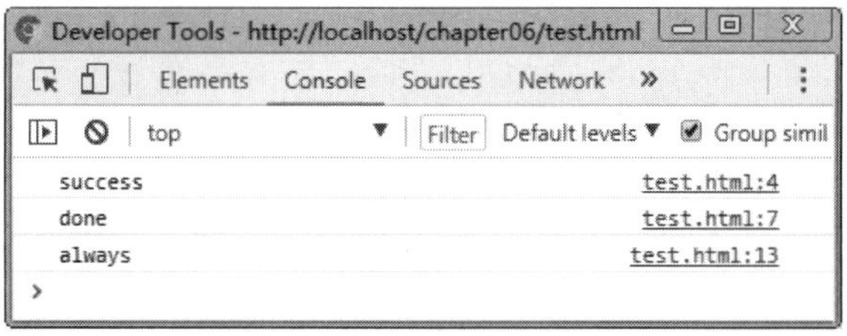


图 6–39 请求成功时

从图 6–39 可以看出，$.post() 方法的回调函数的执行时机，早于 done() 方法的回调函数。由于请求过程中没有发生错误，因此 fail() 方法的回调函数没有执行。

将请求地址“register.php”改为一个不存在的文件名，如 reg.php，则请求会失败，控制台中的输出结果如图 6–40 所示。

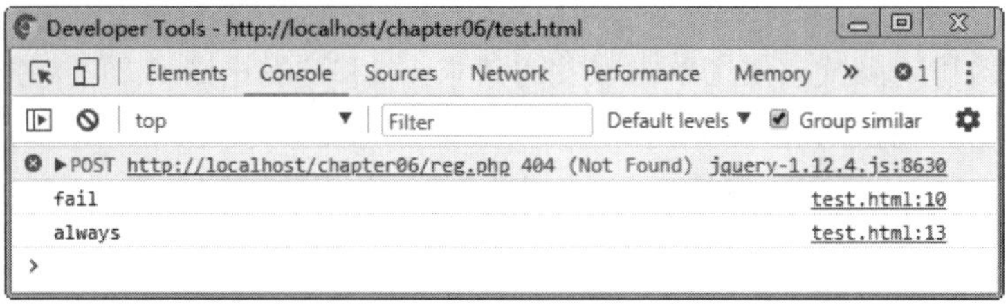


图 6–40 请求失败时

从图 6–40 可以看出，在请求失败时，$.post() 方法和 done() 方法的回调函数都没有执行，而 fail() 方法的回调函数执行了。因此，在开发中可以将错误处理的操作放在 fail() 方法的回调函数中。

## 6.3.3 Ajax 全局配置

在项目开发中，若一个页面需要发送多个 Ajax 请求，则需要重复书写许多配置参数。jQuery 提供了 $.ajaxSetup() 和 $.ajaxPrefilter() 方法来对所有的 Ajax 请求的相关参数进行统一设置，减少代码冗余。下面分别进行介绍。

1. $.ajaxSetup()

$.ajaxSetup() 方法用于为 Ajax 请求设置默认参数值，该方法设置的参数值适用于所有的 Ajax 请求。其语法格式如下。

```
$.ajaxSetup(options)
```

在上述语法中，options 参数的使用方法与 $.ajax() 完全相同。

为了使读者更好地理解，接下来通过一个案例演示 $.ajaxSetup() 的使用，具体代码如 demo6–11.html 所示。

demo6–11.html

```
<button id="btn1">提交数据 1</button>
<button id="btn2">提交数据 2</button>
```

```
3  <script>
4      $.ajaxSetup({
5          type: 'post',
6          url: 'register.php',
7          data: {username: 'btn1', password: 1}
8      });
9      $('#btn1').click(function() {
10         $.ajax();
11     });
12     $('#btn2').click(function() {
13         $.ajax({data: {username: 'btn2', password: 2}});
14     });
15 </script>
```

上述代码中，第 4~8 行代码使用 $.ajaxSetup() 设置了 Ajax 请求的默认参数值；第 9~14 行分别为 id 是 btn1 和 btn2 的两个按钮绑定单击事件。

通过浏览器访问测试，单击“提交数据 1”按钮，发送的请求如图 6−41 所示。

从图 6−41 可以看出，当前 Ajax 请求的请求地址为“register.php”，请求类型为“post”，发送的数据为“{username: 'btn1', password: 1}”，这些数据都和 $.ajaxSetup() 方法设置的参数默认值相同。

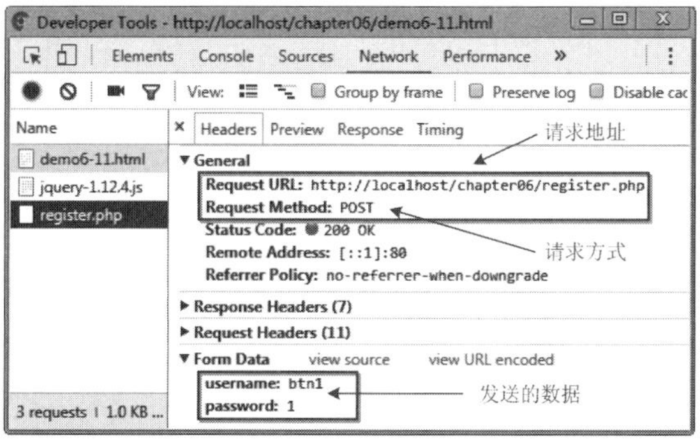


图 6−41　提交数据 1

单击“提交数据 2”按钮，发送的请求如图 6−42 所示。

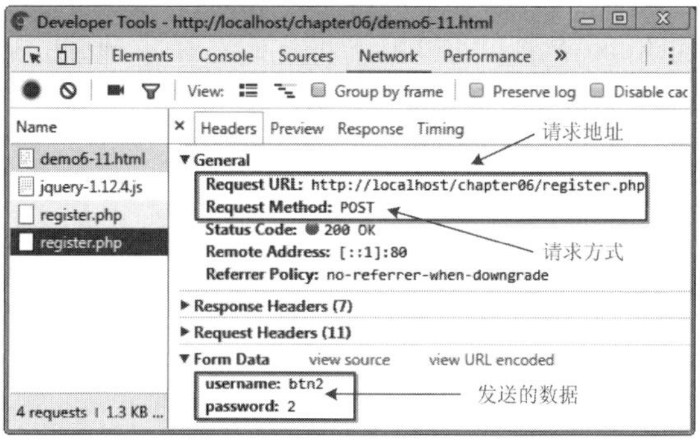


图 6−42　提交数据 2

从图 6-42 可以看出，除了发送的数据不同，请求地址和请求方式都与 $.ajaxSetup() 设置的默认参数值相同。由此可见，第 13 行在发出请求时设置的参数会覆盖默认值。

### 2. $.ajaxPrefilter()

$.ajaxPrefilter() 用于指定预先处理 Ajax 参数选项的回调函数。回调函数会在 Ajax 请求发出的之前，重新处理 Ajax 参数。语法格式如下。

```
$.ajaxPrefilter([dataType], handler(options, originalOptions, xhr))
```

上述语法中，参数 dataType 标识需要处理何种请求数据类型的 Ajax；参数 handler 表示对 Ajax 参数选项预处理的函数。在 handler() 函数中，会传入 3 个参数。其中 options 表示当前 Ajax 请求的所有参数选项；originalOptions 表示传递给 $.ajax() 方法的未经修改的参数选项；xhr 表示当前请求的 XMLHttpRequest 对象。

接下来通过案例演示 $.ajaxPrefilter() 方法的使用。具体代码如 demo6-12.html 所示。

demo6-12.html

```
1  <button id="btn1">发送请求 1</button>
2  <button id="btn2">发送请求 2</button>
3  <script>
4      $.ajaxPrefilter('html', function(option) {
5          option.url += '?username=xiaoming&password=123456';
6      });
7      $('#btn1').click(function() {
8          $.ajax({url: 'register.php', dataType: 'html'});
9      });
10         $('#btn2').click(function() {
11         $.ajax({url: 'target.json', dataType: 'json'});
12     });
13 </script>
```

上述代码中，第 7~12 行分别为 id 是 btn1 和 btn2 的按钮绑定单击事件，并在事件方法中发送 Ajax 请求，分别请求不同类型的文件；第 4~6 行使用 $.ajaxPrefilter() 方法处理请求数据类型为 html 的 Ajax 请求，通过第 5 行代码在请求地址的后面追加了查询字符串“?username=xiaoming&password=123456”。

通过浏览器访问测试，单击“发送请求 1”按钮，发送的请求如图 6-43 所示。从图中可以看出，经过 $.ajaxPrefilter() 处理后，在请求地址后面追加了相应的字符串。

单击“发送请求 2”按钮，页面效果如图 6-44 所示。从图中可以看出，请求地址并没有发生改变。原因在于当前请求的数据类型是 json，而第 4 行代码中 $.ajaxPrefilter() 处理的请求数据类型是 html。

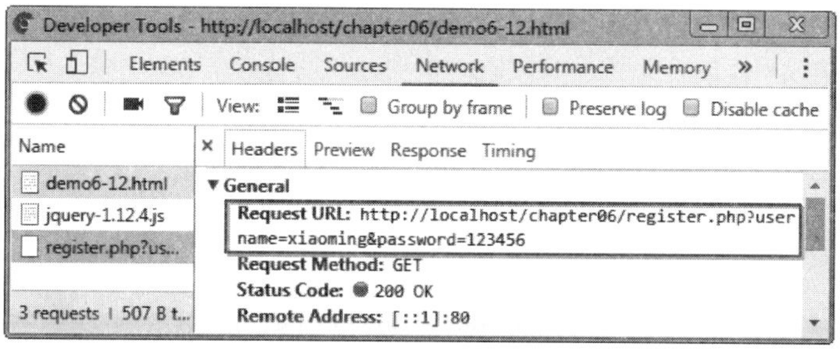


图 6-43　发送请求 1

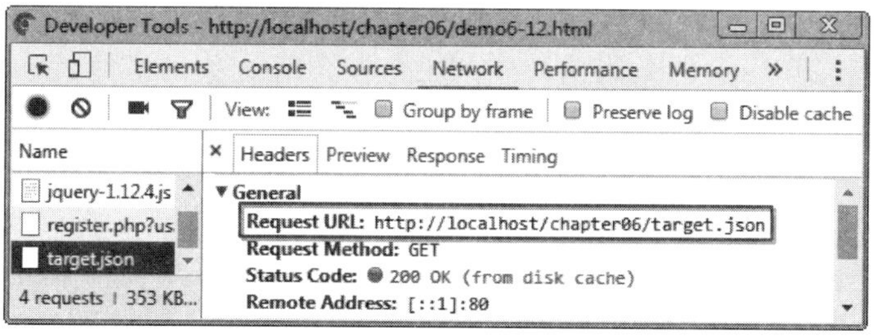


图 6-44　发送请求 2

## 6.4 序列化表单

网页在浏览器中呈现时，表单元素是用户输入数据的入口，在用户输入数据后，传统方式中是通过提交表单至指定地址传送数据，但是这样会使页面发生跳转。而通过 Ajax 方式来提交表单，则可以保留当前页面。

在使用 jQuery 之前，开发人员需要逐个提取表单元素中的数据，操作较为烦琐。为解决这一问题，jQuery 提供了序列化表单元素的方法，可以自动将表单元素中的数据提取出来，形成特定格式。本小节将围绕 jQuery 的表单序列化操作进行详细讲解。

### 6.4.1　表单序列化为字符串

在 jQuery 中，使用 serialize() 方法可将表单元素序列化为字符串，语法格式如下。

```
formEle.serialize()
```

上述语法中，formEle 表示 form 标签对应的 jQuery 对象。formEle 对象调用 serialize() 方法后会返回一段字符串，该字符串就是表单元素的数据序列化后的结果。格式形如“key1=value1& key2=value2& key3=value3”。

接下来通过案例演示 serialize() 方法的使用，HTML 代码片段如 demo6-13.html 所示。

demo6-13.html

```
<form id="formData">
    姓名：<input type="text" name="username"><br>
```

```
3        年龄：<input type="text" name="age"><br>
4        性别：<input type="radio" name="gender" value="male"> 男
5            <input type="radio" name="gender" value="female"> 女
6    </form>
7    <button id="btn">序列化</button>
8    <script>
9        $('#btn').click(function() {
10           var result = $('#formData').serialize()
11           console.log(result);
12       });
13   </script>
```

上述代码中，第 9~12 行代码为“序列化”按钮绑定单击事件，单击按钮后获取 id 为 formData 的 form 标签并调用 serialize() 方法序列化表单中的数据。

在浏览器中打开 demo6−13.html，填写表单，页面效果如图 6−45 所示。

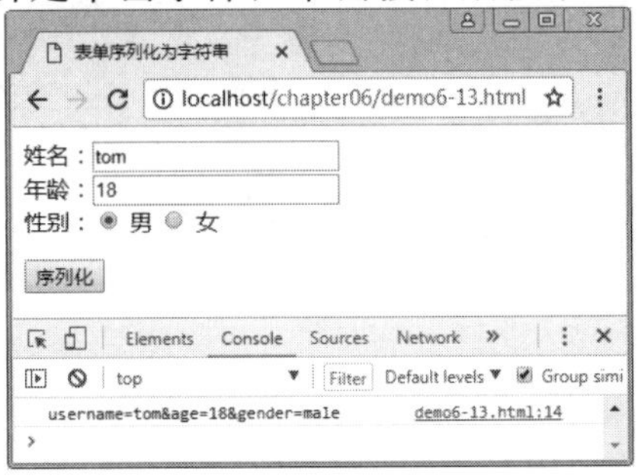


图 6−45　serialize() 方法

从图 6−45 可以看出，serialize() 方法根据表单元素的 name 属性获取用户输入的数据，多个数据间使用“&”连接，形成类似请求地址中查询字符串的形式。

需要注意的是，如果表单元素未设置 name 属性，serialize() 将忽略该元素，不进行序列化；同时如果用户输入特殊字符如汉字、标签符号“< >”等，serialize() 会自动进行字符编码。

从上述案例可以看出，serialize() 将表单数据格式化成类似查询字符串的形式。在使用 jQuery 的 Ajax 方法发送数据的时，既可以在前面加上“?”作为请求地址中的查询字符串使用，也可以作为 POST 方式发送的数据使用。

### 6.4.2　表单序列化为对象

serializeArray() 方法可以将表单数据序列化为对象，其语法格式如下。

```
formEle.serializeArray()
```

上述语法中的 serializeArray() 方法和 serialize() 方法的使用方式完全相同，但返回的数据类型不同。

接下来修改 demo6−13.html 中的第 10 行代码，将 seralize() 方法改为 serializeArray() 方法，如以下代码所示。

```
var result = $('#formData').serializeArray();
```

通过浏览器打开 demo6−13.html，填写表单，页面效果如图 6−46 所示。

从图 6−46 可以看出，serializeArray() 方法返回的是数组，数组中每一个元素都是一个对象，表示表单项。在对象中，“name”属性表示表单项的 name 属性值、“value”属性表示用户输入的值。

图 6-46　serializeArray() 方法

## 6.5 【案例】图书管理系统

前面的小节讲解了 jQuery 中 Ajax 的相关操作，读者已经可以使用 jQuery 的 Ajax 技术实现前后端交互。本节将会开发一个综合案例——图书管理系统，实现图书查询、新增图书、修改图书和删除图书功能，让读者对基于 jQuery 的 Ajax 项目开发有更深的体会。

### 6.5.1 功能介绍

#### 1. 图书查询

在本系统中，页面打开后会显示一个完整的图书列表，如图 6-47 所示。

| 图书编号 | 图书名称 | 图书作者 | 出版社 | 总页数 | 出版年份 | 价格 | 操作 |
|---|---|---|---|---|---|---|---|
| 138450072656 | JavaScript DOM编程艺术（第2版） | [英] Jeremy Keith | 人民邮电出版社 | 300 | 2011 | 49 | 修改 \| 删除 |
| 217477399306 | Web前端黑客技术揭秘 | 钟晨鸣 | 电子工业出版社 | 361 | 2013 | 59 | 修改 \| 删除 |
| 422397735167 | JavaScript高级程序设计（第3版） | [美] Nicholas C. Zakas | 人民邮电出版社 | 748 | 2012 | 99 | 修改 \| 删除 |
| 511681708756 | 精通CSS（第2版） | [英] Andy Budd | 人民邮电出版社 | 266 | 2010 | 49 | 修改 \| 删除 |
| 616866816887 | 编写可维护的JavaScript | 扎卡斯 | 人民邮电出版社 | 226 | 2013 | 55 | 修改 \| 删除 |
| 771494383439 | 高性能网站建设指南 | Steve Souders | 电子工业出版社 | 146 | 2008 | 35 | 修改 \| 删除 |
| 805089803458 | 高性能JavaScript | Nicholas C.Zakas | 电子工业出版社 | 210 | 2010 | 49 | 修改 \| 删除 |
| 908786897160 | Head First HTML与CSS（第2版） | Elisabeth Robson | 中国电力出版社 | 762 | 2013 | 98 | 修改 \| 删除 |
| 958834914968 | 高性能网站建设进阶指南 | Steve Souders | 电子工业出版社 | 260 | 2010 | 49 | 修改 \| 删除 |
| 968149724998 | JavaScript权威指南（第6版） | David Flanagan | 机械工业出版社 | 1004 | 2012 | 139 | 修改 \| 删除 |

图 6-47　图书列表

从图 6-47 中可以看出，在图书列表的上方提供了查询图书的功能。在文本框中输入关键字后，单击“查询”按钮，即可筛选出相关图书，如图 6-48 所示。

| 图书编号 | 图书名称 | 图书作者 | 出版社 | 总页数 | 出版年份 | 价格 | 操作 |
|---|---|---|---|---|---|---|---|
| 138450072656 | JavaScript DOM编程艺术（第2版） | [英] Jeremy Keith | 人民邮电出版社 | 300 | 2011 | 49 | 修改 \| 删除 |
| 422397735167 | JavaScript高级程序设计（第3版） | [美] Nicholas C. Zakas | 人民邮电出版社 | 748 | 2012 | 99 | 修改 \| 删除 |
| 616866816887 | 编写可维护的JavaScript | 扎卡斯 | 人民邮电出版社 | 226 | 2013 | 55 | 修改 \| 删除 |
| 805089803458 | 高性能JavaScript | Nicholas C.Zakas | 电子工业出版社 | 210 | 2010 | 49 | 修改 \| 删除 |
| 968149724998 | JavaScript权威指南（第6版） | David Flanagan | 机械工业出版社 | 1004 | 2012 | 139 | 修改 \| 删除 |

图 6-48　图书查询

在图 6-48 中，与关键字 JavaScript 相关的图书被筛选出来了。值得一提的是，如果没有填入查询字符串，则显示所有图书数据。

2. 新增和修改图书

单击“新增”按钮，可以弹出用于填写图书信息的表单，页面效果如图 6–49 所示。填写完成后，单击“提交”按钮提交即可保存。

在图书列表的每一行的最后一个单元格中，提供了“修改”“删除”两个链接。单击“修改”链接，会弹出图书信息编辑表单，用于修改图书信息，页面效果如图 6–50 所示。修改完成后，单击“提交”按钮即可保存修改后的图书信息。

图 6–49　新增图书

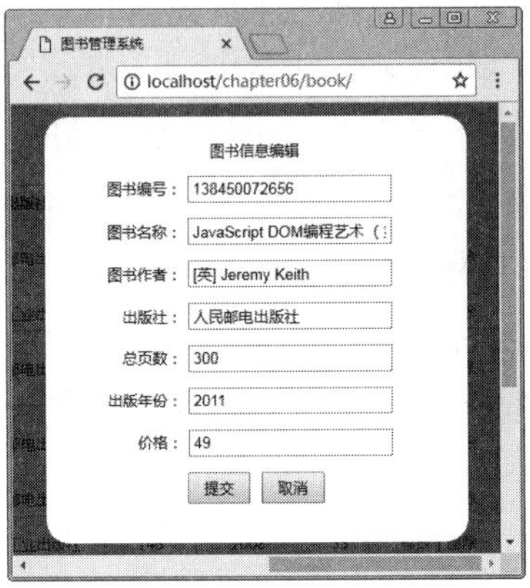


图 6–50　修改图书

3. 删除图书

在图书列表中，单击每一行最后一个单元格中的“删除”链接，可以删除当前行对应的图书信息。

## 6.5.2　系统设计

1. 服务器

本案例选择 PHP 语言作为服务器语言，由 WampServer 提供服务器功能。

2. 项目结构

项目的主目录为“chapter06/book”，具体目录结构及文件功能的介绍如表 6–7 所示。

表 6–7　图书管理系统目录结构

| 类　型 | 文　件　名 | 描　　述 |
|---|---|---|
| 目录 | js | 存放 js 文件 |
| | css | 存放 css 文件 |
| | data | 存放数据文件 |
| 文件 | index.html | 主页面 |
| | process.php * | 处理图书信息数据 |
| | js/jquery-1.12.4.js * | jQuery 文件 |
| | js/operate.js | index.html 中引入的 js 文件 |
| | css/style.css * | 页面样式文件 |
| | data/book.json * | 图书信息数据 |

需要注意的是，由于篇幅有限，表 6-7 中的标有“*”的文件不进行代码演示，读者可通过本书配套源代码获取这些文件。

3. 数据格式

本案例选择 JSON 文件作为数据持久化方式，通过 PHP 读取、写入 JSON 文件的方式来对数据进行维护。

数据源通过 process.php 获取，请求的 URL 地址如下。

```
http://localhost/chapter06/book/process.php
```

通过浏览器请求上述 URL 地址后，可以获得 JSON 格式的图书数据。由于输出结果中对汉字进行了编码，不利于阅读，下面展示经过格式处理后的示例结果。

```
{
    {
        "title": "Head First HTML与CSS（第2版）",
        "author": "Elisabeth Robson",
        "publisher": "中国电力出版社",
        "pages": 762,
        "pubdate": 2013,
        "price": 98,
        "id": "908786897160"
    }, {
        "title": "JavaScript高级程序设计（第3版）",
        "author": "[美] Nicholas C. Zakas",
        "publisher": "人民邮电出版社",
        "pages": 748,
        "pubdate": 2012,
        "price": 99,
        "id": "422397735167"
    }
}
```

从上述示例可以看出，process.php 返回的是 JSON 数据，通过 JavaScript 解析该数据，即可提取图书信息。

### 6.5.3 用户界面

编写图书管理系统的用户界面，具体代码如 index.html 所示。

index.html

```
<!doctype html>
<html>
<head>
    <meta charset="UTF-8">
    <title>图书管理系统</title>
```

```
6      <link rel="stylesheet" href="css/style.css">
7      <script src="js/jquery-1.12.4.js"></script>
8  </head>
9  <body>
10     <div class="container">
11         <div class="top">
12             <input type="text" class="search-input">
13             <button class="search">查询</button>
14             <button class="add">新增</button>
15         </div>
16         <div class="booklist">
17             <table>
18                 <tr>
19                     <th data-name="id">图书编号</th>
20                     <th data-name="title">图书名称</th>
21                     <th data-name="author">图书作者</th>
22                     <th data-name="publisher">出版社</th>
23                     <th data-name="pages">总页数</th>
24                     <th data-name="pubdate">出版年份</th>
25                     <th data-name="price">价格</th>
26                     <th>操作</th>
27                 </tr>
28             </table>
29         </div>
30         <div class="edit" style="display:none">
31             <div class="edit-bg"></div>
32             <div class="edit-center">
33             <div class="edit-title">图书信息编辑</div>
34             <p><span>图书编号：</span><input type="text" name="id"></p>
35             <p><span>图书名称：</span><input type="text" name="title"></p>
36             <p><span>图书作者：</span><input type="text" name="author"></p>
37             <p><span>出版社：</span><input type="text" name="publisher"></p>
38             <p><span>总页数：</span><input type="text" name="pages"></p>
39             <p><span>出版年份：</span><input type="text" name="pubdate"></p>
40             <p><span>价格：</span><input type="text" name="price"></p>
41                 <p><button class="edit-save">提交</button>
42                 <button class="edit-cancel">取消</button></p>
43             </div>
44         </div>
45     </div>
46     <script src="js/operate.js"></script>
47 </body>
48 </html>
```

在上述代码中，第 11~15 行是页面上方的操作区域，提供了图书查询和新增功能；第 16~28 行是图书列表，第 19~25 行为图书表格中的列设置了 data-name 属性，表示该列的字段名称；第 30~44 行是图书编辑区域，当进行图书新增或修改操作时，该区域就会显示在页面中；第 31 行的 div 元素是一个黑色半透明的遮罩层；第 46 行引入了 js/operate.js 文件，该文件用于保存项目的 JavaScript 代码。

### 6.5.4 查询图书

1. 获取所有图书信息

若要获取图书信息，需要通过 Ajax 请求 process.php 获取数据。获取后，解析数据，将图书信息提取出来，然后显示到图书列表中。

接下来在 operate.js 文件中编写代码，实现获取并展示数据，具体代码如下。

operate.js

```
// 编写 Booklist() 构造函数用于展示数据
function Booklist(obj) {
    this.obj = obj;
    var fields = [];    // 保存图书列表中每一列的字段名
    obj.find('tr:first th[data-name]').each(function() {
        fields.push($(this).attr('data-name'));
    });
    this.fields = fields;
}
Booklist.prototype = {
    append: function(data, opt) {  // 在图书列表中添加一行图书
        var arr = [];                // 保存每列字段名对应的数据
        $.each(this.fields, function() {
            arr.push(data[this]);    // 通过遍历 this.fields，确保每列顺序完全对应
        });
        var html = '<td>' + arr.join('</td><td>')  + '</td><td>'
                 + opt.join(' | ') + '</td>';
        this.obj.append('<tr data-id="' + data.id + '">' + html + '</tr>');
    },
};
// 保存一些基础数据
var serverUrl = 'process.php';              // 请求地址
var list = $('.booklist');                  // 页面中的图书列表
var opt = [                                 // 操作链接
    '<a href="#" class="booklist-edit">修改</a>',
    '<a href="#" class="booklist-del">删除</a>'
];
// 请求图书列表数据
var booklist = new Booklist(list.find('table'));
$.getJSON(serverUrl, function(data) {
    for(var i in data) {
        booklist.append(data[i], opt);
    }
});
```

上述代码中，第 1~20 行编写了 Booklist() 构造函数，用于对页面中的图书列表进行操作；第 29 行利用 Booklist() 构造函数创建了 booklist 对象；第 30 行通过 $.getJSON() 方法请求图书数据，第 32 行调用了 booklist 对象的 append() 方法，用于在图书列表中添加一行图书。

在 Booklist() 构造函数中，第 5~7 行用于获取图书列表中所有的 data–name 属性值，保存在 fields 数组中；第 13~15 行用于对 this.fields 进行遍历，从而在 data 对象中取出所需的数据；第 16~18 行用于拼接 HTML 字符串，追加到页面中的图书列表的表格中。

需要注意的是，在拼接 HTML 字符串时，第 18 行代码为 tr 标签设置了 data–id 属性,用于保存每一条图书记录的唯一标识 id。在开发“图书修改”和“图书删除”功能时，将会用到这个标识。

通过浏览器访问测试，页面效果如图 6–47 所示。

### 2. 通过关键字筛选图书

当用户在 class 为 search–input 文本框中输入关键字后，单击“查询”按钮，即可筛选图书信息。为了实现这个功能，先在 Booklist.prototype 对象中新增 search() 方法，用于控制图书列表中每一行图书信息的显示和隐藏，具体代码如下。

```
1   search: function(keyword) {
2       var len = this.fields.length;
3       this.obj.find('tr:gt(0)').each(function() {
4           var show = true;
5           $(this).find('td:lt(' + len + ')').each(function() {
6               show = $(this).text().indexOf(keyword) !== -1;
7               if(show) {
8                   return false;
9               }
10          });
11          $(this).toggle(show);
12      });
13  }
```

上述代码中，第 1 行的 keyword 参数表示查询的关键字；第 3 行用于遍历表格中除标题行之外的行；第 5 行用于遍历当前行中除“操作”之外的列；第 6 行用于判断当前列的文本是否包含 keyword 关键字，如果包含，则显示该行，如果不包含，则隐藏该行。

接下来为“查询”按钮添加单击事件，通过调用 booklist 对象的 search() 方法实现图书筛选功能，具体代码如下。

```
$('.search').click(function() {
    booklist.search($.trim($('.search-input').val()));
});
```

通过浏览器访问测试,输入关键字“JavaScript”后单击“查询”按钮,页面效果如图 6–48 所示。

### 6.5.5 新增和修改图书

1. 显示图书编辑表单

新增和修改图书时，都会在页面中显示一个填写图书信息的表单。为了对表单进行控制，下面在 js/operate.js 中编写一个 Editor() 构造函数，具体代码如下。

```
1  function Editor(obj) {
2      this.obj = obj;
3  }
4  Editor.prototype = {
5      fill: function(data) {
6          this.empty();  // 先清空原有内容，防止 data 数据不完整出现未填充项
7          for(var k in data) {
8              this.obj.find('[name=' + k + ']').val(data[k]);
9          }
10     },
11     empty: function() {
12         this.obj.find('input[name]').val('');
13     }
14 };
```

在上述代码中，第 1 行的 obj 参数表示页面中的图书信息录入表单的外层元素，在后面的步骤中将会传入 $('.edit') 对象；第 5 行的 fill() 方法用于将数据 data 填入表单中；第 11 行的 empty() 方法用于清空表单中所有输入的值。

在修改图书时，需要将被修改图书原有的信息查询出来，因此在 Booklist.prototype 对象中增加 getData() 方法，获取表格中指定索引值 i 的一行图书的原有信息，具体代码如下。

```
1  getData: function(i) {
2      var data = {};
3      var obj = this.obj.find('tr:eq(' + i + ')').find('td');
4      $.each(this.fields, function(i) {
5          data[this] = obj.eq(i).text();
6      });
7      return data;
8  },
```

在上述代码中，第 3 行用于根据参数 i 到表格中获取元素；获取后，通过第 4~6 行代码将数据取出来，保存在 data 对象中；第 7 行将 data 对象返回。

完成以上准备工作后，为页面中的元素添加单击事件，具体代码如下。

```
var edit = $('.edit');
var editor = new Editor(edit);
list.on('click', '.booklist-edit', function() {        // 修改链接
    var i = $(this).parents('tr').index();
```

```
5      var data = booklist.getData(i);
6      var attr = {'data-action': 'update', 'data-i': i,
7                  'data-id': data.id};
8      editor.fill(data);
9      edit.attr(attr).fadeIn(200);
10     return false;
11 });
12 $('.edit-cancel').click(function() {          //取消按钮
13     edit.hide();
14 });
15 $('.edit-bg').click(function() {              //遮罩层
16     edit.hide();
17 });
18 $('.add').click(function() {                  //新增按钮
19     editor.empty();
20     edit.attr('data-action', 'add').fadeIn(200);
21 });
```

在上述代码中，第 1、2 行创建了 edit 和 editor 对象，用于在后面的代码中使用；第 3 行为图书列表中的“修改”链接添加了单击事件，在单击后，就会获取该行对应的图书信息，将信息填入图书编辑表单中，然后将表单显示出来。

第 6、7 行为 edit 元素添加了一些自定义属性，data–action 的值为 update 表示当前是修改操作，如果值为 add 则表示当前是新增操作；data–i 表示被修改图书在列表中的索引值；data–id 表示被修改图书的 id 值。这些自定义属性将会在后面的开发步骤中用到。

第 12 行用于单击表单中的“取消”按钮时，隐藏 edit 元素；第 15 行用于单击表单下面的遮罩层时，隐藏 edit 元素；第 18 行用于单击列表上方的“新增”按钮时，先清空表单，然后为 edit 添加 data–action 属性值并将表单显示出来。

通过浏览器访问测试。单击图书列表上方的“新增”按钮时，参考运行结果如图 6–49 所示；选择一项图书进行修改，参考运行结果如图 6–50 所示。

### 2. 提交图书编辑表单

当用户在表单中完成图书信息的编辑后，单击“提交”按钮，就会执行新增或修改图书的操作，将表单数据提交给服务器。如果当前是修改操作，在提交数据后，还需要将图书列表中被修改的图书更新为修改后的信息。

在 Editor.prototype 对象中增加 getData() 方法，用于获取表单数据，具体代码如下。

```
getData: function() {
    var data = {};
    this.obj.find('input[name]').each(function() {
        data[$(this).attr('name')] = $(this).val();
    });
    return data;
},
```

上述代码通过 data 对象保存数据，该对象的属性是表单项的 name 属性值，该对象的值是表单项的 value 属性值。第 6 行返回了 data 对象。

在 Booklist.prototype 对象中增加 update() 方法，用于替换图书列表中索引值为 i 的图书的信息，具体代码如下。

```
1 update: function(i, data) {
2     var obj = this.obj.find('tr:eq(' + i + ')').find('td');
3     $.each(this.fields, function(i) {
4         obj.eq(i).text(data[this]);
5     });
6 },
```

上述代码通过参数 i 传入被修改图书的索引，通过参数 data 传入修改后的数据。第 3~5 行代码实现了指定图书信息的修改。

完成以上准备工作后，为表单中的“提交”按钮添加单击事件，具体代码如下。

```
1  $('.edit-save').click(function() {
2      var action = edit.attr('data-action');
3      var data = editor.getData();
4      if(action === 'update') {
5          var id = edit.attr('data-id');
6          $.post(serverUrl + '?action=update&id=' + id, data, function() {
7              booklist.update(edit.attr('data-i'), data);
8              edit.hide();
9          }).fail(function(xhr) {
10             alert('保存失败，错误信息：' + xhr.responseText);
11         });
12     } else if(action === 'add') {
13         $.post(serverUrl + '?action=add', data, function() {
14             booklist.append(data, opt);
15             edit.hide();
16         }).fail(function(xhr) {
17             alert('保存失败，错误信息：' + xhr.responseText);
18         });
19     }
20 });
```

在上述代码中，第 2 行用于获取 edit 元素的 data−action 属性，从而区分当前是新增还是修改操作；第 3 行用于获取表单数据；第 5~11 行用于执行修改操作；第 13~18 行用于执行新增操作。第 6 行和第 13 行在发送请求时，传入了 url 参数 action，用于区分操作类型，当操作类型为 update 时，还需要传入 url 参数 id，表示被修改的图书 id；第 7 行用于在修改完成后，更新页面中的图书信息。

由于 process.php 在执行操作时，可能会遇到错误，如检测到图书编号重复的情况，因此第 10 行和第 17 行代码进行了错误处理，将错误信息显示出来。

通过浏览器访问测试，分别执行新增图书和修改图书操作，观察是否能够将数据修改成功。在新增图书或修改图书时，如果图书编号已经存在（编号未修改的情况除外），观察是否能够弹出“保存失败，错误信息：图书编号已经存在！”的警告框。

### 6.5.6 删除图书

当用户在图书列表中单击“删除”链接时，会将对应的一行图书信息删除。为此，下面在 Booklist.prototype 对象中新增 remove() 方法，删除索引值为 i 的图书，具体代码如下。

```
remove: function(i) {
    this.obj.find('tr:eq(' + i + ')').remove();
},
```

接下来为“删除”链接添加单击事件，具体代码如下。

```
1 list.on('click', '.booklist-del', function() {
2     var tr = $(this).parents('tr'), i = tr.index(), id = tr.attr('data-id');
3     $.post(serverUrl + '?action=del&id=' + id, function() {
4         booklist.remove(i);
5     });
6     return false;
7 });
```

在上述代码中，第 3 行在发送请求时，传入了 url 参数 action，参数值为 del，表示操作类型为“删除”。url 参数 id 表示被删除的图书 id。第 4 行用于删除图书列表中的索引值为 i 的图书。

通过浏览器访问测试，选择一项图书进行删除，观察是否删除成功。

## 本章小结

本章介绍了 jQuery 中的 Ajax 操作，包括如何使用 jQuery 直接请求页面、JSON 数据、JavaScript 文件等，以及如何发出 GET 和 POST 请求；然后介绍了 jQuery 中底层的 Ajax 方法 $.ajax()，讲解了其参数的使用方式；最后，本章对 jQuery 中 Ajax 的事件、配置以及表单的序列化都进行了详细讲解。

学习完本章后，读者需要掌握 jQuery 中常用的 Ajax 方法，能够熟练开发浏览器与服务器交互的程序。

## 课后习题

一、填空题

1. $.get() 方法的参数按顺序分别表示______、______、______。

2. jQuery 中直接获取 HTML 内容的方法是______。
3. 序列化表单的方法有______、______。
4. $.get() 方法发出的请求，通过______携带发送的数据。
5. ajaxStart、ajaxStop、ajaxSuccess 事件触发的先后顺序为______、______、______。

二、判断题

1. $.ajax() 方法的只需要传入一个对象做参数。 (    )
2. $.ajax() 方法的参数项是按照固定顺序排列，不可打乱。 (    )
3. serialize() 方法返回的结果是字符串。 (    )
4. XML 文档可以使用单标签。 (    )
5. Ajax 的 load() 方法只能请求数据不能发送数据。 (    )

三、选择题

1. $.ajax() 方法的参数项很多，下列关于参数项描述错误的是（    ）。
   A. success 参数项规定请求成功时运行的函数
   B. data 参数项规定要发送到服务器的数据
   C. dataType 参数项规定要发送数据的数据类型
   D. callback 参数是可选的
2. $.get() 方法描述错误的是（    ）。
   A. $.get() 方法可以请求数据也可以发送数据
   B. $.get() 方法第 3 个参数是在请求完成时执行的回调函数
   C. $.get() 方法第 2 个参数是要发送至服务器的数据
   D. $.get() 方法要发送的数据处理成查询字符串插入请求地址后
3. 下列关于 $.getScript() 的描述正确的是（    ）。
   A. 该方法获取到的 JavaScript 文件不会立即执行
   B. 该方法获取数据后，会创建 script 标签，将获取到的 JavaScript 代码放入
   C. 该方法第 2 个参数是回调函数，在请求开始前执行
   D. 该方法使用 GET 方式发出请求
4. 下列关于 jQuery 中的方法，说法错误的是（    ）。
   A. Ajax 的局部事件只能被一个指定的请求触发
   B. $.ajax() 方法的 cache 参数项代表是否禁用缓存
   C. jQuery 中 $.getScript() 方法会创建 script 标签引入 JavaScript 文件
   D. $.ajax() 方法的 dataType 参数值为 jsonp 时，表示要跨域请求数据
5. 下列选项中，关于 jQuery 中的 Ajax 事件，说法错误的是（    ）。
   A. jQuery 中 Ajax 事件在 jQuery1.8 版本之后只能绑定在文档对象 document 上
   B. jQuery 中 ajaxSuccess 事件比 ajaxComplete 事件先触发
   C. 如果 jQuery 中设置了全局事件，则所有的请求都会触发该事件
   D. jQuery 中 ajaxComplete 事件只在请求成功情况下会被触发

## 四、简答题

1. 列举 jQuery 中 $.ajaxSetup() 方法和 $. ajaxPrefilter () 方法的区别。

2. jQuery 中的 Ajax 事件都有哪些？它们的执行时机是什么？

3. 简述通过 $.getScript() 方法获取 JavaScript 文件的方式和通过 script 标签引入 JavaScript 文件的传统方式相比有什么优点？

## 五、编程题

1. 利用 jQuery 开发留言板项目，将用户留言通过 Ajax 方式进行前后端通信。

2. 阅读下面的 HTML 内容，当用户在 id 为 keyword 的 input 元素中输入内容时，利用 jQuery 的 Ajax 技术，筛选出后端 data.json 文件中包含用户输入内容的数据。然后将筛选出的数据作为文本内容创建 li 元素并插入 id 为 list 的 ul 标签中。

（1）HTML 内容

```
关键字：<input id="keyword" type="text">
<div id="contain">
    <ul id="list"></ul>
</div>
```

（2）data.json 文件

```
{
    "0": "Head First HTML 与 CSS",
    "1": "JavaScript 高级程序设计 ",
    "2": "JavaScript DOM 编程艺术 ",
    "3": " 高性能网站建设进阶指南 ",
    "4": " 高性能网站建设指南 ",
    "5": "Web 前端黑客技术揭秘 ",
    "6": "JavaScript 权威指南 ",
    "7": " 精通 CSS",
    "8": " 编写可维护的 JavaScript",
    "9": " 高性能 JavaScript"
}
```

# 第7章

# jQuery插件和前端常用组件

通过前面的学习可以体验到，jQuery的应用大大简化了JavaScript对DOM的操作，增加了更加丰富的方法与事件满足开发的需求。但因其提供的方法数量有限，所以还不可能满足项目开发的所有需求。

此时，可以利用jQuery提供的插件机制，将自己日常工作中积累的功能通过插件的方式进行分享，提供给其他人使用。在增强jQuery可扩展性的同时，无限扩充jQuery功能。或是直接使用他人开发出的成熟组件，完成项目的相关需求，节约开发成本。本章将针对jQuery中自定义插件与前端的常用组件进行详细讲解。

【教学导航】

| | |
|---|---|
| 学习目标 | 1．了解什么是插件<br>2．掌握jQuery自定义插件<br>3．掌握前端常用开发组件 |
| 学习方式 | 本章内容以理论讲解，案例演示为主 |
| 重点知识 | 1．如何自定义插件<br>2．模板引擎、文件上传及编辑器的应用 |
| 关键词 | jQuery.fn.extend()、jQuery.extend()、art-template、ECharts、WebUploader、UEditor |

## 7.1 jQuery插件的概述

插件是一种遵循某种规范的应用程序接口编写出来的程序，只能运行在指定的环境中。例如，为 jQuery 编写的插件，在使用前都要引入 jQuery，否则插件中若使用了 jQuery 提供的方法，程序在运行时就会出现找不到指定方法等错误。

jQuery 因其易扩展的特性，随着不断的发展，吸引了全世界越来越多的开发者共同编写 jQuery 插件，从而诞生了很多优秀的插件。在节约项目成本的基础上，帮助更多的人开发出性能、稳定性、用户体验度更好的应用。

jQuery 官方网站中提供了丰富的插件资源库，网站地址为 http://plugins.jquery.com/。通过在搜索框中输入插件名，即可搜索需要的插件，如图 7-1 所示。

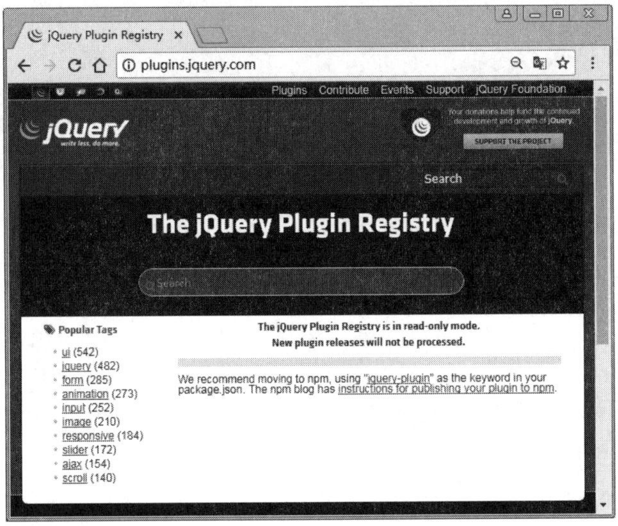


图 7-1 jQuery 提供的插件库

需要注意的是，图 7-1 中的插件列表因各种因素的影响，现处于只读模式。若需要获取相关的插件，可以到 GitHub 上的地址（https://github.com/jquery-archive/plugins.jquery.com）进行下载。

## 7.2 开发自定义插件

自定义的插件，是对现有的一系列方法或函数的进一步封装，以便在其他地方重复使用，提高开发效率和方便后期维护。jQuery 插件机制支持两种类型的插件：一是插件作为 jQuery 对象的方法使用；二是插件作为 jQuery 的全局函数使用。本节将针对 jQuery 中自定义不同类型的插件进行详细讲解。

### 7.2.1 封装 jQuery 对象方法的插件

通过封装 jQuery 对象方法实现插件，是自定义插件中最常见的一种实现方式。它是通过 jQuery 提供的 $.fn 将插件方法添加到 jQuery 原型中，然后使用选择器获取的 jQuery 对象进行操作。语法格式如下。

```
$.fn.插件名 = function(参数列表) {
```

```
        //编写插件的代码
    };
```

上述语法中，$.fn 是 jQuery 原型对象 jQuery.prototype 的简写。

在为 $.fn 添加成员后，使用插件时只需获取元素的 jQuery 对象，通过“jQuery 对象 . 插件名 ( 传递参数 )”调用即可。

在插件代码中，可通过 this 访问调用当前方法的 jQuery 对象，示例代码如下。

```
$.fn.test = function() {
    return this === obj;
};
var obj = $('div');
console.log(obj.test());    //输出结果：true
```

从上述代码可以看出，插件内部的 this 与 jQuery 对象 obj 是同一个对象。

除此之外，在编写插件时，应避免使用 jQuery 对象的简写“$”，防止发生名称的冲突。为了解决此问题，推荐将插件的方法放在闭包函数中，如下所示。

```
(function($) {
    $.fn.插件名 = function() {
        //编写插件的代码
    };
})(jQuery);
```

上述代码中，“$”是匿名函数的形参，jQuery 是自调用匿名函数时传递的实参。这样在封装插件时，既可以有效地避免定义在插件方法外的临时变量或函数影响全局，又可以继续使用“$”作为 jQuery 对象的别名使用。

封装完插件后将其保存为一个单独的 js 文件，在使用插件时直接引入文件即可。推荐文件名使用“jquery. 插件名 .js”格式，防止与其他 JavaScript 库插件混淆。

为了读者更好地理解如何封装 jQuery 对象方法的插件，接下来通过一个案例进行演示，具体步骤如下所示。

(1) 编写页面

在项目开发中，表格标题颜色的设置以及隔行换色是前端常用的功能需求之一。下面编写一个带有表格的页面，用于通过插件为表格设置颜色。HTML 代码片段如 demo7-1.html 所示。

demo7-1.html

```
<!DOCTYPE html>
<html>
    <head>
        <meta charset="UTF-8">
        <title>表格隔行变色插件</title>
```

```
6            <script src="jquery-1.12.4.js"></script>
7            <script src="jquery.tableColor.js"></script>
8        </head>
9        <body>
10           <table width="500" border="1" cellspacing="0">
11               <tr><th>ID 编号 </th><th> 姓名 </th><th> 性别 </th></tr>
12               <tr><td>001</td><td>Tom</td><td> 男 </td></tr>
13               <tr><td>002</td><td>Jim</td><td> 男 </td></tr>
14               <tr><td>003</td><td>Lucy</td><td> 女 </td></tr>
15               <tr><td>004</td><td>Lily</td><td> 女 </td></tr>
16           </table>
17       </body>
18   </html>
```

在上述代码中，第 7 行引入了 tableColor 插件，该插件的代码在后面的步骤中编写。第 10~16 行代码设置一个 5 行 3 列的表格。使用浏览器请求 demo7−1.html，页面效果如图 7−2 所示。

（2）实现表格颜色的设置

由于插件本质上是对一段代码的封装，因此，在编写插件前，先通过 jQuery 代码完成基本功能需求。在 demo7−1.html 第 16 行代码的下面编写代码，如下所示。

```
<script>
    var table = $('table');
    // 设置偶数行样式
    table.find('tr:even').css({background: 'lightBlue', color: 'red'});
    // 设置标题行样式
    table.find('tr:first').css({background: 'green', color: '#fff'});
</script>
```

完成上述操作后，使用浏览器重新请求 demo7−1.html，页面效果如图 7−3 所示。

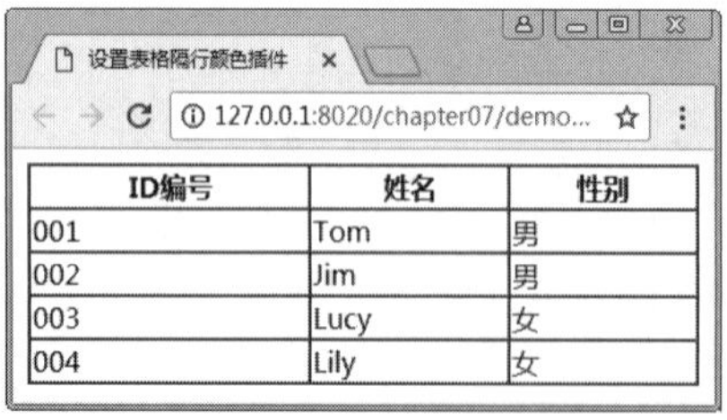


图 7−2　默认页面样式

图 7−3　设置表格颜色

（3）编写插件

按照上述代码完成基本功能的实现后，可将此功能封装成插件，让更多的人可以方便地应用。在实现代码封装前，首先对代码进行分析，可以得出如下规律。

① 获取被操作的表格对象，如上述案例中的 $('table')。

② 对表格对象中的指定的行设置样式，如上述案例中“表格对象 .find( 选择器 ).css( 样式 )”。

根据以上分析可知，在实现插件时，操作的元素对象和样式可通过插件方法的参数传入。接下来编写 jquery.tableColor.js 文件，完成插件代码，如下所示。

jquery.tableColor.js

```
1 (function($) {
2     $.fn.tableColor = function(options) {
3         for(var i in options) {
4             this.find(i).css(options[i]);
5         }
6         return this;
7     };
8 })(jQuery);
```

在上述代码中，第 3~5 行用于遍历传入的 options 参数，从而可以对表格中指定的元素对象进行不同的设置，如偶数行为红色，标题行为绿色。其中，参数 options 是对象类型，对象中的属性名是选择器，值是对应的样式。第 4 行代码为指定选择器设置样式。

同时为了保证指定元素对象调用该插件方法后，可以继续调用 jQuery 中的其他方法，在第 6 行返回当前的 jQuery 对象实现链式调用。

（4）使用插件

修改第（2）步的代码，通过插件实现表格颜色的设置，如下所示。

```
<script>
    $('table').tableColor({
        'tr:even': {background: 'lightBlue', color: 'red'},
        'tr:first': {background: 'green', color: '#fff'}
    });
</script>
```

完成上述操作后，使用浏览器重新请求 demo7−1.html，页面效果与图 7−3 相同。

值得一提的是，一个完整的自定义插件，不仅要包含实现插件的 js 文件，在 js 文件中还要添加作者、时间、参数说明以及使用的示例等，以便于其他人阅读与使用。另外，若插件中涉及 CSS 样式，一般推荐将 HTML 结构与 CSS 样式设计相分离。

**脚下留心：**

在编写插件时，要养成以分号（;）结尾的习惯，因为插件代码将来可能被压缩、合并，如果省略分号会导致出错。同样，为防止他人不规范的代码对自定义插件的影响，可以在插件的头部添加一个分号（;），如下所示。

```
;(function($){
    $.fn.插件名 = function() {};
```

```
})(jQuery);
```

## 7.2.2 封装静态方法插件

jQuery 的静态方法插件是指通过"\$. 插件名 ()"方式调用的插件，与前面学过的 \$.trim()、\$.ajax() 等的操作方式相同。其基本语法格式如下。

```
$. 插件名 = function( 插件列表 ) {
    // 编写插件的代码
};
```

为了读者更好地理解如何封装静态方法插件，接下来通过一个案例进行演示，具体步骤如下所示。

(1) 编写插件

在项目开发中，对于表格中数据的全选、反选以及全不选操作是最常见的功能之一。下面编写一个 checkbox 插件来封装这些功能，具体如下。

jquery.checkbox.js

```
1  (function($) {
2      function Checkbox(ele) {
3          this.ele = ele;
4      }
5      Checkbox.prototype = {
6          checkAll: function() {      // 全选
7              this.ele.prop('checked', true);
8          },
9          uncheckAll: function() {    // 全不选
10             this.ele.prop('checked', false);
11         },
12         checkInvert: function() {  // 反选
13             this.ele.each(function() {
14                 this.checked = !this.checked;
15             });
16         }
17     };
18     $.checkbox = function(selector) {
19         return new Checkbox($(selector));
20     };
21 })(jQuery);
```

在上述代码中，第 18 行 checkbox() 静态方法的参数 selector，表示选择器，用于通过选择器匹配待操作的元素；第 19 行用于实例化 Checkbox() 构造函数，获取操作对象，然后就可以调用第 5~17 行提供的 checkAll()、uncheckAll() 和 checkInvert() 方法，实现全选、全不选和反选功能。

（2） 使用插件

完成插件的封装后，编写代码测试插件是否可用。HTML 代码如 demo7-2.html 所示。

demo7-2.html

```
1  <!DOCTYPE html>
2  <html>
3      <head>
4          <meta charset="UTF-8">
5          <title> 全选、反选与全不选插件 </title>
6          <script src="jquery-1.12.4.js"></script>
7          <script src="jquery.checkbox.js"></script>
8      </head>
9      <body>
10         <table width="400" border="1" cellspacing="0">
11             <tr><th> 操作 </th><th>ID 编号 </th><th> 姓名 </th><th> 性别 </th></tr>
12             <tr>
13                 <td><input type="checkbox"></td>
14                 <td>001</td><td>Tom</td><td> 男 </td>
15             </tr>
16             <!-- 可多添加几行用于测试，此处篇幅有限，已经省略 -->
17             <tr>
18                 <td colspan="4" align="center">
19                     <input id="checkAll" type="button" value=" 全选 ">
20                     <input id="uncheckAll" type="button" value=" 全不选 ">
21                     <input id="checkInvert" type="button" value=" 反选 ">
22                 </td>
23             <tr>
24         </table>
25     </body>
26 </html>
```

上述第 6、7 行代码分别引入 jQuery 文件和自定义的 jQuery 插件；第 12~16 行代码创建了含有复选框的行；第 17~23 行代码用于在表格的最后一行添加操作按钮。

使用浏览器请求 demo7-2.html，页面初始效果如图 7-4 所示。

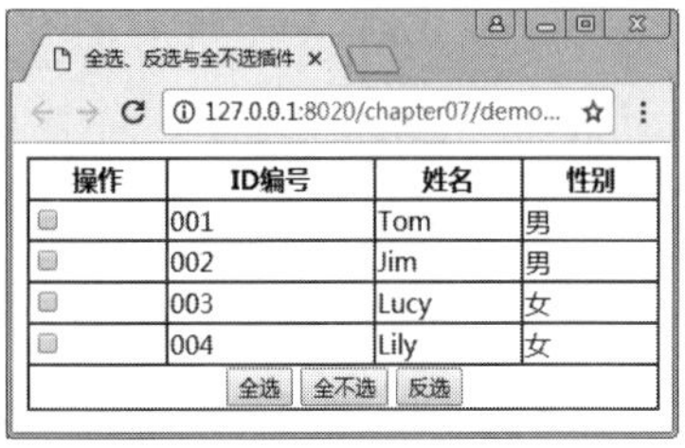


图 7-4　默认页面样式

然后在 demo7-2.html 中添加代码，调用自定义插件中的方法实现全选、反选以及全不选的功能。如下所示。

```
<script>
    var ele = $.checkbox('input:checkbox');
    $('#checkAll').click(function() {
```

```
4           ele.checkAll();
5       });
6       $('#uncheckAll').click(function() {
7           ele.uncheckAll();
8       });
9       $('#checkInvert').click(function() {
10          ele.checkInvert();
11      });
12  </script>
```

上述代码中，第 2 行调用 checkbox() 插件方法获取 ele 对象，然后在第 3~11 行代码中为页面中的按钮绑定单击事件，并在对应的事件处理函数中，通过调用 ele 对象的相关方法完成具体操作。

完成上述操作后，读者可使用浏览器重新请求 demo7−2.html 页面，单击“全选”“全不选”和“反选”按钮进行测试。

**多学一招：** extend() 方法的使用

jQuery 中 extend() 方法的使用方法非常灵活，不仅支持将一个对象的成员添加到 jQuery 对象中，而且可以用于合并任意多个对象。接下来针对 extend() 方法的使用进行详细讲解。

（1）为调用 extend() 方法的对象添加成员

extend() 方法可被 $ 和 $.fn 对象调用，当执行“$.extend(obj)”时，表示将 obj 对象的成员添加到 $ 对象中；当执行“$.fn.extend(obj)”时，表示将 obj 对象的成员添加到 $.fn 对象中。

通过 $.extend() 和 $.fn.extend() 可以实现一次添加多个插件方法，示例代码如下。

```
$.extend({
    插件方法 1: function() {},
    插件方法 2: function() {}
});
```

```
$.fn.extend({
    插件方法 1: function() {},
    插件方法 2: function() {}
});
```

在上述代码中，extend() 方法的参数是一个对象，这个对象中的方法就是插件。

（2）合并对象成员

extend() 方法支持合并一个或多个对象成员，该方法的第 1 个参数表示目标对象，第 2~N 个参数表示被合并的对象。在合并时，遇到同名的成员将会覆盖。示例代码如下。

```
var obj1 = {a: 1, b: 1, c: 1};
var obj2 = {b: 2, a: 2};
```

```
var obj3 = $.extend(obj1, obj2);
console.log(obj1);             // 输出结果：Object {a: 2, b: 2, c: 1}
console.log(obj2);             // 输出结果：Object {b: 2, a: 2}
console.log(obj3 === obj1);    // 输出结果：true
```

上述代码用于将对象 obj2 合并到对象 obj1，在合并时，不会改变 obj1 对象的成员顺序。该方法的返回值是合并后的对象，因此返回的 obj3 与合并后的 obj1 相等。

extend() 方法常用于实现对象形式的可选参数。在封装插件时，一个插件方法可能有大量参数，为了提高代码的可读性，通常使用对象成员代替参数列表。示例代码如下。

```
(function($) {
    var defaults = { 可选参数 1: 默认值 1, 可选参数 2: 默认值 2};
    $. 插件名 = function(options) {
        options = $.extend({}, defaults, options);
    };
    $. 插件名 .defaults = defaults;  // 允许插件的使用者查看或更改可选参数
})(jQuery);
```

在上述代码中，$.extend() 的第 1 个参数是空对象，用于保存合并结果；第 2 个参数是 defaults 对象，用于保存可选参数；第 3 个参数是传入的对象 options。如果调用插件方法时传入的 options 对象中省略了可选参数，就会在 options 对象中自动加上这些参数。

（3）深度拷贝合并

$.extend() 方法第一个参数在设为 true 时，表示采用递归方式合并对象。示例代码如下。

```
var defaults = {sub: 'js', info: {id: 2, name: 'Tom'}};
var obj = {info: {name: 'Jimmy'}, score: 96};
var newObj = $.extend(true, {}, defaults, obj);
// 输出结果：{sub: "js", info: {id: 2, name: "Jimmy"}, score: 96}
console.log(newObj);
```

从上述的输出结果可以看出，$.extend() 方法在深度拷贝合并时，仅会合并同名对象中同名的属性，如 info 中的 name 属性，不会覆盖其他属性，如 “id: 2”。

### 7.2.3 【案例】自定义焦点图插件

目前大多数网站的首页都会有一块区域用于展示网站的最新动态。例如，商品促销、名品折扣、新品首发推荐、热门商品展示等。此区域一般采用多张图片切换的方式显示，通常称之为焦点图特效。下面利用 jQuery 提供的插件机制完成焦点图插件的制作。

**【案例展示】**

本案例要完成的效果是：默认情况下焦点图自动切换，当鼠标悬停在图片上方时，暂停焦点图的自动播放；鼠标离开时，焦点图继续自动播放。页面效果如图 7-5 所示。

在图 7-5 中，当用户鼠标悬停在小圆点上时，自动修改当前圆点的显示样式，并将焦点图切换到对应的图片。例如，将鼠标悬停在最后一个小圆点上方时，页面效果如图 7-6

所示。

图 7–5　自定义焦点图插件

图 7–6　切换焦点图

**【案例分析】**

该案例首先需要实现 HTML 结构，然后为其设置 CSS 样式，最后通过封装焦点图插件的方式，在 HTML 中实现 jQuery 特效，具体如下。

（1）HTML 结构

根据图 7–5 的页面效果，设计焦点图案例的 HTML 结构，如图 7–7 所示。

从图 7–7 可以看出中，整个焦点图在一个 div 容器内，容器中子元素 div 里则包含着多个切换小圆点，子元素 ul 的 li 元素内是焦点图的图片；为了单击焦点图的图片可以跳转到指定的页面，这里在每张图片的外层增加了一个 a 元素链接。

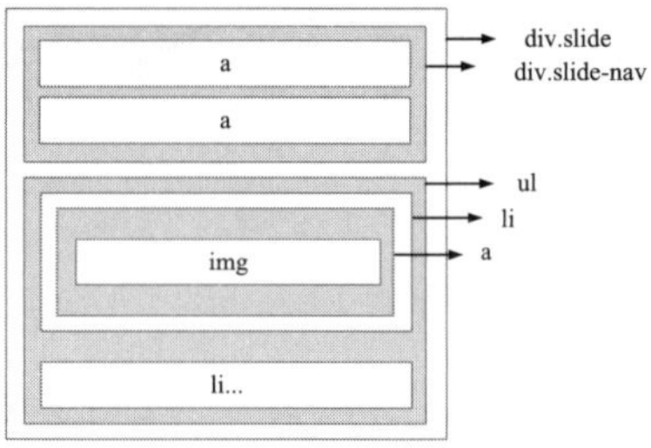


图 7–7　HTML 结构

（2）CSS 样式

根据焦点图的大小限定最外层 div 容器的宽高，通过浮动和定位让所有焦点图都显示在此区域内，接着设计小圆点的默认样式和鼠标滑过时的样式，从而完成整个页面的设计。

（3）jQuery 特效

默认情况下，不在 HTML 结构中设置小圆点的 a 元素链接。而是根据焦点图的个数利用 jQuery 生成。完成后，设置默认显示的焦点图和对应的小圆点样式。

接着，使用定时器完成图片的自动切换，当用户的鼠标放在焦点图上时，暂停切换图片，鼠标移开继续切换焦点图。最后处理，鼠标放在某个小圆点上时，将当前小圆点切换为鼠标滑过时的样式，同时将焦点图切换对应的图片。

**【案例实现】**

分析该案例要实现的功能后，接下来通过代码演示该案例的具体实现。步骤如下所示。

（1）　编写 HTML 结构

本案例的 HTML 代码如 chapter07\slide\slide.html 所示。

slide.html

```
<!DOCTYPE html>
<html>
    <head>
        <meta charset="UTF-8">
```

```
5          <title>焦点图插件</title>
6          <link rel="stylesheet" type="text/css" href="css/slide.css">
7          <script src="js/jquery-1.12.4.js"></script>
8          <script src="js/jquery.slide.js"></script>
9      </head>
10     <body>
11         <div class="slide">
12             <!-- 焦点图列表 -->
13             <ul>
14                 <li><a href="#"><img src="img/1.jpg"></a></li>
15                 <li><a href="#"><img src="img/2.jpg"></a></li>
16                 <li><a href="#"><img src="img/3.jpg"></a></li>
17                 <li><a href="#"><img src="img/4.jpg"></a></li>
18             </ul>
19             <!-- 焦点图切换小圆点 -->
20             <div class="slide-nav"></div>
21         </div>
22     </body>
23 </html>
```

上述第 6 行代码用于引入 CSS 样式，第 8 行代码用于引入自定义的插件文件。class 为 slide 的 div 元素用于作为焦点图的容器，class 为 slide-nav 的 div 元素用作焦点图中小圆点的容器，ul 是一个焦点图的列表。

需要注意的是，jQuery 文件必须在自定义插件的前面引入，否则自定义插件中若使用了 jQuery 的语法，程序会报错。

（2）设计 CSS 样式

本案例的 CSS 代码如 chapter07\slide\css\slide.css 所示。

slide.css

```
/* 最外层容器的样式 */
.slide {position:relative; overflow:hidden; border:1px solid #ccc;}
/* 图片区域的样式 */
.slide ul {position:relative; list-style:none; margin:0; padding:0;}
.slide ul li {position:absolute; display:none;}
/* 小圆点区域的样式 */
.slide-nav {position:absolute; right:0px; bottom:0px; height:30px;
    line-height:34px; width:100%; background:rgba(0,0,0,0.2);
    text-align:center;}
.slide-nav a {background:#fff; border-radius:7px; width:14px;
    height:14px; display:inline-block; margin:0 5px; cursor:pointer;}
.slide-nav .slide-curr {background:#ff6700;}
```

上述代码用于设置自定义插件 HTML 结构的样式。其中，第 12 行的“.slide-curr”是小圆点被选中时的样式。

（3）封装焦点图插件

本案例的焦点图插件代码如 chapter07\slide\js\jquery.slide.js 所示。

jquery.slide.js

```
1  (function($) {
2      function Slide(obj) {}                        //Slide() 构造函数
3      Slide.prototype = {
4          change: function(i, speed) {},            // 切换到第 i 张图片
5          next: function() {},                      // 切换到下一张图片
6          start: function(speed) {},                // 开启图片自动切换
7          pause: function() {}                      // 暂停图片自动切换
8      };
9      var defaults = {
10         speed: 3000,                              // 默认切换间隔时间（毫秒）
11         width: '670px',                           // 默认图片宽度
12         height: '240px',                          // 默认图片高度
13         prefix: 'slide'                           //class 前缀
14     };
15     // 为 jQuery 对象新增 slide 方法
16     $.fn.slide = function(options) {
17         options = $.extend({}, defaults, options);
18         this.css({width: options.width, height: options.height});
19         var slide = new Slide(this, options.prefix);
20         // 鼠标滑到焦点图区域，暂停自动切换，离开时，恢复自动切换
21         this.hover(function() {
22             slide.pause();
23         }, function() {
24             slide.start(options.speed);
25         });
26         return slide.change(0, 0).start(options.speed);
27     };
28     $.fn.slide.defaults = defaults;
29 })(jQuery);
```

上述第 2~8 行代码用于定义 Slide 构造函数完成小圆点的生成以及控制焦点图的操作方法。第 16~27 行代码用于自定义名为 slide 的焦点图插件。由于在默认情况下，焦点图中所有的图片都是隐藏的，因此显示图片时需要调用 change() 方法。

其中，change(0, 0) 方法表示切换到索引值为 0 的图片，动画时间为 0。start(options.speed) 用于开启图片自动切换，参数 options.speed 表示每次切换的间隔时间。

接下来在 jquery.slide.js 文件中，继续编写 Slide() 构造函数，完成相应功能的实现。

```
function Slide(obj, prefix) {
    //根据图片个数，自动生成相应数量的小圆点切换按钮
    this.pics = obj.find('li');
    var nav = obj.find('.' + prefix + '-nav');
    nav.append(new Array(this.pics.length + 1).join('<a></a>'));
    this.dots = nav.find('a');
    this.currCls = prefix + '-curr';
    var slide = this;
    //当鼠标滑到某个小圆点上时，切换到对应的图片
    this.dots.mouseover(function() {
        slide.change($(this).index());
    });
}
Slide.prototype = {
    //切换到索引值为 i 的图片，speed 为动画速度
    change: function(i, speed) {
        this.i = i;                           //保存传入的索引值
        this.dots.eq(i).addClass(this.currCls).siblings('a')
        .removeClass(this.currCls);           //小圆点切换
        this.pics.eq(i).stop(true, true).fadeIn(speed).siblings('li')
        .fadeOut(speed);                      //图片切换
        return this;
    },
    //切换到下一张图片，如果已经是最后一张，则自动回到第一张
    next: function() {
        if(++this.i >= this.pics.length) {
           this.i = 0;
        }
        return this.change(this.i, 600);
    },
    //开始自动切换
    start: function(speed) {
        var slide = this;
        this.timer = window.setInterval(function() {
            slide.next();
        }, speed);
        return this;
    },
    //暂停自动切换
    pause: function() {
        window.clearInterval(this.timer);
```

```
            return this;
        }
};
```

上述 Slide() 构造函数中，首先根据图片的个数和焦点图选择器的名称创建对应个数的小圆点元素，将第一个小圆点的样式设置为选中，并处理鼠标滑过小圆点的事件。然后分别定义 change()、next()、start() 和 pause() 方法，用于完成焦点图的相关操作。

（4）使用插件

按照以上 3 个步骤完成插件的设计后，下面在 HTML 中使用自定义的插件方法 slide()。在 slide.html 第 21 行代码下方添加以下代码。

```
<script>
    $('.slide').slide();
</script>
```

上述代码中“.slide”表示焦点图最外层 div 的 class 值为 slide。

至此，本案例的全部代码已经演示完毕，测试方法请参考前文的案例展示。

## 7.3 模板引擎

项目开发中，经常需要将后端服务器返回的数据拼接到 HTML 元素内，再将其显示到页面中。例如，将 Ajax 从服务器端请求到的数据显示到列表内，就可以通过字符串拼接完成。但若一个项目中多处编写这样的代码，代码会变得复杂且难以维护。此时，可以使用模板引擎将页面结构与数据相分离。而 art-template 因其优越的性能成为开发中最常用的模板引擎之一。本节将针对 art-template 的使用进行详细讲解。

### 7.3.1 art-template 快速入门

art-template 是一款轻量级的 JavaScript 模板引擎，具有接近 JavaScript 极限的运行性能、精准的调试功能、简单的语法使用规则、支持 JavaScript 的原生语法等特性，使得前后端开发时更利于团队协作，分工更加明确。

art-template 被托管于 GitHub，下载地址是 https://github.com/aui/art-template/releases，这里以 v4.12.1 版本为例讲解。解压下载的 art-template-4.12.1.zip 后，在使用时仅需将 lib 目录下的 template-web.js 文件引入即可。

为了读者更好地理解，下面通过一个案例演示如何利用 art-template 将 Ajax 请求到的数据显示到页面中。

（1）编写模板

首先编写模板，HTML 代码片段如 demo7-3.html 所示。

demo7-3.html

```
<div id="content"></div>
```

```
2 <script id="tpl" type="text/html">
3     <h2>{{title}}</h2>
4     <ul>
5         {{each list value index}}
6             <li>索引：{{index}}，值：{{value}}</li>
7         {{/each}}
8     </ul>
9 </script>
```

上述第 1 行用于展示模板渲染数据后的内容，读者根据实际情况具体设置对应的 HTML 元素即可。第 3~8 行代码用于在 script 标签内编写模板，type 值要设置为“text/html”，id 用于为模板渲染数据时找到对应的模板。

其中，“{{”和“}}”是 art–template 标准语法开始和结束的标签。title 与 list 是渲染模板时传递的数据对象中的属性名称。each 用于循环对象（如 list），value 表示属性值或数组元素的值，index 表示属性名称或数组元素的索引。需要注意的是，each 在使用时一定要添加结束标签，如第 7 行代码所示。

（2）渲染模板

继续编写 demo7–3.html 文件，使用 jQuery 实现 Ajax 请求，将从服务器端返回的数据显示到模板中的对应位置。代码如下。

```
1 <script src="template-web.js"></script>
2 <script src="jquery-1.12.4.js"></script>
3 <script>
4     $.get('demo7-3.json', function(data) {
5         var con = template('tpl', data);
6         $('#content').html(con);
7     });
8 </script>
```

上述第 1 行用于引入 template–web.js 文件，第 4~7 行代码用于向服务器端文件 demo7–3.json 发送 Ajax 请求，接收的返回数据类型为 json 格式，请求成功后利用 data 接收返回的数据。然后，调用 art–template 模板引擎提供的 template() 函数，为 id 名为 tpl 的模板渲染 data 数据，最后将渲染后的内容写入 id 名为 content 的元素内显示。

下面编写服务器端文件 demo7–3.json，用于返回 json 格式的数据。具体如下。

demo7–3.json

```
1 {
2     "title": "first demo",
3     "list": ["Purple potato", "Sweet potato", "Potato chips"]
4 }
```

完成上述操作后，在站点中使用浏览器请求 demo7–3.html 文件，页面效果如图 7–8

所示。

图 7-8　art-template 快速入门

从上述的快速入门案例可以看出，art-template 模板引擎在使用时分为两步，第 1 步是编写模板，第 2 步是利用数据对象渲染模板。

值得一提的是，art-template 模板引擎在浏览器端渲染时会影响首屏渲染速度，如页面加载时可能会出现卡顿的情况；且由于页面结构和数据相分离，影响搜索引擎的抓取效果。为了解决这些问题，art-template 提供了服务器端渲染模式，需要搭配 Node.js 使用，读者可以查阅相关资料学习这方面的内容。

### 7.3.2　标准语法和常用方法

art-template 在使用时支持两种语法：一种是标准语法，它的特点是支持基本的 JavaScript 表达式，语法简单实用，易于读写；另外一种是原始语法，它的特点是支持 JavaScript 的所有语句，拥有强大的逻辑表达能力，与 EJS（一个 JavaScript 模板库，用来从 JSON 数据中生成 HTML 字符串）一样。读者在使用时可以根据实际情况具体选择使用哪种语法。

下面结合常见的 art-template 提供的方法，以标准语法为例进行讲解。其中，标准语法中除了基本输出和循环外，还用一些其他常用的语法。具体如下。

1. 不转义输出

默认情况下，art-template 模板引擎在输出数据时，首先会对其进行转义处理，然后再将其输出，这样数据中若含有标签等内容，会将其按照普通字符输出，浏览器不会对其进行解析。但若在开发时需要让数据原样输出，可以在输出的数据前添加“@”字符。示例如下。

```
<div id="show"></div>                      <!-- 展示模板渲染数据后的内容 -->
<script id="test" type="text/html">        <!-- 编写模板 -->
    默认输出：{{title}}<hr>
    不转义输出：{{@title}}
</script>
<script>                                   // 渲染模板
    var con = template('test', {title: '<b> 输出 </b>'});
    $('#show').html(con);
</script>
```

上述代码用于为 id 值等于 test 的模板渲染数据对象，且数据对象中的数据含有 b 标签。下面在浏览器中请求此示例，可以得到图 7-9 所示的页面效果。

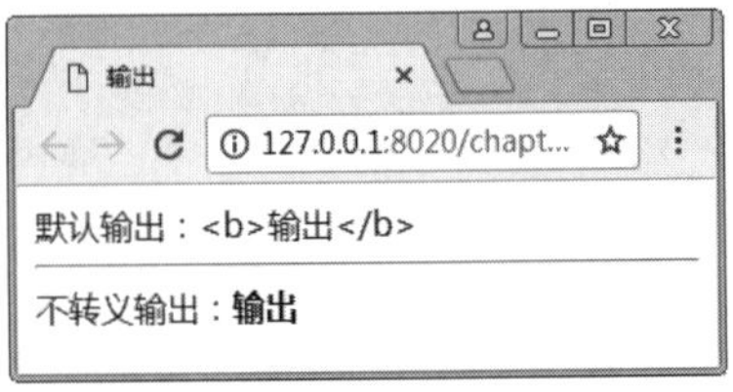

图 7-9　转义与不转义输出

从图 7-9 可以看出，默认输出时，浏览器没有解析 b 标签，将其按普通字符输出，在不转义输出时，浏览器解析 b 标签，将该标签内的文字加粗。需要注意的是，不转义输出语句由于不会对输出内容进行转义处理，当输出内容中含有恶意代码时，可能存在安全风险，请谨慎使用。

### 2. print 输出字符串

art−template 模板引擎提供的 print 可用于在模板中输出字符串，示例如下。

```
<div id="show"> </div>                       <!-- 展示模板渲染数据后的内容 -->
<script id="test" type="text/html">          <!-- 编写模板 -->
    {{print flag? opt.num1 + opt.num2 : '此时 flag 为 false' }}
</script>
<script>                                     // 渲染模板
    var data = {flag: false, opt: {num1: 3, num2: 8}};
    var con = template('test', data);
    $('#show').html(con);
</script>
```

上述代码，利用三元运算符判断 flag 为真时，在 id 等于 show 的元素内输出 num1 与 num2 的和 11，否则输出提示信息“此时 flag 为 false”。其中，在不需要遍历对象时，可以通过“对象 . 属性”（如 opt.num1）或“对象 [' 属性 ']”（如 opt['num2']）的方式获取指定属性。

### 3. 条件判断

条件判断是 art−template 中最常使用的语法之一，通常在模板中实现条件判断，HTML 代码片段如 demo7−4.html 所示。

demo7−4.html

```
<div id="show"></div>                       <!-- 展示模板渲染数据后的内容 -->
<script id="test" type="text/html">         <!-- 编写模板 -->
    {{each num v}}
        {{if v%2 == 0}}
            偶数为：{{v}} <br>
        {{/if}}
    {{/each}}
</script>
<script>                                    // 渲染模板
    var con = template('test', {num: [2, 9, 8, 7, 1]});
    $('#show').html(con);
</script>
```

上述代码中，模板中在使用 each 循环 num 属性对象时，通过 if 判断当前 v 是否是偶数，若不是偶数则不在页面中显示。

下面在浏览器中请求 demo7−4.html，可以得到的页面效果如图 7−10 所示。

图 7−10　条件判断

### 4. 嵌入子模板

项目开发时，若模板中的内容过于繁杂时，可以将其分块实现，通过嵌入子模板的方式引入，示例如下。

```
<div id="show"></div>                   <!-- 展示模板渲染数据后的内容 -->
<script id="test" type="text/html">   <!-- 编写模板 1 -->
    <h4>{{title}}</h4>
    {{include 'tpl'}}
</script>
<script id="tpl" type="text/html">    <!-- 编写模板 2 -->
    <ul>
        {{each list v i}}
            <li>第 {{i + 1}} 个 : {{v}}</li>
        {{/each}}
    </ul>
</script>
<script>                                 // 渲染模板
    var data = {
        title: '嵌入子模板',
        list: ['movie', 'variety', 'animation']
    };
    var con = template('test', data);
    $('#show').html(con);
</script>
```

上述代码定义了两个模板，对应的 id 值分别为 test 和 tpl，并在 test 模板中利用 include 引入了 tpl 的模板。然后使用 template() 函数为 test 模板渲染数据。页面效果如图 7-11 所示。

图 7-11 嵌入子模板

## 7.4 数据可视化图表

在实际开发中，根据实际需求，除了直接将后端返回的数据展示给用户外，还可以将其制作成可视化的图表（如折线图、饼状图等）展示，让数据信息变得更加直观。但若自己实现数据的可视化操作，既延长了开发的周期又增加了项目的成本。因此，开发时可以引用成熟的数据可视化图表组件。其中 ECharts 因其开源免费、功能丰富等特点备受开发者青睐。本节将针对 ECharts 的使用进行详细讲解。

### 7.4.1 快速体验 ECharts

ECharts 是一个纯 JavaScript 开源可视化库，具有丰富的可视化类型、绚丽的特效、支持交互式数据、跨平台应用、可高度个性化定制等多种特性。目前已被很多知名公司使用。

ECharts 下载地址是 http://echarts.baidu.com/download.html，读者可根据实际使用需求

选择不同版本进行下载，这里以下载 4.0.4 的源代码版本为例讲解。下载页面如图 7−12 所示。

图 7−12　ECharts 下载页面

为了读者更好地理解，下面通过一个案例快速体验 ECharts 的使用，演示如何将 Ajax 请求到的数据显示到折线图表中。

（1）绘制图表

首先引入 ECharts 的 JavaScript 文件，然后为 ECharts 准备一个 DOM 容器，最后在 script 标签中绘制空的折线图表，HTML 代码片段如 demo7−5.html 所示。

demo7−5.html

```
<script src="echarts.js"></script>
<div id="box" style="width:400px;height:300px"></div>
<script>
    var myChart = echarts.init(document.getElementById('box'));
    myChart.setOption({
        title: {text: '整点温度实况'},
        color: '#675bba',
        legend: {data: ['温度']},              //图例数组的名称
        tooltip: {
             trigger: 'axis',                  //触发类型：坐标轴触发
             axisPointer: {                    //坐标轴提示器的配置项
                 type: 'cross',                //十字准星指示器
                 label: {                      //提示器的背景色
                     backgroundColor: '#6a7985'
                 }
             }
         },
         xAxis: {data: [], name: '时'},      //X 轴的名字为"时"，数据为空
         yAxis: [{
             type: 'value',                    //Y 轴是数值轴
```

```
21              name: '温度',                         //Y 轴的名字
22              min: 0,                               //Y 轴的刻度最小值
23              max: 25,                              //Y 轴的刻度最大值
24              axisLabel: {
25                  formatter: '{value} °C'   // 设置 Y 轴刻度的显示格式
26              }
27          }],
28          series: [{
29              name: '温度',
30              type: 'line',                         // 设置图表类型为折线型
31              symbol: 'circle',                     // 设置为实心圆
32              symbolSize: 10,                       // 设定实心点的大小
33              data: []                              // 数据为空
34          }]
35      });
36  </script>
```

上述第 1 行用于引入 ECharts 源代码文件；第 2 行用于设置一个具有宽高的 DOM 容器，用于放置折线图表；第 4 行表示基于准备好的 DOM 容器（必须使用 JavaScript 代码获取）初始化 echarts 对象；第 5~35 行代码使用 echarts 对象调用 setOption() 方法设置图表的显示标题、图例以及没有数据的坐标轴的相关参数。

关于 setOption() 方法的参数项描述如表 7-1 所示。

表 7-1　setOption() 方法的参数项描述

| 参 数 项 | 描　　述 |
|---|---|
| title | 标题组件，包含主标题和副标题 |
| color | 调色盘颜色列表 |
| legend | 图例组件，用于展现不同 series 系列的标记、颜色和名字 |
| tooltip | 提示框组件 |
| xAxis | 设置直角坐标系 grid 中的 X 轴相关配置 |
| yAxis | 设置直角坐标系 grid 中的 Y 轴相关配置 |
| series | 设置图表的系列列表，每个系列通过 type 决定自己的图表类型 |

读者在此处大致了解每个配置项的含义即可，具体的设置、注意事项等详细内容会在后面的小节中详细讲解。

使用浏览器请求的页面效果如图 7-13 所示。

图 7-13 中，“整点温度实况”是图表的标题，它的右侧是图表使用的图例。X 轴用于表示小时，Y 轴用于表示温度（单位：℃），且 Y 轴刻度按照设置的刻度最大值和最小值自动均分显示。其中，虚线显示的效果是鼠标经过图表时显示的提示框效果。

（2）加载异步数据

接下来，在 demo7−5.html 引入 jQuery 文件，在（1）中的 script 标签中添加 jQuery 发送 Ajax 请求的代码，获取后端提供的数据，并将其填入 echarts 对应的参数项中。代码如下。

图 7−13　空的折线图表

```
1  <script src="jquery-1.12.4.js"></script>
2  <script>
3      //此处省略（1）中的代码
4      $.get('demo7-5.json', function(data) {
5          myChart.setOption({
6              xAxis: {data: data.h,},
7              series: [{name: '温度', data: data.c}]
8          });
9      });
10 </script>
```

上述第 5~8 行代码表示，将后端返回的 json 数据显示到折线图表中。下面继续编写 demo7−5.json 文件，代码如下。

demo7−5.json

```
1 {
2     "h": [6, 8, 10, 12, 14, 16, 18, 20, 22, 24, 2, 4],
3     "c": [3, 8, 12, 12, 16, 18, 16, 14, 10, 5, 4, 3]
4 }
```

上述代码中，第 2 行代码用于保存一天中的时间（小时），第 3 行代码用于保存对应时间的温度。

完成上述操作后，在站点中重新使用浏览器请求 demo7−5.html 文件，鼠标经过 16 点时，页面效果如图 7−14 所示。

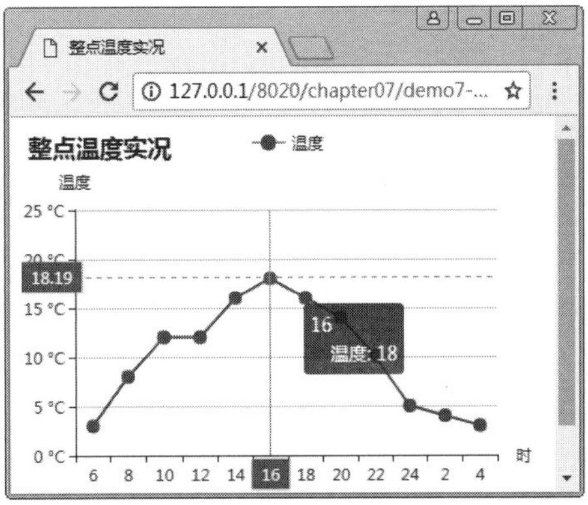


图 7−14　加载异步数据后的页面效果

从上述的快速体验案例可以看出，ECharts 可视化图表在使用时一共分为 3 步：第 1 步是引入 ECharts 的 JavaScript 文件；第 2 步为图表提供存放的容器，并根据容器获取 echarts 的实例对象；第 3 步是为实例对象设置配置项，为图表添加数据，数据可以直接添加、也可以通过交互获取。

## 7.4.2　EChars 的常用配置项

ECharts 的功能丰富，它可以根据用户的需求完成不同图表的绘制。基本图表的绘制方式与上一节中讲解的基本相同，只需要完成不同配置项的设置即可。接下来对 ECharts 数据可视化图表中 setOption() 方法中的常用配置项的使用进行详细讲解。

1. 图表类型

series 配置项可同时指定一个或多个图表类型及相关配置，从而形成系列列表，每个系列都是通过 type 属性决定自己的图表类型。常见的 type 属性值如表 7–2 所示。

表 7–2 series 配置项常见的 type 属性值

| type 属性值 | 描 述 |
| --- | --- |
| line | 默认为折线图，设置 areaStyle 后可以绘制面积图。通过 visualMap 组件可通过不同颜色区分每个区间内的数据。可应用在直角坐标系和极坐标系上 |
| bar | 柱状或条形图，通过柱形的高度或条形的宽度表示数据的大小，要求直角坐标系中至少有一个类目轴或时间轴 |
| pie | 饼图，设置 roseType 可显示成南丁格尔图（通过半径大小区分数据的大小） |
| scatter | 散点气泡图，默认时需要设置点的横纵坐标，多维度时其他维度的值可用 symbol 实现。可应用在直角坐标系、极坐标系和地理坐标系上 |
| effectScatter | 带有涟漪特效动画的散点气泡图 |
| radar | 雷达图，主要用于表现多变量的数据。例如，学生的各个属性分析 |
| tree | 树图，主要用来显示树形数据的结构，具有唯一的根节点和左右子树 |
| treemap | 主要通过面积方式显示层级数据或树状数据 |
| sunburst | 由多层的环形组成的旭日图，内圈是外圈的父节点 |
| candlestick | K 线图，常被应用到股市及期货市场 |
| heatmap | 热力图，主要通过颜色表现数值大小，必须与 visualMap 组件配合使用。应用在直角和地理坐标系上 |
| map | 地图，主要用于地理区域数据的可视化 |
| lines | 线图，用于带有起点和终点信息的线数据的绘制，如地图中航线变化 |
| graph | 用于展现节点以及节点之间的关系数据 |
| funnel | 漏斗图，倒置的三角形，展现各个数据的层级关系 |
| custom | 可自定义系列中的图形元素渲染，从而能扩展出不同的图表 |

表 7–2 中，根据每种图表的特性，ECharts 提供了不同的坐标系供用户选择绘制，并且每种图表都有自己的相关属性用于完成不同的需求。

为了读者更好地理解，下面以树图为例，列举除 type 属性外其他常见配置相关属性，如表 7–3 所示。

表 7–3 树图中常见配置相关属性

| 树图属性 | 描 述 |
| --- | --- |
| name | 设置指定图表的名称，字符型 |
| data | 设置此系列图表的数据，对象型 |

续表

| 树图属性 | 描　　述 |
|---|---|
| top | 树图离容器上侧的距离，默认值为 12%，字符型或数值型 |
| bottom | 树图离容器下侧的距离，默认值为 12%，字符型或数值型 |
| right | 树图离容器右侧的距离，默认值为 12%，字符型或数值型 |
| left | 树图离容器左侧的距离，默认值为 12%，字符型或数值型 |
| symbol | 标记的图形。可选值为 circle、rect、roundRect、triangle、diamond、pin、arrow，或可通过 img 设置图片，默认值为 emptyCircle |
| symbolSize | 标记的大小，默认值为 10，参数可为数值型、数组或回调函数 |
| label | 描述了每个节点所对应的文本标签的样式 |
| expandAndCollapse | 设置子树是否开启折叠和展开的交互，默认为 true 表示开启 |

在表 7−3 中，name 属性经常被用作工具的提示（tooltip 提示框组件）、图例的筛选（legend 组件），以及根据指定的 name 值使用 setOption() 方法更新对应图表系列的数据和配置项。

接下来，根据已知的数据绘制一个树形数据的结构，HTML 代码片段如 demo7−6.html 所示。

demo7−6.html

```
<div id="box" style="width: 400px;height:400px;"></div>
<script>
    var myChart = echarts.init(document.getElementById('box'));
    var data = {
        "name": "天气",
        "children": [
            {"name": "雪",
                "children": [{"name": "大雪"},
                    {"name": "中雪"},
                    {"name": "小雪"}]
            },{"name": "风",
                "children": [{"name": "台风"},
                            {"name": "暴风"},
                            {"name": "飓风"},]
            },{"name": "雨",
                "children": [{"name": "暴雨"}]
            }
        ]
    };
</script>
```

上述代码定义的 data 对象用于树图的数据显示，data 对象的 name 属性“天气”，是整个树图的根节点，chaildren 属性以数组的形式设置它的子节点，每个子节点的表示方式与根节点的设置相同。

接下来，继续在 demo7-6.html 文件的第 19 行代码后添加以下代码，完成树图的设置。

```
1  myChart.setOption({
2      series: [{
3          type: 'tree',
4          name: '树',
5          data: [data],
6          top: '5%',
7          left: '10%',
8          bottom: '5%',
9          symbolSize: 7,
10         label: {position: 'left'},
11         expandAndCollapse: true,
12         animationDuration: 550,
13         animationDurationUpdate: 750
14     }]
15 });
```

从上述代码可以看出，series 的值是一个数组，数组中的每一个元素都是一个对象，用于设置该系列图表的相关内容，多个系列图表仅需添加多个对象元素即可。其中，第 10 行代码用于设置文本标签实现在圆形图标的左侧；第 12 行代码用于设置初始动画的时长；第 13 行用于设置数据更新动画的时长。

完成上述操作后，使用浏览器请求 demo7-6.html，页面效果如图 7-15（a）所示。

在图 7-15（a）中，单击“天气”的圆形标志折叠树图，页面效果如图 7-15（b）所示。值得一提的是，其他图表使用与树图类似，读者可参考 ECharts 官方手册进行学习，这里不再一一列举。

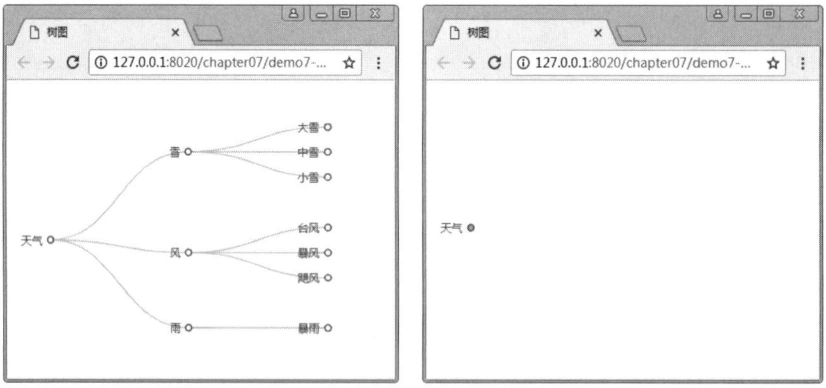


(a)　　(b)

图 7-15　树图

2. 数据集

在前面的学习中，设置每个系列图表时，数据都是直接编写到指定的系列中。这样做虽然可以为一些特殊的图表定制数据类型，看起来很直观；但是这种操作会增加数据处理过程的复杂度，同时不利于多个系列共享一份数据等操作。此时，可以使用 ECharts 4 提供的数据集（dataset）组件实现对数据的单独管理。

下面以实现柱状图表为例，演示数据集的使用。HTML 代码片段如 demo7−7.html 所示。

demo7−7.html

```
1  <div id="box" style="width:400px;height:300px;"></div>
2  <script>
3      var myChart = echarts.init(document.getElementById('box'));
4      myChart.setOption({
5          legend: {}, tooltip: {},
6          dataset: {
7              source: [
8                  ['商品', '2017', '2018'],
9                  ['图书', 56.3, 85.9],
10                 ['服饰', 90, 95.6]
11             ]
12         },
13         xAxis: {type: 'category'}, yAxis: {},
14         series: [
15             {type: 'bar'},
16             {type: 'bar'}
17         ]
18     });
19 </script>
```

上述代码中，dataset 的 source 属性用于设置原始数据，第 8 行代码用于设置图表维度（列）的名称，第 9、10 行代码用于设置具体的数据。接着，在 series 中定义了两个柱状的图表。页面效果如图 7−16 所示。

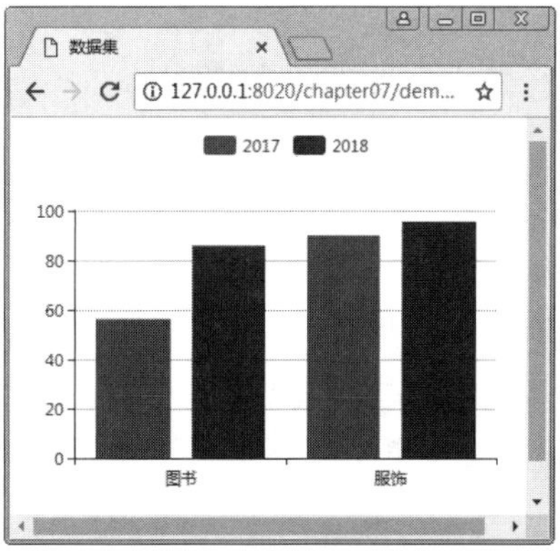


图 7−16　数据集

除了上述演示的设置数据集的方式外，还可以使用 dataset 提供的 dimensions 属性定义数据的每个维度的名称。例如，将 demo7−7.html 中第 6~12 行代码修改成如下的形式。

```
1 dataset: {
2     dimensions: ['商品', '2017', '2018'],
3     source: [
4         {商品: '图书', '2017': 56.3, '2018': 85.9},
5         {商品: '服饰', '2017': 90, '2018': 95.6}
6     ]
7 },
```

上述代码中，第 2 行用于设置维度的名称，第 3~6 行用于根据每个维度的名称定义数据。

需要注意的是，若在 dataset 中指定了 dimensions 属性，则 ECharts 不会再自动从 dataset 的 source 属性的第一行 / 列中获取维度信息。

3. 工具栏

为了便于开发，ECharts 中还可以为图表设置工具栏，例如，将图表导出图片、动态切换图表的类型（如从柱状图切换为线型图）、图表的数据视图、重置图表以及图表的区域缩放功能。

为了便于读者理解，下面以 demo7−5.html 为例，完成工具栏的设置。首先，在 series 属性后添加逗号，然后在 setOption() 方法中添加以下代码。

```
1  toolbox: {
2      show: true,
3      orient: 'vertical',
4      feature: {
5          dataZoom: {yAxisIndex: 'none'},
6          dataView: {readOnly: false},
7          magicType: {type: ['line', 'bar'] },
8          restore: {},
9          saveAsImage: {},
10     }
11 }
```

上述第 2 行表示在图表中显示工具栏；第 3 行表示工具栏中的图标以垂直的方式展示。第 4~10 行用于设置各工具的配置项。其中，第 5 行设置禁止 Y 轴缩放，第 6 行表示数据视图是只读的形式，第 7 行设置了可以转换的图表类型，第 8 行表示重置图表，第 9 行表示可将图表导出图片。

完成上述操作后，在站点中请求 demo7−5.html，页面效果如图 7−17（a）所示。

在图 7−17（a）中，图表的右侧垂直方向的 7 个图标表示添加的功能，从上往下看，依次表示“区域缩放”“区域缩放还原”“数据视图”“切换为折线图”“切换为柱状图”“还原”和“保存为图片”。单击“数据视图”，即可看到图 7−17（b）所示的效果。其他工具栏中的功能读者可自己测试，这里不再一一演示。

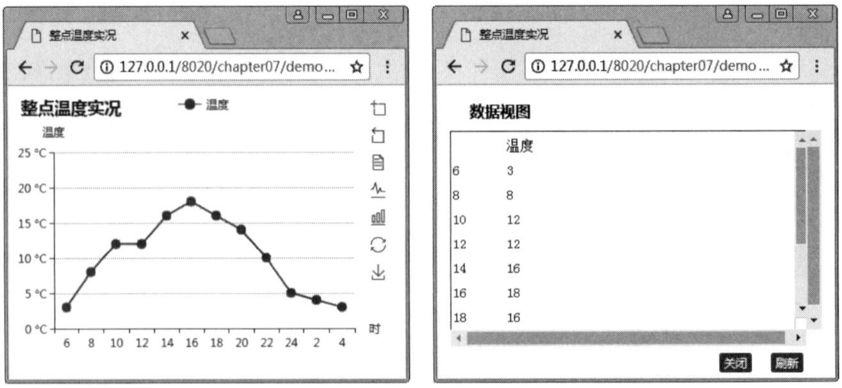


(a)　　(b)

图 7−17　工具栏与数据视图

ECharts 提供的功能非常丰富，这里由于篇幅有限只能简单讲解一些常见应用，其他诸如地图等的图表读者可参考 ECharts 的手册进行参考学习，此处不再赘述。

# 7.5 文件上传

文件上传操作是 Web 前端开发中最常见的功能之一，但是在项目开发时不仅要考虑浏览器的兼容问题，而且要处理大文件的上传、支持的文件类型以及多途径上传文件等问题。

因此，为了方便开发，节约成本，可以使用成熟的文件上传组件。其中，WebUploader 是 Baidu WebFE（FEX）团队开发的一个以 HTML5 为主、以 Flash 为辅的文件上传组件，可解决以上几乎所有关于文件上传的问题。本节将针对 WebUploader 的使用进行详细讲解。

## 7.5.1 快速体验 WebUploader

WebUploader 是一款采用 AMD（Asynchronous Module Definition，异步模块定义）规范组织的文件上传组件，它的主要特性分别是文件上传速度快，可轻松实现图片的预览功能，支持拖拽等多途径方法添加文件，同时支持 HTML5 和 Flash 的文件加载、方便扩展等。可以从 GitHub 上下载最新的版本，地址为 https://github.com/fex-team/webuploader/releases，如图 7-18 所示。

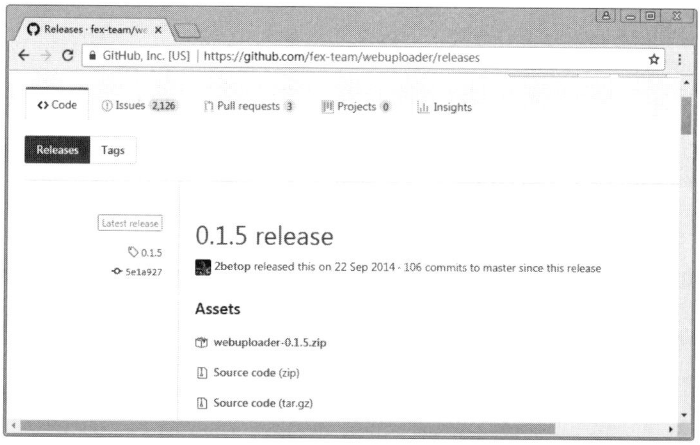


图 7-18　WebUploader 下载地址

从图 7-18 中可以看出，WebUploader 包含了两个版本，分别为压缩版本（webuploader-0.1.5）和源码版本（Source code）。其中，压缩版本中仅包含 WebUploader 的主要 JavaScript、CSS 以及 SWF 文件，源码版本中则包含了很多示例。这里以压缩版本为例进行讲解。

下载后的压缩版 WebUploader 中，对不同的开发需求提供了多个不同的 JavaScript 文件，常用的文件如表 7-4 所示。

表 7-4　压缩版 WebUploader 的目录

| 文 件 名 称 | 描　　述 |
|---|---|
| Uploader.swf | SWF 文件，当使用 Flash 运行时需要引入 |
| webuploader.css | Web Uploader 提供的 CSS 样式文件 |
| webuploader.html5only.js | 仅适用于 HTML5 实现的版本 |
| webuploader.html5only.min.js | 仅适用于 HTML5 实现的迷你版本 |
| webuploader.flashonly.js | 仅适用于 Flash 实现的版本 |
| webuploader.flashonly.min.js | 仅适用于 Flash 实现的迷你版本 |
| webuploader.js | WebUploader 的完全版本 |
| webuploader.min.js | WebUploader 的完全迷你版本 |
| webuploader.nolog.js | 不开启日志功能的完全版本 |
| webuploader.nolog.min.js | 不开启日志功能的完全迷你版本 |
| webuploader.withoutimage.js | 去除图片处理版本，适用于 HTML5 和 Flash |
| webuploader.withoutimage.min.js | 去除图片处理迷你版本，适用于 HTML5 和 Flash |

下面以仅适用于 HTML5 实现的版本为例进行讲解。首先在使用时，需要引入文件。如下所示。

```
<link rel="stylesheet" href="webuploader-0.1.5/webuploader.css">
<script src="jquery-1.12.4.js"></script>
<script src="webuploader-0.1.5/webuploader.html5only.min.js"></script>
```

上述代码中，jQuery 文件必须在 webuploader.html5only.min.js 文件前引入，避免程序在运行时找不到相关方法而发生错误等情况的发生。

为了读者更好地理解，下面通过一个案例快速体验 WebUploader 的使用，演示如何实现简单的文件上传功能。HTML 代码片段如 demo7-8.html 所示。

demo7-8.html

```
<div class="uploadimg">
    <div id="file_picker"></div>
</div>
<script>
    var uploader = WebUploader.create({
        auto: true,                          // 选完文件后，是否自动上传
        server: 'fileupload.php',            // 文件接收服务端
        pick: {                              // 指定选择按钮的容器
            id: '#file_picker',
            innerHTML: ' 单击上传文件 ',
            multiple: false
        }
    });
</script>
```

上述代码中，WebUploader 是对外操作的唯一变量，内部所有类和功能都在 WebUploader 名字的空间下。WebUploader 调用 create() 方法用于初始化文件上传相关的配置。其中，第 9 行将 id 值为 file_picker 的 div 元素指定为文件上传的按钮；第 10 行设置按钮上的显示文本，不指定时优先从指定的容器中查看是否自带文字；第 11 行表示不允许同时选中多个文件上传。

接着编写 fileupload.php 文件，在该文件中打印输出获取的上传文件信息。代码如下。

fileupload.php

```
<?php
    json_encode($_FILES);
?>
```

完成上述操作后，使用站点下的浏览器请求 demo7−8.html 文件，"单击上传文件"按钮，选择任意一个文件上传，页面效果如图 7−19 所示。

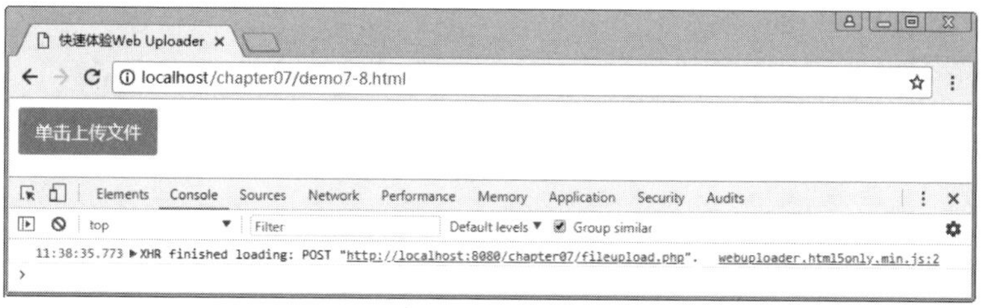


图 7−19　文件上传成功

在图 7−19 中，控制台中显示的内容为上传文件后的服务器端处理地址，单击此地址，在"Network"中单击"fileupload.php"，选择"Preview"查看服务器端的响应信息。页面效果如图 7−20 所示。

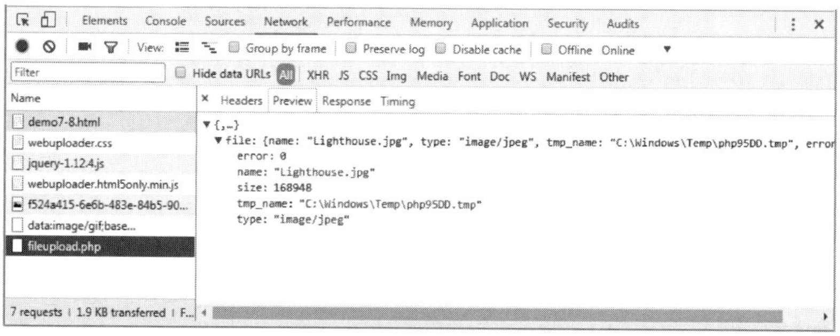


图 7−20　服务器端获取的数据

图 7−20 中显示了上传文件的 name（名称）、type（MIME 类型）、tmp_name（上传后临时文件名）、error（上传是否有误，0 表示成功）和 size（文件大小，单位是 Byte）。根据这些信息，在服务器端可以将文件转存到指定目录中或进行其他处理。由于此部分内容是服务器端的相关知识，建议读者参考 PHP、Java 等编程语言关于上传文件的处理，此处不再赘述。

### 7.5.2 显示上传进度

在用户上传文件时，如果文件的体积比较大，则需要等待较长的时间。在这个过程中，为了增加用户使用的友好感，可以使用 WebUploader 提供的 fileQueued 事件监控文件是否放入上传的队列，uploadProgress 事件获取文件上传的进度。

下面为了读者更好地理解，为 demo7−8.html 添加显示上传文件名称及进度的功能。首先修改 demo7−8.html 文件的 HTML 代码，添加显示上传文件的列表容器，如下所示。

```
<div class="uploadimg">
    <div class="list"></div>        <!-- 新增代码 -->
    <div id="file_picker"></div>
</div>
```

接着，在 demo7−8.html 文件的第 13 行后添加以下代码，完成相应事件的绑定与处理。如下所示。

```
1   // 上传文件被加入队列后触发
2   uploader.on('fileQueued', function(file) {
3       $('.list').append(
4           '<div id="' + file.id + '">' +
5           '<h4 class="info">' + file.name + '</h4>' +
6           '</div>');
7   });
8   // 上传过程中触发，并且携带上传的进度值
9   uploader.on('uploadProgress', function(file, percentage) {
10      var li = $('#' + file.id);
11      var  percent = li.find('.progress .progress-bar');
12      if(!percent.length) {     // 避免重复创建
13          percent = $('<div class="progress">' +
14              '<div class="progress-bar"></div>' +
15              '</div>').appendTo(li).find('.progress-bar');
16      }
17      percent.css('width', percentage * 100 + '%');
18  });
```

上述代码中，利用 on() 方法为指定的上传按钮容器分别绑定 fileQueued 和 uploadProgress 事件。事件的处理函数中，file 参数表示上传的文件对象，percentage 参数是数值类型的上传进度。

其中，第 3~6 行代码用于在 class 名为 list 的元素中显示当前上传的文件；第 10 行代码根据上传文件的 id 获取对应的对象 li；第 11~16 行代码用于在 li 对象的元素后添加显示上传进度的元素 percent；第 17 行代码通过修改 percent 的宽度完成上传进度的实现。

若想在页面中看到上传进度的显示，还需要自定义上传进度的样式，在 demo7−8.html 文件中添加以下代码。

```
<style type="text/css">
```

```
2       .info {color: green;}
3       .progress {width: 100%;height: 4px; border: 1px solid #4cae4c;
4           position: absolute; left: 0; top: 0; }
5       .progress .progress-bar {width: 0px; height: 100%;background: #4cae4c;}
6   </style>
```

上述第 2 行代码用于设置上传文件名称的颜色；第 3、4 行将上传进度条设置在文档的最顶端，默认的宽度为 0，高度为 4 px，背景颜色为“#4cae4c”。

值得一提的是，若上传的文件体积过小，则很难看到其页面的加载过程，因此，可以使用 Chrome 浏览器的限速功能，模拟网速较差时页面的加载情况。打开 Network，单击 Online 右侧的三角形图标，选择 Slow 3G 模式。页面效果如图 7–21 所示。

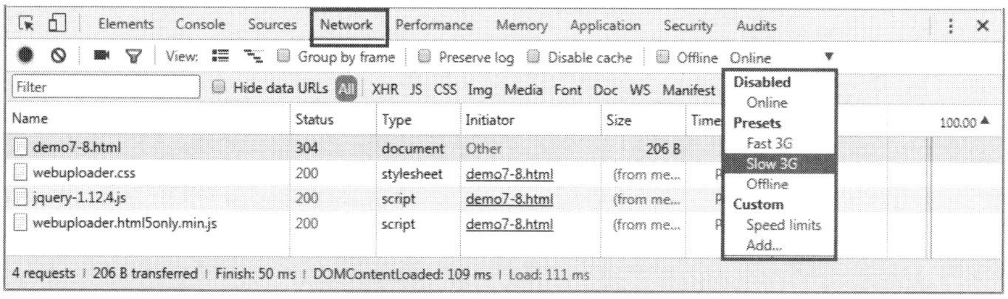


图 7–21　设置浏览器限速

完成上述操作后，即可重新请求 demo7–8.html 文件，选择文件上传，页面效果如图 7–22 所示。

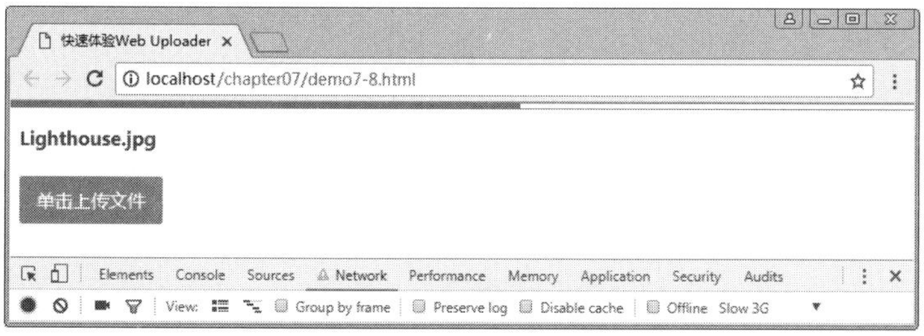


图 7–22　显示上传进度

图 7–22 中显示了上传的文件名称为 Lighthouse.jpg 以及上传的文件进度条。

除了上述案例中使用的事件外，WebUploader 还提供了多种与文件上传相关的事件。下面在上述案例的 JavaScript 代码中添加以下代码，完成对文件上传成功、失败与执行完成的相关处理。如下所示。

```
uploader.on('uploadSuccess', function(file) {
    alert('上传成功');
});
uploader.on('uploadError', function(file) {
    alert('上传失败');
});
uploader.on('uploadComplete', function(file) {
```

```
8      $('#'+file.id).find('.progress').fadeOut();
9  });
```

上述代码，uploadSuccess 事件在文件上传成功时触发，uploadError 事件在文件上传出错时触发。在事件触发后执行第 2 行或第 5 行代码弹出对话框给出提示信息。uploadComplete 事件则不论文件是否上传成功，只要文件上传完成时就会触发，在事件触发后执行第 8 行代码以淡出的效果隐藏上传的进度条。

使用浏览器重新请求 demo7−8.html 文件，选择文件上传，页面效果如图 7−23 所示。

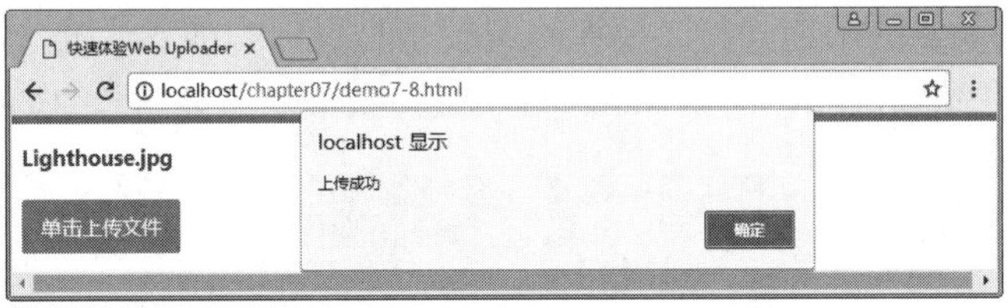


图 7−23　监控上传过程

在图 7−23 中，单击“确定”按钮后，可以看到文档中顶端的进度条以淡出的效果逐渐消失。

### 7.5.3　图片上传操作

项目开发中，经常需要上传图片，将其作为商品的展示图、企业的 Logo 等。因此，在接收上传文件时，需要指定上传的文件是图片类型。同时为了增强用户的体验，在其选择图片后，经常将图片以缩略图的形式展示在指定位置进行预览。WebUploader 提供了与图片上传相关的配置与事件操作。

下面为了读者更好地理解，将 demo7−8.html 文件的功能修改为只允许上传图片。首先为 WebUploader.create() 方法的对象型参数添加以下配置代码，完成图片上传的设置。如下所示。

```
accept: {                  // 只允许选择图片文件
    title: 'Images',
    extensions: 'gif,jpg,jpeg,bmp,png',
    mimeTypes: 'image/*'
},
duplicate: true,           // 允许重复上传同一张图片
thumb: {                   // 配置生成缩略图的选项
    width: 200,
    height: 200,
    allowMagnify: false,
    crop: true,
    type: 'image/png'
}
```

上述代码中，accept 指定只允许上传的图片扩展名为 gif、jpg、jpeg、bmp 和 png，MIME 类型是所有图片类型；duplicate 设置为 true 表示允许重复上传同一张图片；thumb

设置生成的缩略图大小为 200×200 像素的 png 格式的图片。其中，第 10 行表示生成小图时不允许放大，保证图片不失真。第 11 行表示生成缩略图时允许剪裁。

接下来，修改 demo7–8.html 中对 fileQueued 事件的处理，增加预览图的功能。如下所示。

```
1   uploader.on('fileQueued', function(file) {
2       $('.list').append(
3           '<div id="' + file.id + '">'
4           + '<img>'
5           + '<h4 class="info">' + file.name + '</h4>'
6           + '</div>');
7       var img = $('#' + file.id).find('img');
8       uploader.makeThumb(file, function(error, src) {
9           if (error) {
10              img.replaceWith('<span>不能预览</span>');
11              return;
12          }
13          img.attr('src', src);
14      }, 100, 100);
15  });
```

上述代码在上传文件列表中添加上传文件时，增加第 4 行代码，用于展示预览图。第 7 行代码用于获取预览图的元素对象；第 8~14 行代码用于生成缩略图，作为预览。其中，error 参数为 true，表示生成缩略图有错误，src 参数表示缩略图的 Data URL 值。

makeThumb() 方法的第 3 个和第 4 个参数值设置为 100，用于指定生成缩略图的宽和高，当其值在 0~1 之间时，会被当成百分比使用。另外，若 makeThumb() 与 WebUploader.create() 方法中的配置重复时，使用前者的配置。

使用浏览器重新请求 demo7–8.html 文件，选择图片上传，页面效果如图 7–24 所示。

从图 7–24 可以看出，上传的图片以缩略图的方式预览在上传文件的名称上方。读者可下载此图片，查看该图片的大小是否是 100×100 像素，文件类型是否是 png 格式。此处不再进行演示。

图 7–24　生成缩略图

## 7.6 编辑器

在项目开发中，商品详情的描述直接影响着用户是否会进行消费。因此，在编辑商品详情时，就需要对文字和图片进行排版，对字体、字号、颜色等进行详细设置，同时可酌情添加简短的视频，为用户对商品的了解提供更加直观的认识。其中，UEditor 因其开源免费、功能全面、用户体验度好等特点被很多知名企业应用。本节将针对 UEditor 编辑器的使用进行详细讲解。

### 7.6.1 快速体验 UEditor

UEditor 是百度推出的一款编辑器，它的开源代码基于 MIT 协议，允许用户自由使用与修改。其中，MIT 的名称源自麻省理工学院（Massachusetts Institute of Technology，MIT），又称 X 条款或 X11 条款。

UEditor 官方下载地址为 http://ueditor.baidu.com/website/download.html，如图 7–25 所示。

图 7–25　UEditor 下载地址

从图 7–25 可以看出，UEditor 有很多版本。这里选择开发版，下载 1.4.3.3PHP 版本（UTF–8 版）进行学习讲解。

解压下载的压缩包文件 ueditor1_4_3_3–utf8–php.zip，其中各文件及目录的作用如表 7–5 所示。

表 7–5　UEditor 各文件及目录的作用

| 分　类 | 名　称 | 描　　　述 |
|---|---|---|
| 目录 | dialogs | 弹出对话框对应的资源和 JavaScript 文件 |
| | lang | 编辑器国际化显示的文件 |
| | php | PHP 服务器端操作的后台文件 |
| | themes | 样式图片和样式文件 |
| | third-party | 第三方插件（包括代码高亮、源码编辑等组件） |
| 文件 | ueditor.all.js | 编辑器源码文件 |
| | ueditor.all.min.js | 编辑器源码文件的迷你版，建议在正式部署时采用 |
| | ueditor.config.js | 编辑器的配置文件 |
| | ueditor.parse.js | 内容展示时，会自动加载表格、列表、代码高亮等样式 |
| | ueditor.parse.min.js | 内容展示的迷你版，建议在正式部署时采用 |

为了读者更好地理解，下面通过一个案例快速体验 UEditor 的使用，演示如何在网页

中添加编辑器。HTML 代码如 demo7−9.html 所示。

demo7−9.html

```
1  <!DOCTYPE html>
2  <html>
3      <head>
4          <meta charset="UTF-8">
5          <title>快速体验编辑器</title>
6          <script src="ueditor/ueditor.config.js"></script>
7          <script src="ueditor/ueditor.all.min.js"></script>
8      </head>
9      <body>
10         <div id="content" style="width:500px;height:200px;"></div>
11         <script>
12             var ue = UE.getEditor('content');
13         </script>
14      </body>
15 </html>
```

上述第 6、7 行代码分别引入 UEditor 的配置文件与源码文件；第 10 行代码定义一个加载编辑器的容器；第 12 行代码调用 UE.getEditor() 方法将实例化的编辑器存放到 id 为 content 的元素容器内。完成上述设置后，页面效果如图 7−26 所示。

图 7−26　快速体验编辑器

从图 7−26 可以看出，UEditor 编辑器默认情况下，在工具栏中显示了很多便捷的工具。例如，字体的大小、颜色、格式化、添加图片、添加表格、添加表情等，这些都是编辑器的配置文件中默认的设置，用户可以根据实际的需求进行定制，此处了解即可，具体内容会在后面的小节详细讲解。

值得一提的是，若要使用编辑器完成图片上传等操作，需要有后台语言的支持，在站点目录下操作相关的文件。此部分内容的设置请参考相关语言的语法，结合 UEditor 的手册进行配置，这里不再赘述。

### 7.6.2 定制工具栏图标

UEditor 编辑器中的工具栏图标类似 word 文档内工具栏中的图标。在项目中使用编辑器时，可以根据实际情况定制工具栏中的按钮。其中，常见的工具栏按钮如表 7–6 所示。

表 7–6　常用的工具栏按钮

| 选　项 | 含　义 | 选　项 | 含　义 | 选　项 | 含　义 |
|---|---|---|---|---|---|
| backcolor | 背景色 | blockquote | 引用 | bold | 加粗 |
| emotion | 表情 | fontsize | 字号 | fontfamily | 字体 |
| forecolor | 字体颜色 | formatmatch | 格式刷 | fullscreen | 全屏 |
| help | 帮助 | insertorderedlist | 有序列表 | insertrow | 前插入行 |
| italic | 斜体 | insertunorderedlist | 无序列表 | insertcol | 前插入列 |
| inserttable | 插入表格 | justifyjustify | 两端对齐 | justifyleft | 居左对齐 |
| justifyright | 居右对齐 | justifycenter | 居中对齐 | link | 超链接 |
| paragraph | 段落格式 | redo | 重做 | strikethrough | 删除线 |
| source | 源代码 | underline | 下画线 | undo | 撤销 |

UEditor 中对于工具栏的定制操作提供了两种方式：一种是修改 ueditor.config.js 配置项文件里面的 toolbars；另一种是在实例化编辑器时设置 toolbars 参数。如下所示。

```
// 方式 1：修改 ueditor 配置文件
UEDITOR_CONFIG['toolbars'] = [['fullscreen', 'source', '|',
    'undo', 'redo', '|', 'bold', 'italic', 'underline', 'strikethrough',
    'forecolor', 'backcolor', 'fontfamily', 'fontsize'
]];
// 方式 2：在实例化编辑器时设置 toolbars 参数
var ue = UE.getEditor('content', {
  'toolbars': [['fullscreen', 'source', '|',
    'undo', 'redo', '|', 'bold', 'italic', 'underline', 'strikethrough',
    'forecolor', 'backcolor', 'fontfamily', 'fontsize']]
});
```

上述代码，变量 UEDITOR_CONFIG 是 ueditor.config.js 配置项文件中保存所有配置的对象，同时也是 window 对象的属性。因此，在项目开发时可在编辑器的实例化文件中通过方式 1 直接定制工具栏。getEditor() 方法在实例化编辑器的同时，可使用第 2 个参数修改默认配置项文件中的配置，如此处的 toolbars。

下面将方式 1 的配置添加到 demo7–9.html 文件的第 12 行代码前，页面效果如图 7–27 所示。从图 7–27 可以看出，与图 7–26 中的默认工具栏相比，此图中仅含有自定义的工具按钮。

图 7–27 定制工具栏图标

## 7.6.3 UEditor 常用方法

UEditor 编辑器中除了常用的 UE.getEditor() 方法获取编辑器实例外，还有很多其他方法，可以为开发提供更加便捷的操作。例如，setContent() 方法可以设置或追加编辑器中的内容。UEditor 常用方法如表 7–7 所示。

表 7–7 UEditor 常用方法

| 方 法 | 描 述 |
| --- | --- |
| getContent() | 获取编辑器的内容 |
| setContent() | 设置编辑器的内容，可修改编辑器当前的 html 内容 |
| getContentTxt() | 获取纯文本内容 |
| getPlainTxt() | 获取保留段落格式的纯文本内容 |
| hasContents() | 判断编辑器是否有内容 |
| focus() | 让编辑器获得焦点 |
| blur() | 让编辑器失去焦点 |
| isFocus() | 判断编辑器是否获得焦点 |
| setDisabled() | 设置当前编辑区域不可编辑 |
| setEnabled() | 设置当前编辑区域可以编辑 |
| setHide() | 隐藏编辑器 |
| setShow() | 显示编辑器 |
| selection.getText() | 获得当前选中的文本 |
| execCommand() | 执行命令的通用接口。例如，设置当前选区背景色 |

在表 7–7 中，getContent() 和 setContent() 方法获取和设置的都是经过编辑器内置过滤规则进行过滤后得到的内容。

值得一提的是，通过单击按钮获取编辑器内选中的文本时，编辑区已经失去了焦点，所以在实现时需要利用 selection.getRange() 和 select() 方法选中单击操作前所选内容，然后才能利用 selection.getText() 获得当前选中的文本，否则获取的内容为空。

为了读者更好地理解，下面通过一个案例演示如何设置、追加与获取编辑器的内容。HTML 代码片段如 demo7−10.html 所示。

demo7−10.html

```
1  <div id="content" style="width:500px;height:200px;"></div>
2  <button id="btn">获取编辑器中的内容</button>
3  <script>
4      //定制工具栏
5      UEDITOR_CONFIG['toolbars'] = [['fullscreen', 'source', '|',
6          'undo', 'redo', '|', 'bold', 'italic', 'underline', 'strikethrough',
7          'forecolor', 'backcolor', 'fontfamily', 'fontsize'
8      ]];
9      //实例化编辑器
10     var ue = UE.getEditor('content');
11     ue.ready(function() {
12         //设置编辑器的默认值
13         ue.setContent('<i>请在此处编写内容!</i>');
14         //为编辑器追加内容
15         ue.setContent('<p>雄关漫道真如铁，而今迈步从头越。</p>', true);
16     });
17     $('#btn').click(function() {
18         var html = ue.getContent();
19         alert(html);
20     });
21 </script>
```

上述代码中，第 4~10 行用于定制工具栏并实例化编辑器。ready 是编辑器准备就绪后触发的事件，UEditor 中其他的事件操作读者可参数手册进行学习。setContent() 方法只有 1 个参数时表示为编辑器设置内容，若第 2 个参数设置为 true 表示在原来内容的后面追加内容。第 17~20 行代码在单击“获取编辑器中的内容”按钮时，在对话框中输出编辑器的 html 内容。

使用浏览器请求 demo7−10.html，页面效果如图 7−28（a）所示。

(a)　　(b)

图 7−28　常用方法和事件

在图 7–28（a）中，可以看到编辑器的内容样式与默认设置相同。下面利用编辑器提供的工具修改内容的样式，单击“获取编辑器中的内容”按钮，可以看到如图 7–28（b）所示内容。从上可知，getContent() 方法获取的是含有 html 标签样式的文本。

而 UEditor 提供的 getPlainTxt() 方法获取的内容是保留段落格式的纯文本，getContentTxt() 方法获取的是纯文本内容。以获取图 7–28（b）内容为例，对比如下。

```
//getPlainTxt() 方法获取的内容
请在此处编写内容！
雄关漫道真如铁，而今迈步从头越。
//getContentTxt() 方法获取的内容
请在此处编写内容！雄关漫道真如铁，而今迈步从头越。
```

从上面的对比，可以清楚地看出每个方法获取内容的差别，项目开发时读者可根据实际情况具体选择。

## 本章小结

本章首先讲解了什么是插件，以及 jQuery 中如何自定义插件的两种方式。然后以方便前端开发为目的，讲解了一系列的常用组件，包括模板引擎 art–template、数据可视化图表 ECharts、文件上传组件 WebUploader 以及编辑器 UEditor。

学习本章内容后，读者需要掌握至少一种插件的自定义方法，并能够根据项目需求灵活运用常用的开发组件。

## 课后习题

### 一、填空题

1. ______方法可实现封装 jQuery 对象方法的插件。
2. ______是 jQuery 原型对象 jQuery.prototype 的简写。
3. art–template 模板引擎提供的______函数用于为模板渲染数据。
4. ECharts 数据可视化图表中______方法用于设置图表的选项。
5. ______方法可以获取 UEditor 编辑器中选中的文本。

### 二、判断题

1. 通过 jQuery.extend() 方法封装的插件可以使用 jQuery 对象调用。（　　）
2. 利用 $.expr[':'] 可实现类似“:first”的伪类选择器。（　　）
3. jQuery 中自定义插件必须以分号结尾，否则程序会报错。（　　）
4. 文件上传组件 WebUploader 提供的 uploadProgress 事件可获取文件上传进度。（　　）
5. UEditor 提供的 getContent() 方法可获取编辑器中的纯文本内容。（　　）

6. WebUploader 中 makeThumb() 方法可将缩略图的宽高设置为 0.5。（ ）

## 三、选择题

1. 下面关于 jQuery 插件的说法错误的是（ ）。
   A. jQuery 的插件机制增强了 jQuery 的扩展性
   B. jQuery.fn.extend() 封装的插件可以使用 jQuery 对象调用
   C. jQuery.extend() 封装的插件称为静态方法
   D. 以上说法都不正确
2. 下列关于 art−template 模板引擎描述错误的是（ ）。
   A. 通过 include 可在模板中嵌入子模板
   B. 模板定义在 type 等于 text/html 的 script 标签内
   C. 标准语法支持 JavaScript 的所有语句，逻辑表达能力强
   D. art−template 模板引擎默认转义输出数据
3. 下列选项中用于开启树图折叠和展开交互的是（ ）。
   A. symbol　　B. expandAndCollapse
   C. animationDuration　　D. animationDurationUpdate
4. 下面关于 WebUploader 图片上传操作描述错误的是（ ）。
   A. accept 设置可接收的图片类型
   B. duplicate 设置为 true 表示不允许重复上传同一张图片
   C. thumb 可强制指定缩略图的 MIME 类型
   D. 默认情况下允许上传多张图片
5. 以下（ ）可获取 UEditor 编辑器内保留段落格式的纯文本内容。
   A. getPlainTxt()　　B. getContentTxt()
   C. getContent()　　D. getText()
6. 下列选项中，（ ）可以作为 echarts.init() 方法的参数。
   A. $('div')　　B. $('#box')
   C. document.getElementById('box')　　D. 以上选项都正确

## 四、编程题

1. 扩展 jQuery.fn 对象，封装一个 changeColor() 方法，该方法的参数用于设置 jQuery 对象的背景色。

2. 使用 art−template 模板引擎将如下代码中的数据输出到表格中。

```
var data = {
    id: '908786897160',
    title: 'Head First HTML 与 CSS（第 2 版）',
    author: 'Elisabeth Robson',
    publisher: '中国电力出版社',
    pages: 762,
```

```
    pubdate: 2013,
    price: 98
};
```

页面效果如图 7-29 所示。

| 图书编号 | 图书名称 | 图书作者 | 出版社 | 总页数 | 出版年份 | 价格 |
|---|---|---|---|---|---|---|
| 908786897160 | Head First HTML与CSS（第2版） | Elisabeth Robson | 中国电力出版社 | 762 | 2013 | 98 |

图 7-29　art-template 输出数据

# 第8章 用户界面库

在本书的第7章中讲解了jQuery的插件机制，了解到插件的合理使用可以提高实际开发的效率。而前端开发中页面的布局、按钮控件、表单控件等的设计则直接影响着用户的使用体验。为此，jQuery有很多相应的插件，如jQuery UI、jQuery EasyUI、jQuery Mobile等。本章将针对用户界面插件库进行详细讲解。

【教学导航】

| | |
|---|---|
| 学习目标 | 1．掌握jQuery UI的下载与使用<br>2．掌握jQuery EasyUI的界面布局与组件<br>3．了解jQuery Mobile的应用 |
| 学习方式 | 本章内容以代码演示为主 |
| 重点知识 | 1．jQuery UI的交互控件与扩展控件<br>2．jQuery EasyUI的使用规则<br>3．jQuery EasyUI的界面布局与组件 |
| 关键词 | jQuery UI、jQuery EasyUI、jQuery Mobile |

## 8.1 jQuery UI

jQuery UI是以jQuery为基础的网页用户界面代码库，它可以轻松实现界面的专业定制。例如，Web开发中常见的日期选择、折叠菜单、拖动元素、列表项的排序、颜色动画等功能。本节将详细讲解jQuery UI的获取与使用。

### 8.1.1 下载 jQuery UI

1. 获取 jQuery UI 压缩包

访问 jQueryUI 的下载页面（http://jqueryui.com/download/），如图 8-1 所示。

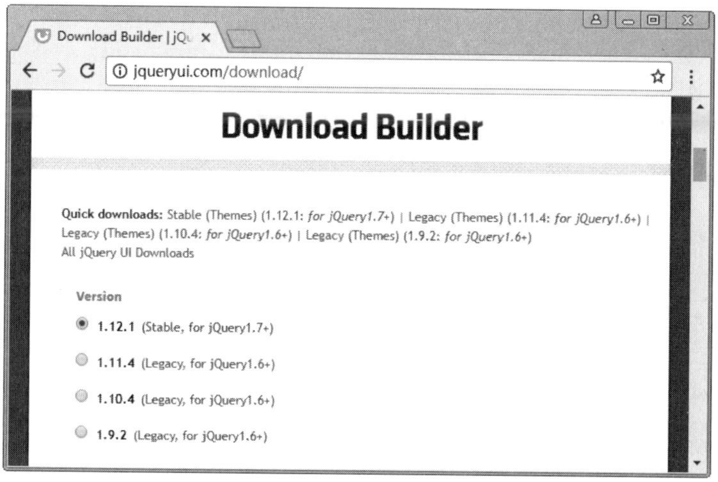


图 8-1 下载 jQuery UI

图 8-1 中，提供了 Quick downloads（快速下载）和 All jQuery UI Downloads（所有版本 jQuery UI 下载）的链接地址。读者根据自己的 jQuery 版本选择即可。这里以 jquery-ui-1.12.1 版本为例进行讲解。

在下载链接的下方，可看到 jQuery UI 提供的所有组件，如图 8-2 所示。

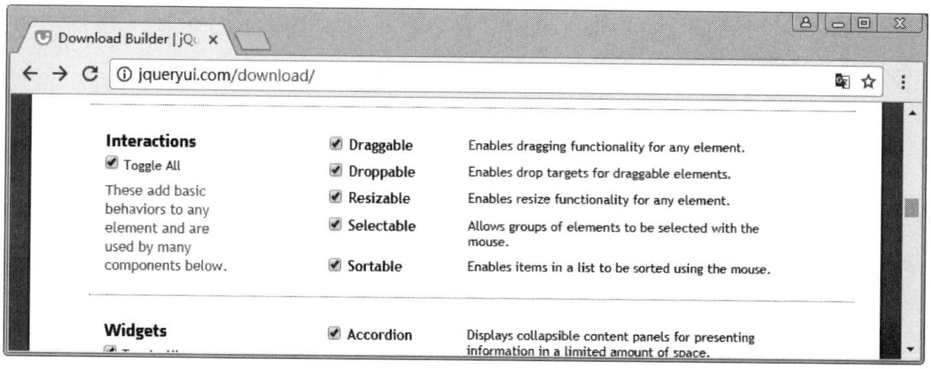


图 8-2 jQuery UI 所有组件

图 8-2 中，可以看出 jQuery UI 提供了交互（Interactions）、小部件（Widgets）和动画效果（Effects）相关的组件，还包含了各组件的功能简述。

2. 解压文件

将从 jQuery UI 网站下载到的 jquery-ui-1.12.1.zip 压缩包解压，保存到 chapter08\jquery-ui-1.12.1 目录中，如图 8-3 所示。

图 8-3 中，external 目录保存的是 jQuery 文件，在使用 jQuery UI 时既可以直接利用此目录中提供的 jQuery 文件，也可以使用自己下载的 jQuery 文件。images 目录保存的是

CSS 文件所用到的图片。因此，在使用这些图片时，一定要将 images 目录和样式文件放在同一个目录中。

另外，压缩包中文件扩展名为“.min”的文件是未含“.min”文件的压缩版本，通常在网站发布时使用，其加载速度更快。而未压缩版本的代码可读性更好，所以建议读者在学习期间选择未压缩版本。

3. 查看示例文件

在 jQuery UI 的下载包中，index.html 是示例文件，该文件演示了 jQuery UI 的基本用法，页面效果如图 8-4 所示。

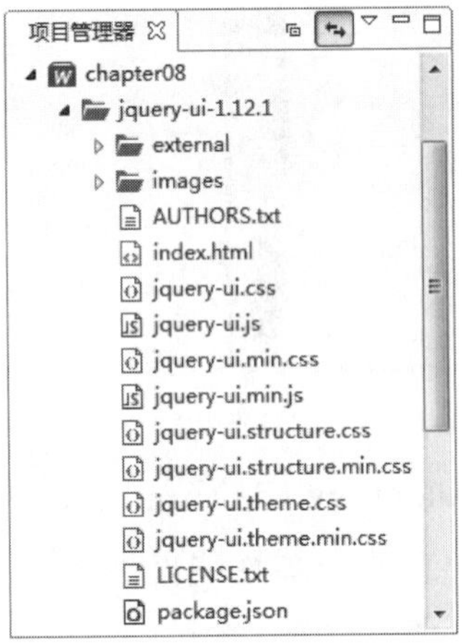


图 8-3 jQuery 解压文件目录

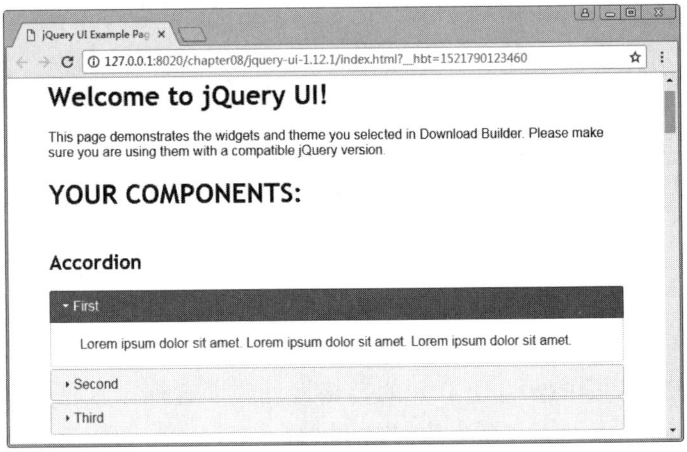


图 8-4 jQuery UI 示例文件

图 8-4 中，可以看出 jQuery UI 提供了折叠菜单、自动完成文本框、按钮、复选框、一组控制按钮、滑块、进度条、标签、窗口、日历等功能。

上述例子中涉及的组件应用，会在本章的后续小节中一一讲解，读者此时只需对 jQuery UI 有初步的印象即可。

4. 引入必需文件

在项目中使用 jQuery UI 时，首先将必需的文件（js 和 css 文件）保存到项目的目录中，然后在项目的 HTML 文件中使用 <script> 和 <link> 标签引入即可。示例代码如下。

```
<link rel="stylesheet" href="jquery-ui-1.12.1/jquery-ui.css">
<script src="jquery-1.12.4.js"></script>
<script src="jquery-ui-1.12.1/jquery-ui.js"></script>
```

上述代码中，jquery 文件必须在 jqueryui 文件前引入，避免程序在运行时找不到相关方法而发生错误等情况。

## 8.1.2 交互组件

在 Web 开发中，鼠标与页面的交互是最常见的功能之一。因此，jQuery UI 提供了一些基于鼠标的交互组件。常见的如表 8-1 所示。

表 8–1 jQuery UI 交互组件

| 组　件 | 含　义 | 描　　述 |
| --- | --- | --- |
| Draggable | 可拖动的 | 可使用鼠标移动元素 |
| Droppable | 可放置的 | 为可拖动的小部件创建目标 |
| Resizable | 可调整尺寸的 | 使用鼠标改变元素尺寸 |
| Selectable | 可选择的 | 使用鼠标选择单个或一组元素 |
| Sortable | 可排序的 | 使用鼠标调整列表中或者网格中元素的排序 |

表 8–1 中的组件在使用时，只需要利用 jQuery 对象调用组件同名（全部小写）的方法即可。另外，jQuery UI 为每个交互的组件提供了可以设置的选项、方法以及该组件的相关事件。接下来，以 Resizable 组件为例进行讲解。常用的操作如表 8–2 所示。

表 8–2 Resizable 组件常用的操作

| 分　类 | 名　称 | 描　　述 |
| --- | --- | --- |
| 属性 | maxHeight | 为大小调整设定一个最大高度 |
| | maxWidth | 为大小调整设定一个最大宽度 |
| | minHeight | 为大小调整设定一个最小高度 |
| | minWidth | 为大小调整设定一个最小宽度 |
| | autoHide | 设为 true，将会自动隐藏调整手柄图标，鼠标移动到该元素上时才显示 |
| | aspectRatio | 该元素是否应限制在一个特定的比例进行缩放 |
| | animate | 在调整大小后使用一段动画完成调整 |
| | alsoResize | 在重置元素尺寸大小的同时重置指定的一个或多个元素的尺寸大小 |
| 方法 | disable() | 关闭元素调整大小功能 |
| | enable() | 打开元素调整大小功能 |
| | option() | 获取或设置 resizable 的选项值 |
| 事件 | create | 在 resizable 创建时触发 |
| | start | 在调整操作开始时触发 |
| | resize | 在拖动手柄进行调整时触发 |
| | stop | 在调整操作结束后触发 |

为了读者更好地理解，下面通过一个案例演示 Resizable 组件的具体使用，HTML 代码片段如 demo8–1.html 所示。

demo8–1.html

```
<style>
    #demo {
        width: 100px;
        height: 100px;
        background: #ccc;
    }
</style>
```

```
<div id="demo">来，调整 div 的大小 </div>
```

上述代码中，定义了一个 id 名为 demo、宽高皆为 100 px、背景色为 #ccc 的 div 元素。使用浏览器访问 demo8–1.html，页面效果如图 8–5（a）所示。

接下来，在 demo8–1.html 中载入 jQuery UI 的必需文件，然后添加 jQuery 代码，实现组件大小功能的调整，如下所示。

```
$('#demo').resizable();
```

再使用浏览器访问 demo8–1.html，页面效果如图 8–5（b）所示。

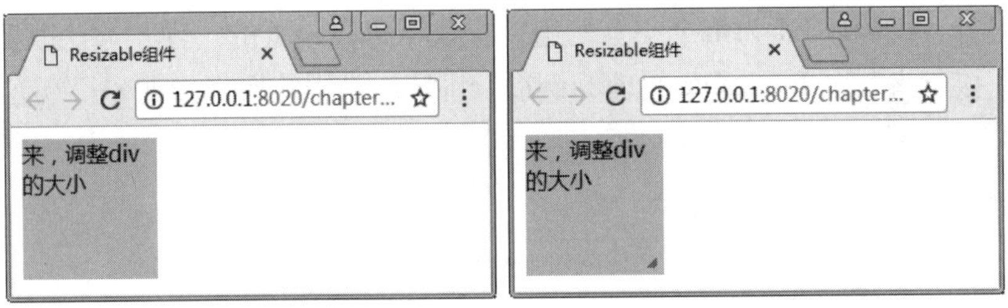


(a)　　　　(b)

图 8–5　div 默认设置

从图 8–5 可以看出，添加 Resizable 组件后，默认情况下会在元素的右下角出现一个“调整手柄图标”，鼠标放在此处并按住左键就可以通过拖拽完成 div 大小的调整。

除此之外，在开发时，还可根据实际需求设置 resizable() 方法的参数。下面分别演示几种常用的使用方式。

（1）设置调整的范围

```
$('#demo').resizable({
    minWidth: 50,
    maxWidth: 300
});
```

上述代码中，设置调整的范围后，用户调整的最小宽度若小于 50 px 时，将元素的宽度设置为 50 px。同理，元素的最大宽度为 300 px。

（2）option() 方法的使用

```
// 为 ID 为 demo 的元素设置调整大小的组件
$('#demo').resizable();
// 获取调整大小的选项
$('#demo').resizable('option');                                      // 所有选项
$('#demo').resizable('option', 'animate');                           // 一个选项
// 设置调整大小的选项
$('#demo').resizable('option',{maxWidth:500,animate:true});          // 一组选项
$('#demo').resizable('option', 'disabled', true);                    // 一个选项
```

上述代码中，调整大小调用 jQuery UI 提供的方法（如 option() 方法）时，将方法名称（如 option）以字符串的形式传递即可。其中，option() 无参表示获取组件所有的选项，返回值是一个对象类型；当参数是一个选项名称时，表示获取该选项的对应值；当参数是一个键值对的对象时，表示为组件设置一个或多个选项；当参数是选项名和值时，表示根据选项名称为调整大小设置值。

（3）设置事件操作

```
$('#demo').resizable({
    create:  function() { console.log('create'); },
    start:   function() { console.log('start'); },
    resize:  function() { console.log('resize'); },
    stop:    function() { console.log('stop'); },
});
```

上述代码中，各个事件的触发先后顺序是 create > start > resize > stop。其中，resize 事件会在用户不断地拖动手柄进行调整时连续触发。

jQuery UI 提供的其他交互组件的使用方式与 Resizable 的使用方式类似，读者可参考 jQuery UI 的手册（http://api.jqueryui.com/）进行参考学习，此处不再赘述。

### 8.1.3 扩展组件

jQuery UI 为了便于 Web 开发，还提供了功能丰富的扩展组件。例如，折叠菜单、自动填充、选项卡、工具提示框等。常见的扩展组件如表 8–3 所示。

表 8–3 jQuery UI 常见的扩展组件

| 组件 | 含义 | 描述 |
| --- | --- | --- |
| Accordion | 可折叠的 | 把一对标题和内容面板转换成折叠面板 |
| Autocomplete | 自动完成 | 自动完成功能根据用户输入值进行搜索和过滤，让用户快速找到并从预设值列表中选择 |
| Button | 按钮 | 可主题化的按钮和按钮集合 |
| Datepicker | 日期选择器 | 用于从对话框或在线日历选择一个日期 |
| Dialog | 会话 | 在一个交互覆盖层中打开内容，类似对话框的效果 |
| Menu | 菜单 | 带有鼠标和键盘交互的用于导航的可主题化菜单 |
| Progressbar | 进度条 | 显示一个确定的或不确定的进程状态 |
| Slider | 滑块 | 拖动手柄可以选择一个数值 |
| Spinner | 数字微调器 | 通过向上 / 向下按钮或箭头键处理，为输入数值增强文本输入功能 |
| Tabs | 选项卡 | 一种多面板的单内容区，每个面板与列表中的标题相关 |
| Tooltip | 工具提示框 | 可自定义的、可主题化的工具提示框，替代原生的工具提示框 |

表 8–3 中的组件在使用时，只需要利用 jQuery 对象调用组件同名（全部小写）的方法即可。另外，jQuery UI 为每个扩展组件提供了可以设置的选项、方法以及该组件的相关事件。接下来，以 Datepicker 组件为例进行讲解。常用操作如表 8–4 所示。

表 8-4　组件的常用操作

| 分　类 | 名　称 | 描　述 |
|---|---|---|
| 属性 | firstDay | 设置一周中的第一天，0 表示周日，1 表示周一，依此类推 |
| | showOtherMonths | 显示在当前月份的之前或之后的日期是否可以被选择 |
| | changeMonth | 将月份修改为一个下拉菜单 |
| | changeYear | 将年份修改为一个下拉菜单 |
| | dayNames | 日期长的名字的列表，从星期日 (Sunday) 开始 |
| | dayNamesMin | 日期最小化简称的列表，从星期日 (Su) 开始 |
| | monthNames | 月份的完全名称列表 |
| | monthNamesShort | 月份简写名称的列表 |
| | showWeek | 设置为 true，日期选择器中将增加一列，显示一年中的哪一周 |
| | numberOfMonths | 设置一次显示几个月 |
| 方法 | dialog() | 在一个会话中打开一个日期选择器 |
| | getDate() | 返回当前日期，如果没有日期被选中则返回 null |
| | setDate() | 为 datepicker 设置日期 |
| | option() | 获取或设置 datepicker 的选项值 |

为了读者更好地理解，下面通过一个案例演示 Datepicker 组件的具体使用，HTML 代码片段如 demo8-2.html 所示。

demo8-2.html

```
<span id="demo"></span>
<script>
  $('#demo').datepicker();
</script>
```

上述代码中，要想引入日期选择器，只要将其添加到 div 或 span 标签中即可。在 demo8-2.html 中载入 jQuery UI 的必需文件，使用浏览器进行访问，页面效果如图 8-6 所示。

除此之外，在实际开发时，可根据实际情况设置属性，自定义日历的显示样式。下面分别演示几种常用的使用方式。

（1）下拉列表方式选择月份和年

```
$('#demo').datepicker({
    changeMonth: true,
    changeYear: true
});
```

修改代码后，使用浏览器重新访问 demo8-2.html，页面效果如图 8-7 所示。

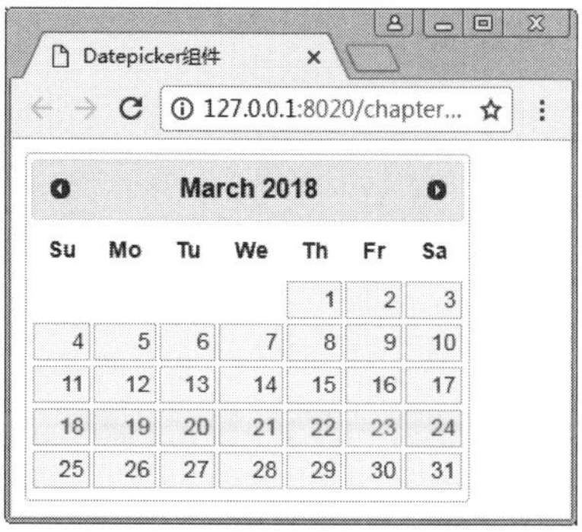


图 8–6 默认日期选择器

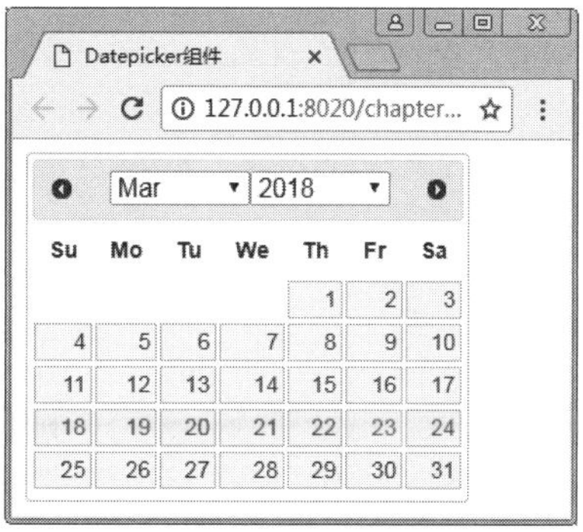


图 8–7 下拉列表方式选择月份和年

（2）调整星期显示顺序与日期填充

```
$('#demo').datepicker({
    firstDay: 1,
    showOtherMonths: true
});
```

上述代码中，firstDay 设置为 1，表示每月日期的显示顺序为 Mo Tu We Th Fr Sa Su，即从星期一到星期日。showOtherMonths 设置 true，表示月份开始和结束后的空白位置利用相邻月份的日期以浅灰色的样式进行填充。

修改代码后，使用浏览器访问 demo8–2.html，页面效果如图 8–8 所示。

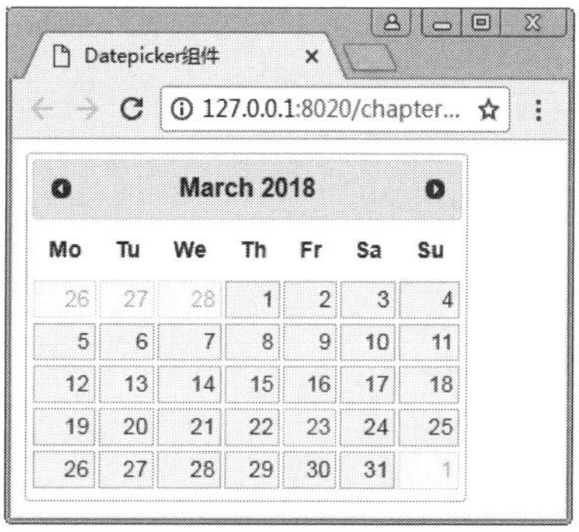


图 8–8 调整星期显示顺序与日期填充

（3）为所有日期选择器设置默认值

```
$.datepicker.setDefaults({
    numberOfMonths: 2,
    dayNamesMin: ['日', '一', '二', '三', '四', '五', '六']
});
$('#demo').datepicker();
```

上述代码中，numberOfMonths 选项用于设置一次显示几个月，2 表示一次显示两个月。另外，此选项还可以设置为数组，例如，“numberOfMonths:[2,3]”表示一行显示 3 个月，每列显示 2 个月。dayNamesMin 选项将日期最小化简称的列表设置为中文样式。

修改代码后，使用浏览器访问 demo8–2.html，页面效果如图 8–9 所示。

需要注意的是，在实际项目中若只做中文开发，则每次使用时都配置这些属性会比较麻烦，建议将中文相关的配置保存到一个 JavaScript 文件中，每次使用时直接引用即可。

jQuery UI 提供的其他扩展组件的使用方式与 Datepicker 类似，读者可参考 jQuery UI 的手册进行参考学习，此处不再赘述。

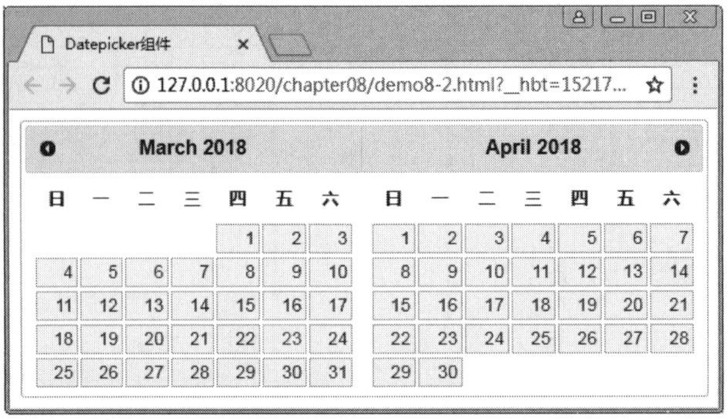


图 8-9　为所有日期选择器设置默认值

### 8.1.4　动画特效

特效的合理使用可以有效提升用户的体验。jQuery UI 在 jQuery 的内置特效基础上又额外添加了一些其他功能，如转换元素的 class 样式、颜色动画以及自定义的特效等。

1. 样式特效

jQuery UI 中常用改变样式特效的方法如表 8-5 所示。

表 8-5　样式特效

| 方 法 名 | 描　　述 |
|---|---|
| addClass() | 动画样式改变时，为匹配的元素集合内的每个元素添加指定 class |
| removeClass() | 动画样式改变时，为匹配的元素集合内的每个元素移除指定 class |
| switchClass() | 动画样式改变时，为匹配的元素集合内的每个元素添加和移除指定 class |
| toggleClass() | 当动画样式改变时，根据 class 是否存在以及 switch 参数的值，为匹配的元素集合内的每个元素添加或移除一个或多个 class |

为了读者更好地理解，接下来通过一个案例演示样式特效的使用，HTML 代码片段如 demo8-3.html 所示。

demo8-3.html

（1）默认页面设置

```
<style>
    .motto {
        width: 100px;
        height: 50px;
        background: #eee;
    }
</style>
<div id="motto" class="motto">行到水穷处，<br> 坐看云起时。</div>
<button id="toggle">颜色动画 </button>
```

上述代码中，定义了一个背景色为灰色、宽高为 100 × 50 像素的 div 块，以及一个用于改变 div 内文字和背景色的按钮。页面效果如图 8-10 所示。

图 8-10 样式特效

（2）添加样式与移出样式

接下来，准备一个 class 样式，用于鼠标移入 div 中使用，具体 CSS 如下所示。

```
.add {
    width: 150px;
    height: 80px;
    background-color: #eec;
    font-size: 24px;
}
```

下面编写代码，载入 jQuery UI 的必需文件，实现 div 元素添加 class 与删除 class 时的动画特效，如下所示。

```
$('#motto').hover(function() {
    $(this).addClass('add', 1000, 'easeOutQuint');
}, function() {
    $(this).removeClass('add', 1000, 'easeInBack');
});
```

上述代码中，为 id 等于 motto 的 div 设置鼠标移入时，在 1 s 的时长内，以 easeOutQuint 方式完成效果的切换；鼠标移出时，在 1 s 的时长内以 easeInBack 方式完成效果的切换。

使用浏览器访问 demo8-3.html，鼠标移入的页面效果如图 8-11（a）所示。

（3）设置颜色动画

jQuery UI 利用 jQuery 提供的 animate() 方法还可以实现颜色动画效果。下面继续在上述案例中添加代码，实现单击“颜色动画”按钮，以动画的方式改变 id 为 motto 的 div 内文字颜色和背景色，如下所示。

```
$('#toggle').click(function() {
    $('#motto').animate({
        color: 'white',
        backgroundColor: 'rgb(30, 30, 30)'
    });
});
```

使用浏览器访问 demo8-3.html，单击“颜色动画”按钮，页面效果如图 8-11（b）所示。

值得一提的是，动画的切换效果除了 jQuery 提供的基本 linear（匀速的）和 swing（缓速的）外，jQuery UI 为方便开发提供了更多的选择，具体可参考 jQuery UI 手册参考学习。

(a) (b)

图 8–11　默认样式

### 2. 自定义特效

为了方便开发，jQuery UI 中还提供了实现自定义特效的方法，常用的如表 8–6 所示。

表 8–6　常用的自定义特效

| 自定义特效方法 | 描　　述 |
| --- | --- |
| toggle() | 使用自定义效果来显示或隐藏匹配的元素 |
| show() | 使用自定义效果来显示匹配的元素 |
| hide() | 使用自定义效果来隐藏匹配的元素 |
| effect() | 对一个元素应用动画特效 |

在使用表 8–6 中的方法时，可以指定 jQuery UI 提供的特效名称，特效的属性、动画特效的切换效果、持续时间以及特效执行完成后的回调函数。其中，常用的特效如表 8–7 所示。

表 8–7　常用的特效

| 特　效 | 含　义 | 特　效 | 含　义 |
| --- | --- | --- | --- |
| blind | 百叶窗特效 | highlight | 突出特效 |
| bounce | 反弹特效 | pulsate | 跳动特效 |
| clip | 剪辑特效 | scale | 缩放特效 |
| drop | 降落特效 | shake | 震动特效 |
| explode | 爆炸特效 | slide | 滑动特效 |
| fade | 淡入淡出特效 | fold | 折叠特效 |

由于每种特效的使用方式都类似，下面以 effect() 方法实现折叠特效为例进行讲解。HTML 代码片段如 demo8–4.html 所示。

demo8–4.html

（1）默认页面设置

```
<style>
    #toggle {
        width: 100px;
        height: 100px;
        background: #ccc;
    }
</style>
<div id="toggle"> 折叠 </div>
```

使用浏览器访问 demo8−4.html，页面效果如图 8−12 所示。

（2）添加折叠特效

接下来，编写代码，载入 jQuery UI 的必需文件，实现 div 块的折叠特效。如下所示。

```
1  $(document).click(function() {
2      $('#toggle').effect('fold');
3  });
```

图 8−12　示例样式

上述代码中，effect() 方法的第 1 个参数表示指定的特效名称。完成代码添加后，使用浏览器访问 demo8−4.html，单击页面的任意位置，可看到 div 块先向上再向左进行折叠。

（3）设置折叠特效的参数

折叠特效还可以设置是否先从垂直方向折叠以及折叠元素的大小。修改（2）中的第 2 行代码。如下所示。

```
$('#toggle').effect('fold', {size:20, horizFirst:true}, 2000, function(){
    alert('折叠特效已完成');
});
```

上述代码中，effect() 方法的第 2 个参数利用对象设置折叠特效的属性。其中，size 表示折叠元素的大小，默认值为 15；horizFirst 表示是否先垂直折叠，默认值为 false。第 3 个参数设置为 2000，表示折叠特效的时间为 2 s。最后一个函数用于动画特效完成后执行。

除此之外，以上自定义动画特效还可以仅用对象的方式设置。如下所示。

```
$('#toggle').effect({
    effect: 'fold',              // 指定是哪种特效
    size: 50,                    // 指定折叠特效元素的大小
    horizFirst: true,            // 先垂直折叠
    duration: 2000,              // 动画特效持续时间为 2 s
    complete: function(){        // 动画特效完成后指定的函数
        alert('折叠特效已完成');
    }
});
```

其他特效的使用方式与折叠特效类似，读者可参考 jQuery UI 的手册进行参考学习，此处不再赘述。

## 8.2 jQuery EasyUI

EasyUI 是基于 jQuery 开发的开源用户界面库，它不仅包括项目开发中大部分需要使用的组件（如界面布局、对话框等），而且完美支持 HTML5 网页，在使用时不需要编写大量的代码，就可以定义用户界面，为网页开发节省了大量的时间。本节将为读者详细讲解 jQuery EasyUI 的获取及使用。

### 8.2.1 下载 jQuery EasyUI

1. 获取 jQuery EasyUI 压缩包

访问 EasyUI 的下载页面（http://www.jeasyui.com/download/index.php），如图 8–13 所示。

图 8–13 中，提供了 EasyUI for jQuery 和 EasyUI for Angular 两个下载链接，单击 EasyUI for jQuery 的 Download 按钮，可以看到 Freeware Edition（免费版）和 Commercial Edition（商业版），这里选择免费版进行下载。

2. 解压文件

将从 EasyUI 网站下载到的 jquery–easyui–1.5.4.2.zip 压缩包解压，保存到 chapter08\easyui–1.5.4.2 目录中，如图 8–14 所示。

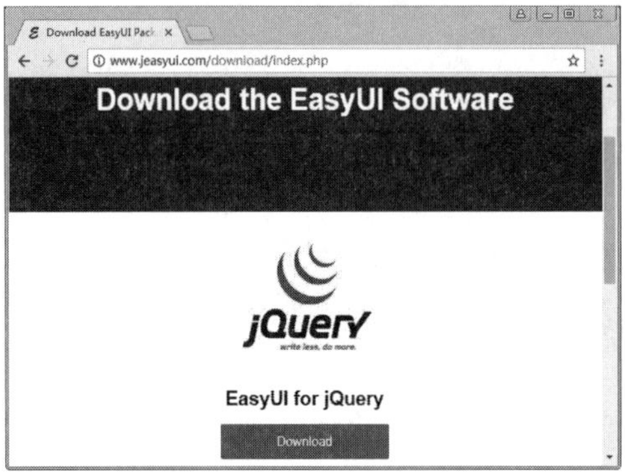

图 8–13　下载 jQuery EasyUI

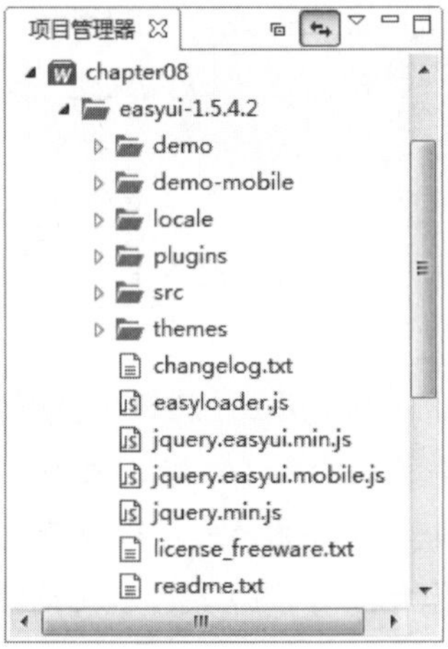


图 8–14　jQuery EasyUI 解压文件目录

图 8–14 中，demo 和 demo–mobile 目录都是样例，区别在于后者是移动开发样例。locale 目录是国际化资源文件包，plugins 是插件包目录、src 是源码包目录，themes 是主题包目录。主要的文件有 jquery.easyui.min.js 和 jquery.easyui.mobile.js（应用于移动开发）。

### 8.2.2 EasyUI 的使用规则

1. 引入必需文件

在使用 jQuery EasyUI 时，首先要在项目的 HTML 文件中引入必需文件。示例代码如下。

```
<link rel="stylesheet" href="easyui-1.5.4.2/themes/default/easyui.css">
<link rel="stylesheet" href="easyui-1.5.4.2/themes/icon.css">
<script src="jquery-1.12.4.js"></script>
<script src="easyui-1.5.4.2/jquery.easyui.min.js"></script>
<script src="easyui-1.5.4.2/locale/easyui-lang-zh_CN.js"></script>
```

上述代码中，easyui.css 可以根据项目需求引入 themes 目录下不同的主题文件，这里使用默认的主题。icon.css 是小图标样式文件，它在项目开发中经常被用到，因此开发时通常都会进行引入，对应的小图标图片存放在 easyui–1.5.4.2/themes/icons/ 目录中。由于 jQuery EasyUI 默认使用的是英文，若要进行中文开发，只需引入 locale 目录下提供的

easyui-lang-zh_CN.js 文件资源即可。

需要注意的是，jquery 文件必须在 easyui 文件前引入，避免程序在运行时找不到相关方法而发生错误等情况。

2. 声明 UI 组件

EasyUI 的特点之一就是操作简单、功能强大。使用之前有必要了解一下它的使用规则。在引入必需的文件后，根据开发需求必须先声明对应的 UI 组件，然后再设置相关的属性、方法等。

声明 UI 组件的方式有两种：一种是直接在 HTML 中声明组件；另一种是通过编写 jQuery 代码创建组件。

（1）直接在 HTML 中声明组件

```
<div class="easyui-dialog" style="width: 400px; height: 300px;">
    此处显示会话内容!
</div>
```

上述代码中，class 用于指定 easyUI 组件，定义方式为“easyui- 组件名称的小写”，如 easyui-dialog 表示会话组件。以上声明的控件在浏览器中访问，页面效果如图 8-15 所示。

从图 8-15 可以看出，Dialog 组件默认含有一个标题和“关闭”按钮。除此之外，还可以根据实际情况定义对话框内的小部件，例如添加图标、对话框可折叠按钮等。

修改上述示例代码中 div 开始标签，添加以下代码。

```
data-options="iconCls:'icon-ok',collapsible:true,onClose:function(){}"
```

上述代码中，data-options 属性可设置组件的属性及事件，属性及事件的定义方式为“属性名 : 属性值 , 事件名 :function(){}”，多个属性或事件之间使用逗号分隔。

其中，属性 iconCls 一般的定义方式为“icon- 小图标的名称”，如 icon-ok 表示“√”小图标。collapsible 的值设置为 true，表示添加可折叠的按钮，onClose 事件用于关闭此对话时触发。

完成上述修改后，在浏览器中访问，页面效果如图 8-16 所示。

图 8-15　对话组件

图 8-16　定制对话框

从图 8-16 可以看出，在默认的标题左侧添加了一个“√”小图标，在关闭按钮的左侧添加了一个可折叠的按钮。单击此按钮，折叠对话框，页面效果如图 8-17 所示。再次单击此按钮，会展开对话框，页面效果如图 8-16 所示。

图 8-17　折叠对话框

（2）编写 jQuery 代码创建组件

创建 EasyUI 组件的另一种方式是通过编写 jQuery 代码实现。首先需要准备一个 HTML 元素，然后在此元素上添加组件。例如，创建图 8-15 所示的组件，如下所示。

```
<div id="demo" style="width: 400px; height: 300px;">此处显示会话内容！</div>
<script>
    $('#demo').dialog();
</script>
```

上述代码中，dialog() 方法是 Dialog 组件提供的方法，直接调用该方法，不传递参数即可得到一个默认的对话框。

若需要为此对话框设置小部件（如可折叠的按钮）和事件（如 onClose），可传递对象类型的参数。如下所示。

```
$('#demo').dialog({
    iconCls: 'icon-ok',
    collapsible: true,
    onClose: function() {},
});
```

除了上述讲解的基本设置外，EasyUI 中的组件还具有依赖关系。因此，一个组件可调用其依赖组件提供的方法，用于实现某些功能。

例如，Dialog 组件依赖于 Window 组件，而 Window 组件依赖于 Panel 组件。因此，在 Dialog 组件中可以调用 Panel 组件提供的 setTitle() 方法为上述对话框重设标题，如下所示。

```
$('#demo').dialog('setTitle', '我的对话框');
```

上述代码中，setTitle 是 Dialog 依赖组件提供的方法名称，“我的对话框”是为 setTitle() 方法传递的参数。完成上述修改后，在浏览器中访问，页面效果如图 8-18 所示。

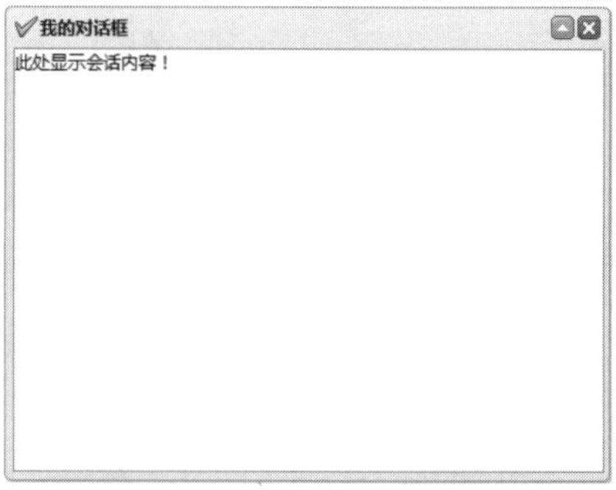


图 8-18　设置对话框标题

### 8.2.3　界面布局

界面布局是 Web 开发最常见的功能之一，但是若通过 HTML、CSS 和 JavaScript 编写，则需要大量的代码，可能还会产生很多冗余代码。而 EasyUI 提供的界面布局组件则大大减少了界面布局的复杂度，开发时仅需要很少的代码就能够完成同样的功能。

EasyUI 提供的与界面布局相关的组件有 panel（面板）、layout（布局）、tabs（标签页 / 选项卡）、accordion（折叠面板），每个组件又提供了对应的属性、事件与方法。下面分别对其操作进行详细讲解。

1. panel 组件

panel 组件是界面布局的基础组件，可作为其他内容的容器使用，同时也可轻松地嵌入网页的任何位置。该组件中内置的功能有折叠、关闭、最大化、最小化等。常用操作如表 8–8 所示。

表 8–8　panel 的常用操作

| 分　类 | 名　称 | 描　述 |
|---|---|---|
| 属性 | width | 设置面板的宽度 |
| | height | 设置面板的高度 |
| | fit | 设置为 true 时面板会自动适应其父容器 |
| | title | 显示在面板头部的标题文字 |
| | iconCls | 在面板里显示一个 16 × 16 像素图标的 CSS class |
| | minimizable | 定义是否显示最小化按钮，默认为 false |
| | maximizable | 定义是否显示最大化按钮，默认为 false |
| | closable | 定义是否显示关闭按钮，默认为 false |
| | tools | 自定义面板的工具组，参数为数组时，每个元素包含 iconCls 和 handler 两个属性 |
| | footer | 设置面板的页脚 |
| | href | 加载远程数据并且显示在面板 |
| 事件 | onClose | 面板关闭时触发 |
| | onCollapse | 面板折叠时触发 |
| | onExpand | 面板展开时触发 |
| | onResize | 面板调整尺寸（width 和 height）后触发 |
| 方法 | panel() | 返回外部面板对象 |
| | resize() | 设置面板尺寸（width、height、left 和 top）并进行布局 |
| | setTitle() | 设置面板头部的标题文本 |

为了读者更好地理解，下面通过一个案例演示面板的设置。HTML 代码片段如 demo8–5.html 所示。

demo8–5.html

```
<div id="panel" class="easyui-panel" style="padding:5px;"
  data-options="title:'自定义面板',collapsible:true,width:500,
```

```
  height:200,closable:true,minimizable:true,maximizable:true,
  footer:'#footer'">
    面板中的内容
</div>
<div id="footer" style="padding:5px;"> 页脚 </div>
```

上述代码中，定义了面板的标题、折叠、最小化、最大化和关闭功能，并通过 footer 属性为面板指定了页脚元素的 id。页面效果如图 8–19 所示。

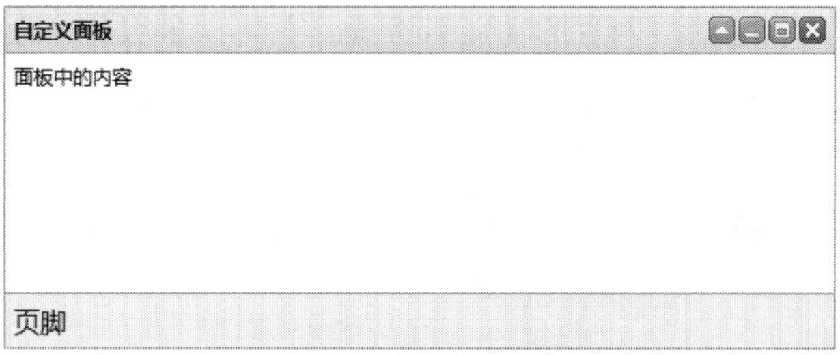


图 8–19　自定义面板

2. layout 组件

EasyUI 提供的布局一共分为 5 个区域，分别为 north、south、east、west 和 center。其中，center 区域是必须设置的，其他区域可根据实际功能选择是否设置。5 个区域在布局中的位置如图 8–20 所示。

从图 8–20 中可以看出，每个区域的位置，布局的每个区域之间设置了拆分栏，拖拽边框可调整区域的尺寸，单击 west 和 east 区域中的折叠按钮可以折叠对应的区域。

需要注意的是，此处读者仅需了解 layout 组件中 5 个区域的位置即可，后面会通过案例的形式演示 layout 组件的实现。

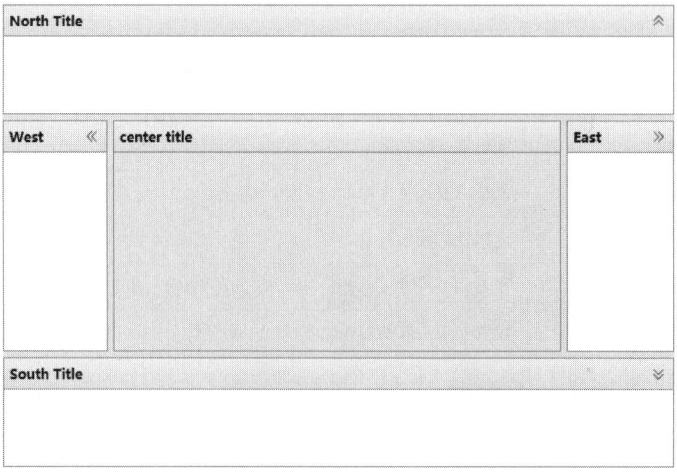


图 8–20　布局的 5 个区域

下面看一下 layout 组件的常用属性和方法如表 8–9 所示。

表 8-9 layout 的常用操作

| 分　类 | 名　称 | 描　　述 |
|---|---|---|
| 属性 | fit | 设置为 true 时，layout 容器会自动适应其父容器 |
| 区域属性 | region | 定义布局面板位置，可选值为 north、south、east、west 和 center |
| | border | 设置为 true 时，显示布局面板的边框 |
| | split | 设置为 true 显示拆分栏，用户可用它调整面板的尺寸 |
| | href | 从远程站点加载数据的 URL |
| | collapsible | 定义是否显示可折叠按钮 |
| | minWidth | 面板最小宽度 |
| | minHeight | 面板最小高度 |
| | maxWidth | 面板最大宽度 |
| | maxHeight | 面板最大高度 |
| 方法 | collapse() | 折叠指定的面板，可选值为 north、south、east、west |
| | expand() | 展开指定的面板，可选值为 north、south、east、west |
| | add() | 添加一个指定的面板 |
| | remove() | 移出一个指定的面板，可选值为 north、south、east、west |

为了读者更好地理解，下面通过一个案例演示布局功能的实现。HTML 代码片段如 demo8-6.html 所示。

demo8-6.html

```
<div class="easyui-layout" style="width:600px;height:400px;">
    <div data-options="region:'north',title:'North Title',split:true"
        style="height:100px;"></div>
    <div data-options="region:'south',title:'South Title',split:true"
        style="height:100px;"></div>
    <div data-options="region:'east',title:'East',split:true"
        style="width:100px;"></div>
    <div data-options="region:'west',title:'West',split:true"
        style="width:100px;"></div>
     <div data-options="region:'center',title:'center title'"
         style="padding:5px;background:#eee;"></div>
 </div>
```

上述代码中，通过属性 region 定义了 5 个区域，分别为 north、south、east、west 和 center。其中，north、south、east 和 west 设置了拆分栏。页面效果与图 8-20 相同。

接下来修改 demo8-6.html，去掉 west 区域，并为其他区域的标题、图标和样式进行定制，具体代码如下。

```
<div class="easyui-layout" style="width:700px;height:350px;">
    <div style="height:50px" data-options="region:'north'">
```

```
        显示 LOGO 等内容 </div>
    <div style="height:50px;" data-options="region:'south',split:true">
        显示版权等内容 </div>
    <div style="width:250px;" data-options="region:'east',split:true,
        title:'East', collapsible:false">
        显示动态新闻等内容 </div>
    <div style="padding:10px" data-options="region:'center',
         title:'Main Title', iconCls:'icon-ok'">
         显示主要内容 </div>
</div>
```

上述代码中，south 和 east 设置了拆分栏，east 区域取消了折叠按钮，center 和 east 设置了标题，且 center 区域在标题左侧设置了小图标。页面效果如图 8–21 所示。

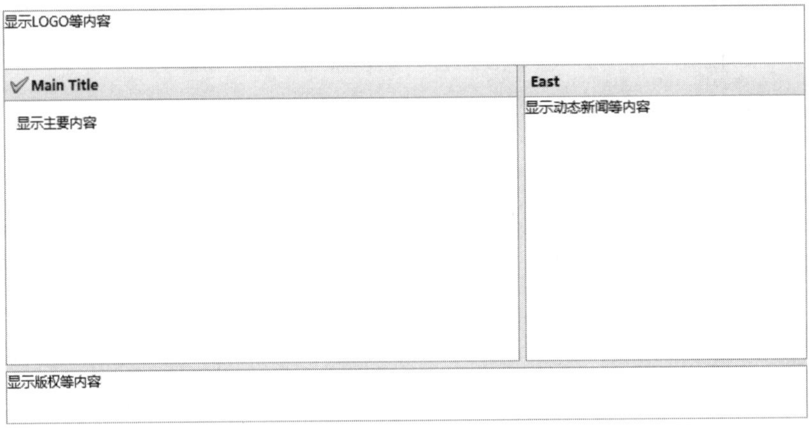


图 8–21　页面布局

除了上面演示的示例外，布局还可以定义在 body 标签中创建整个页面的布局，在一个区域中再嵌套布局，或通过加载其他文件获取布局区域内的显示内容等操作。其基本语法相同，读者可自己练习，此处不再演示。

### 3. tabs 组件

tabs 组件提供了选项卡面板的功能，用户通过切换标签名称，完成选项卡的切换，同时还可以在选项卡中定制按钮功能等操作。常用操作如表 8–10 所示。

表 8–10　tabs 的常用操作

| 分　类 | 名　称 | 描　述 |
|---|---|---|
| 属性 | fit | 设置为 true 时 tabs 容器会自动适应其父容器 |
| | tabPosition | tabs 的位置，可选值为 top（默认）、bottom、left、right |
| | border | 当设置为 false 时，去掉 Tabs 容器的边框 |
| | tools | 放置在头部的左侧或右侧的工具栏 |
| | selected | 初始化选定的标签页索引，默认值为 0 表示第一个 |

续表

| 分　类 | 名　称 | 描　　述 |
|---|---|---|
| 事件 | onSelect | 当用户选择一个 tab 时触发 |
| | onBeforeClose | 当一个 tab 被关闭前触发 |
| | onAdd | 当一个新的 tab 被添加时触发 |
| | onUpdate | 当一个 tab 被更新时触发 |
| 方法 | add() | 添加一个新的 tab |
| | close() | 关闭一个指定的 tab |
| | update() | 更新一个指定的 tab |
| | getTabIndex() | 获取指定的 tab 索引 |
| | getSelected() | 获取选中的 tab |
| | select() | 选择一个 tab |

为了读者更好地理解，下面通过一个案例演示实现选项卡的设置。HTML 代码片段如 demo8−7.html 所示。

demo8−7.html

```
<div id="tabs" class="easyui-tabs"
    data-options="tabPosition:'left',height:200,width:300" >
        <div title="选项一"></div>
        <div title="选项二" ></div>
        <div title="选项三" ></div>
        <div title="帮助"
            data-options="iconCls:'icon-help',selected:true,closable:true">
        </div>
</div>
```

上述代码中，选项卡的标签显示位置为 left（左侧），默认显示标题名为“帮助”的选项卡，同时在此选项卡中设置了小图标和一个可关闭的按钮。页面效果如图 8−22 所示。

接着，可以通过 tabs 组件提供的事件和方法可完成其他功能。如添加一个新的选项卡，获取用户选中的选项卡标题名和索引值等。在 demo8−7.html 中添加代码，如下所示。

```
$(function(){
    $('#tabs').tabs('add', {                    //添加一个新的选项卡
        title: 'new tab',
        index: 2,
    });
    $('#tabs').tabs({
        onSelect: function(title, index) { //添加 onSelect 事件
            alert(title + '-' + index);
        }
     });
 });
```

上述代码中，add 是 tabs 组件提供的用于添加一个新选项卡的方法名，它的参数用于设置新增选项卡的相关信息，如 index 表示插入的位置，设置为 2 表示在图 8–22 中选项二的下方新增，默认从 0 开始。onSelect 事件的处理函数中有两个参数，分别为当前选项卡的 title 和索引值。

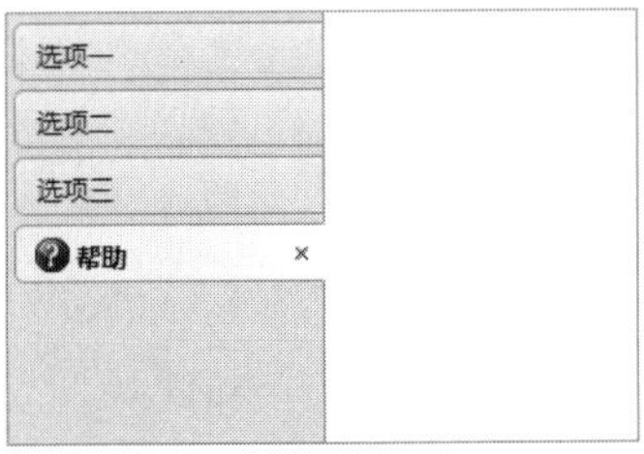


图 8–22　设置选项卡

修改完成后，页面效果如图 8–23（a）所示。然后，单击“帮助”选项卡，浏览器的弹框中会显示当前选中的选项卡标题和索引值。页面效果如图 8–23（b）所示。

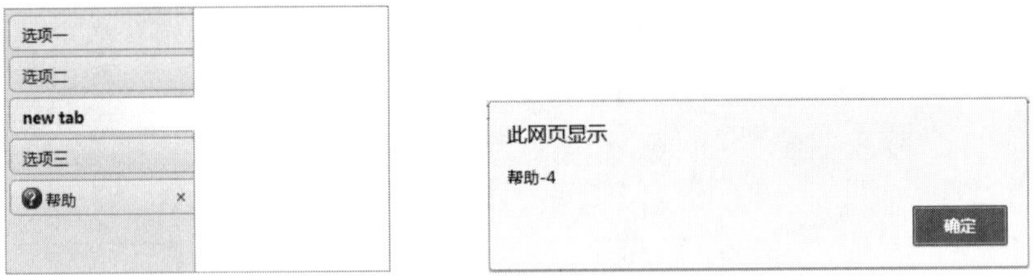


(a)　(b)

图 8–23　tabs 的方法与事件

#### 4. accordion 组件

accordion 组件提供了面板的折叠功能，单击面板的头部即可切换面板的状态（展开或折叠），面板中的内容既可以直接编写，也可以通过 href 属性加载。accordion 的常用操作如表 8–11 所示。

表 8–11　accordion 的常用操作

| 分　类 | 名　称 | 描　述 |
|---|---|---|
| 属性 | multiple | 设置为 true 可同时展开多个面板 |
| | selected | 初始化选中的面板 |
| | fit | 设置为 true 时折叠面板容器会自动适应其父容器 |
| 事件 | onSelect | 当面板被选中时触发 |
| | onAdd | 当一个新面板被添加时触发 |
| 方法 | add() | 增加一个新的面板 |
| | remove() | 移出指定的面板 |
| | select() | 选择指定的面板 |
| | getPanelIndex() | 获取指定的面板索引 |

为了读者更好地理解，下面通过一个案例演示如何将折叠的多面板同时展开。HTML 代码片段如 demo8–8.html 所示。

demo8–8.html

```
<div class="easyui-accordion" style="width:500px;"
    data-options="multiple:true">
        <div style="overflow:auto;padding:10px;"
            data-options=" title:'jQuery',iconCls:'icon-ok'">
            jQuery......</div>
```

```
        <div title="Java" style="padding:10px;">Java......</div>
        <div title="PHP" style="padding:10px;">PHP......</div>
        <div title="Python" style="padding:10px;">Python......</div>
</div>
```

上述代码中，accordion 组件的属性 multiple 设置为 true，表示支持多个折叠面板的展开。页面效果如图 8-24 所示。

展开图 8-24 中所有的折叠面板，页面效果如图 8-25 所示。

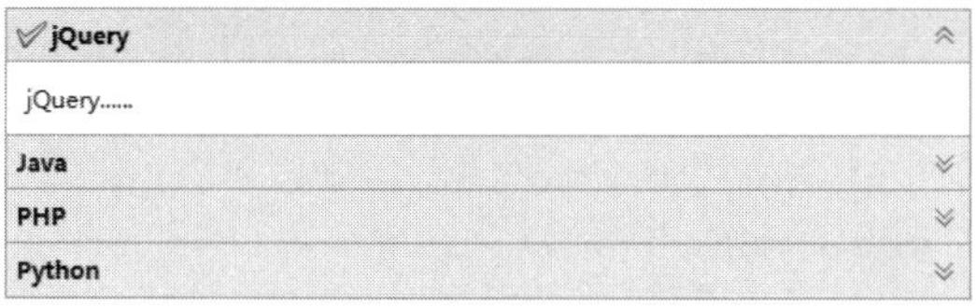


图 8-24 折叠面板

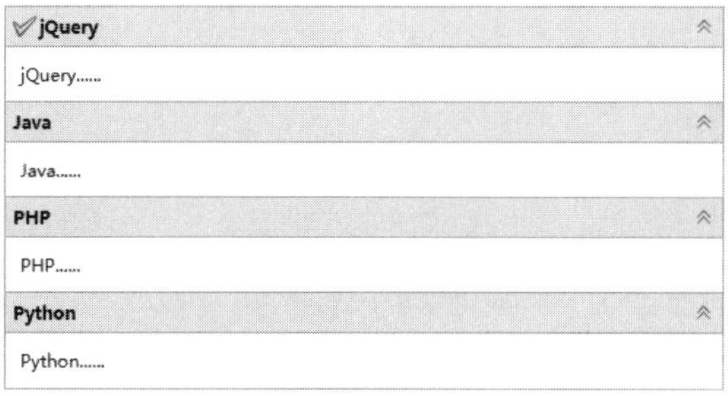


图 8-25 多面板展开

jQuery EasyUI 提供的界面布局组件，除了上述讲解的基本使用外，还可以设计出更多的布局，读者可参考 jQuery EasyUI 的手册（http://www.jeasyui.com/documentation/index.php）进行参考学习，此处不再赘述。

### 8.2.4 界面组件

项目开发中，界面的组件设计也是重要的功能之一。为此，jQuery EasyUI 提供了很多关于界面内设计的组件，如菜单、按钮、表格、列表、表单、消息提示等。下面分别讲解几种常用的界面组件。

#### 1. menu 组件

menu 组件提供了类似编辑器中菜单栏的功能，每个菜单是由多个菜单项组成的，可用于导航和执行命令的选择等。常用操作如表 8-12 所示。

为了读者更好地理解，下面通过一个案例演示如何创建菜单。HTML 代码片段如 demo8-9.html 所示。

表 8-12 menu 的常用操作

| 分类 | 名称 | 描述 | 备注 |
|---|---|---|---|
| 属性 | disabled | 定义是否禁用菜单项 | 菜单项 |
| | href | 单击菜单项时跳转页面，相当于 location.href | 菜单项 |
| | inline | 设置为 true，将菜单显示到它的父元素内 | 菜单 |
| | left | 菜单的左边位置 | 菜单 |
| | top | 菜单的顶部位置 | 菜单 |
| | hideOnUnhover | 设置为 true，鼠标离开时自动隐藏菜单 | 菜单 |

续表

| 分　类 | 名　称 | 描　　述 | 备　注 |
|---|---|---|---|
| 事件 | onClick | 当单击菜单项时触发 | 菜单 |
| 方法 | show() | 在指定的位置（left 和 top）显示菜单 | 菜单 |
| | getItem() | 获取包含 target 属性的菜单项属性 | 菜单 |
| | findItem() | 找到指定的菜单项 | 菜单 |
| | appendItem() | 追加一个新的菜单项 | 菜单 |
| | removeItem() | 移出指定的菜单项 | 菜单 |

demo8–9.html

```
1  <div class="easyui-panel" title="Menu" style="width:150px;">
2      <div class="easyui-menu" data-options="inline:true" style="width:100%">
3          <div onclick="javascript:alert('new')">New</div>
4          <div><span>Open</span>
5              <div style="width:150px;">
6                  <div><b>JavaScript</b></div>
7                  <div>jQuery</div>
8                  <div>EasyUI</div>
9              </div>
10         </div>
11         <div data-options="iconCls:'icon-save'">Save</div>
12         <div data-options="iconCls:'icon-print',disabled:true">Print</div>
13         <div class="menu-sep"></div>
14         <div>Exit</div>
15     </div>
16 </div>
```

上述代码中，将创建的菜单放入面板中，可在页面中直接看到创建的菜单。每一个菜单项都是一个 div，如第 3 行代码。若菜单项下面还有菜单项，如第 4 行代码，则在选项名称后添加一组 div 即可，如第 5~9 行代码。其中，菜单项之间若设置分隔符，只需将一个 div 的 class 值设置为 menu–sep 即可，如第 13 行代码。

使用浏览器访问，鼠标滑过 Open 菜单项，页面效果如图 8–26（a）所示。

图 8–26（a）中，单击 New 菜单项，则会在页面中弹出一个含有 new 的对话框，如图 8–26（b）所示。

(a)　　　　(b)

图 8–26　设置菜单

### 2. linkbutton 和 switchbutton 组件

（1）linkbutton 组件

linkbutton 组件是由 a 标签实现的超链接按钮。它可设置按钮的宽和高，同时显示图标和文字，或仅显示图标或文字中任意一种。linkbutton 的常用操作如表 8–13 所示。

表 8–13 linkbutton 的常用操作

| 分 类 | 名 称 | 描 述 |
|---|---|---|
| 属性 | plain | 设置为 true，按钮没有边框等复杂效果 |
| | width | 按钮组件的宽度 |
| | height | 按钮组件的高度 |
| | toggle | 设置为 true，显示用户切换按钮的选中状态 |
| | text | 按钮文本 |
| | iconCls | 在左边显示一个 16 × 16 像素图标 |
| | iconAlign | 图标的位置，可选值为 left（默认）和 right |
| 事件 | onClick | 单击按钮时被触发 |
| 方法 | resize() | 调整按钮的尺寸（width 和 height） |
| | enable() | 启用按钮。相对的是 disable() 禁用按钮 |
| | select() | 选中按钮。相对的是 unselect() 未选中按钮 |

为了读者更好地理解，下面通过一个案例演示如何创建一组简单的链接按钮。HTML 代码片段如 demo8–10.html 所示。

demo8–10.html

```
<div class="easyui-panel" style="padding:5px;width:600px;">
    <a href="#" class="easyui-linkbutton"
        data-options="plain:true,iconCls:'icon-cancel'">Cancel</a>
    <a href="#" class="easyui-linkbutton"
        data-options="plain:true,iconCls:'icon-reload'">Refresh</a>
    <a href="#" class="easyui-linkbutton"
        data-options="plain:true,iconCls:'icon-search'">Search</a>
    <a href="#" class="easyui-linkbutton"
        data-options="plain:true,toggle:true">Text Button</a>
    <a href="#" class="easyui-linkbutton"
        data-options="plain:true,iconCls:'icon-print'">Print</a>
    <a href="#" class="easyui-linkbutton"
        data-options="plain:true,iconCls:'icon-help'"> </a>
    <a href="#" class="easyui-linkbutton"
        data-options="plain:true,iconCls:'icon-save'"></a>
    <a href="#" class="easyui-linkbutton"
        data-options="plain:true,iconCls:'icon-back'"></a>
</div>
```

上述代码，将链接按钮放入面板中，使按钮显示时有一个边框的效果。链接按钮的属性 plain 设置为 true，表示只简单地显示按钮上的文字。页面效果如图 8–27 所示。toggle 属性设置为 true，用于显示用户切换按钮的选中状态，如单击 Text Button，页面效果如图 8–28 所示。

图 8–27　简单链接按钮

图 8–28　选中单击按钮

（2）switchbutton 组件

在开发中除了链接按钮外，切换按钮也是表单中常用的功能，如开与关的切换等。EasyUI 提供了 switchbutton 组件用于实现按钮的切换，它只有两个状态，分别为 on 和 off。

例如，设置一个默认显示“关”的切换按钮。并设置两个链接按钮 Disable 和 Enable。当单击 Disable 时，切换按钮不可用；当单击 Enable 时，将切换按钮转为可用，如下所示。

```
<div style="margin:20px 0;">
    <a href="#" class="easyui-linkbutton"
    onclick="$('#s').switchbutton('disable')">Disable</a>
    <a href="#" class="easyui-linkbutton"
    onclick="$('#s').switchbutton('enable')">Enable</a>
</div>
<input id="s" class="easyui-switchbutton" style="width:80px;height:40px"
    data-options="onText:'开',offText:'关'" >
```

上述代码中，onText 属性表示切换按钮左边的值为开，offText 属性表示切换按钮右边的值为开。单击 Disable 链接按钮，调用 disable() 方法将切换按钮设置为不可用。同理，调用 enable() 方法将切换按钮设置为可用。页面效果如图 8–29 所示。

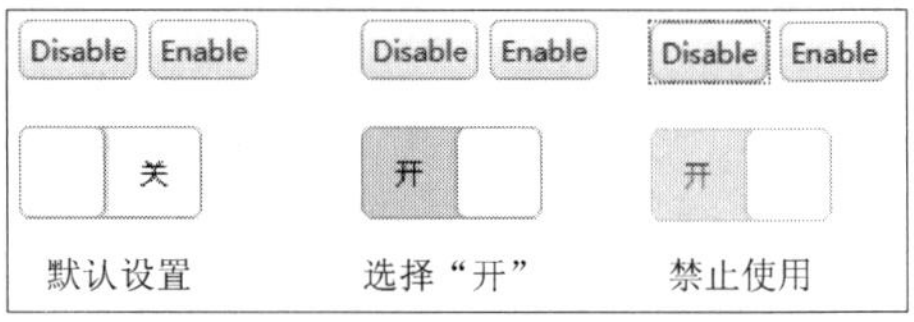


图 8–29　切换按钮

3. datagrid 组件

datagrid 组件用于以数据网格形式显示数据，并为其提供了排序、分组、编辑数据等操作。不仅具有丰富的功能，而且减少了开发时间。datagrid 的常用操作如表 8–14 所示。

表 8–14　datagrid 的常用操作

| 分　类 | 名　称 | 描　述 | 备　注 |
|---|---|---|---|
| 属性 | toolbar | 数据网格面板的头部工具栏 | datagrid |
| | rownumbers | 设置为 true 显示行号 | datagrid |
| | singleSelect | 设置为 true 只允许选中一行 | datagrid |
| | url | 从远程站点请求数据的 URL | datagrid |
| | method | 请求远程数据的请求方式类型 | datagrid |
| | resizeHandle | 调整列的位置，可选值有 left、right、both | datagrid |
| | pagination | 设为 true，在数据网格底部显示分页工具栏 | datagrid |
| | pagePosition | 定义分页栏的位置。可选值有 top、bottom、both | datagrid |
| | queryParams | 当请求远程数据时，发送的额外参数 | datagrid |
| | sortName | 定义可以排序的列 | datagrid |
| | title | 列的标题文本 | 列 |
| | field | 列的字段名 | 列 |
| 事件 | onClickCell | 当用户单击一个单元格时触发 | datagrid |
| | onAfterEdit | 当用户完成编辑一行时触发 | datagrid |
| 方法 | reload() | 重新加载行，但是保持在当前页（类似 load() 方法） | datagrid |
| | validateRow() | 验证指定的行，有效返回 true | datagrid |
| | insertRow() | 插入一个新行 | datagrid |
| | deleteRow() | 删除一行 | datagrid |

为了读者更好地理解，下面通过一个案例演示如何根据已有的表格元素创建数据网格。HTML 代码片段如 demo8–11.html 所示。

demo8–11.html

（1）创建数据网格

```
<table class="easyui-datagrid" title="订货单" style="width:500px;"
    data-options="rownumbers:true,fitColumns:true,collapsible:true">
    <thead>
        <tr>
            <th data-options="field:'id'">编号</th>
            <th data-options="field:'name',width:150">名称</th>
            <th data-options="field:'price',width:80">价格</th>
            <th data-options="field:'amount',align:'right'">数量</th>
            <th data-options="field:'note',width:240">备注</th>
        </tr>
    </thead>
    <tbody>
        <tr><td>17001</td><td>书籍</td><td>8</td><td>50</td><td>促销</td></tr>
```

```
14            <tr><td>17002</td><td> 工具 </td><td>7</td><td>10</td><td> 半价 </td></tr>
15            <tr><td>17003</td><td> 台历 </td><td>9</td><td>100</td><td> 新品 </td></tr>
16        </tbody>
17    </table>
```

上述代码中，第 2 行表示在表格中每行的前面显示行号，列的尺寸根据表格的宽度自动扩大或缩小，并为该表格设置可折叠功能。第 5~9 行代码中的 field 属性用于指定数据网格中列的字段名，th 开始与结束标签之间的信息用于在网格单元格中显示。页面效果如图 8−30 所示。

图 8−30　创建数据网格

（2）自定义工具栏

开发中还可在图 8−30 的表格标题头下方，添加自定义的工具栏，实现添加、编辑、修改等功能。例如，在（1）中第 2 行的 data−options 属性中添加“,toolbar:'#tb'”，表示表格的工具栏是一个 id 值为 tb 的元素。然后在 demo8−11.html 中添加以下代码。

```
<div id="tb" style="padding:5px;height:auto">
    <div style="margin-bottom:5px">
        <a href="#" class="easyui-linkbutton" iconCls="icon-add"
            plain="true"></a>
        <a href="#" class="easyui-linkbutton" iconCls="icon-edit"
            plain="true"></a>
        <a href="#" class="easyui-linkbutton" iconCls="icon-save"
            plain="true"></a>
        <a href="#" class="easyui-linkbutton" iconCls="icon-cut"
            plain="true"></a>
        <a href="#" class="easyui-linkbutton" iconCls="icon-remove"
            plain="true"></a>
    </div>
</div>
```

修改完成后，使用浏览器请求访问，页面效果如图 8−31 所示。

（3）用颜色区分数据

在对表格中数据进行分析时，经常通过颜色的设置区分不同数据。例如，将图 8−31 中数量小于 30 的单元格背景色设置为黄色、文字设为红色。在（1）中第 8 行的 data−options 属性中添加“,styler:highlight”，highlight 是自定义的函数。接着，在 demo8−11.html 中添加以下代码。

```
<script>
    function highlight(value, row, index) {
```

```
        if (value < 30) {
            return 'background-color:#ffee00;color:red;';
        }
    }
</script>
```

上述代码中，value 表示当前单元格的值、row 以对象的形式返回该行的所有数据，index 表示当前行的索引值，默认从 0 开始。

修改完成后，使用浏览器请求访问，页面效果如图 8–32 所示。

图 8–31 设置表格的工具栏

图 8–32 单元格的样式

### 4. tree 组件

tree 组件用于将网页中的数据以树形的结构分层显示，并为用户提供展开、折叠、拖拽、编辑等功能。常用操作如表 8–15 所示。

表 8–15 tree 的常用操作

| 分　类 | 名　称 | 描　述 | 备　注 |
| --- | --- | --- | --- |
| 属性 | lines | 定义是否显示竖线条，默认为 false | 树 |
| | dnd | 定义是否启动拖放，默认为 false | 树 |
| | data | 要加载的节点数据 | 树 |
| | loader | 定义如何从远程服务器加载数据 | 树 |
| | loadFilter | 以标准树的格式返回要显示的过滤数据 | 树 |
| | id | 节点的 id，对于远程加载数据非常重要 | 节点 |
| | text | 要显示的节点文本 | 节点 |
| | state | 节点状态，open 或 closed，默认是 open | 节点 |
| | attributes | 给一个节点添加的自定义属性 | 节点 |
| | children | 子节点的节点数组 | 节点 |
| 事件 | onContextMenu | 当右键单击节点时触发 | 树 |
| | onDrop | 当节点被放置时触发 | 树 |
| 方法 | getSelected() | 获取选中的节点并返回它，若没有则返回 null | 树 |
| | find() | 找到指定的节点并返回该节点对象 | 树 |
| | append() | 追加一些子节点到一个父节点 | 树 |
| | insert() | 在指定节点的前或后插入一个节点 | 树 |
| | remove() | 移出一个节点和它的子节点 | 树 |
| | update() | 更新指定的节点 | 树 |

为了读者更好地理解，下面通过一个案例演示如何创建树形结构的数据。HTML 代码片段如 demo8-12.html 所示。

demo8-12.html

```
<div class="easyui-panel" style="padding:5px">
    <ul class="easyui-tree" data-options="dnd:true,lines:true">
        <li><span>文档目录</span>
            <ul>
                <li data-options="state:'closed'"><span>图片</span>
                    <ul>
                        <li><span>朋友</span></li>
                        <li><span>家人</span></li>
                        <li><span>公司</span></li>
                    </ul>
                </li>
                <li><span>文件</span>
                    <ul>
                        <li>jQuery UI</li>
                        <li>jQuery EasyUI</li>
                        <li>jQuery Mobile</li>
                    </ul>
                </li>
                <li>index.html</li>
            </ul>
        </li>
    </ul>
</div>
```

上述代码中，为树的 dnd 属性设置 true 表示可拖动，lines 属性设置 true 表示显示竖线条。图片节点的 state 设为 closed 表示折叠其下的子节点。页面效果如图 8-33(a)所示。展开图片，将 index.html 拖动到文档目录下的最顶层，页面效果如图 8-33（b）所示。

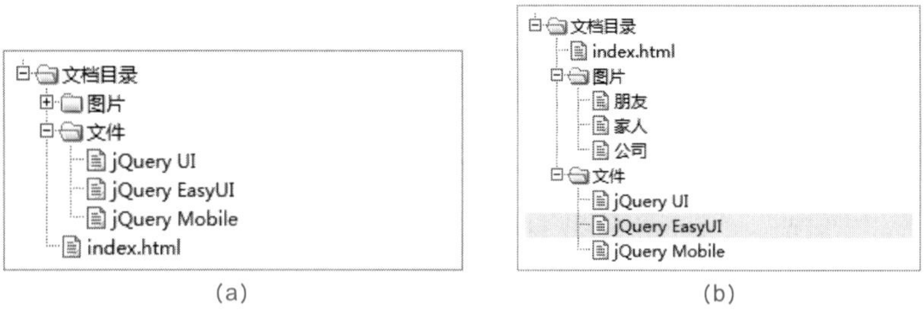


图 8-33　tree 组件

5. 表单组件

与表单相关的组件，不仅提供多种方法来执行带有表单字段的动作（Ajax 提交、加载等），还提供了提交表单时的验证功能，以及常用的表单组合（组合树、数字微调器等）。

常用操作如表 8−16 所示。

表 8−16　表单相关的常用操作

| 分　类 | 名　称 | 描　　述 | 备　注 |
|---|---|---|---|
| 属性 | required | 定义字段是否应该被输入 | validatebox 组件 |
| | validType | 定义字段的验证类型 | validatebox 组件 |
| | invalidMessage | 当文本框的内容无效时出现的提示文本 | validatebox 组件 |
| | tipPosition | 定义当文本框的内容无效时提示消息的位置 | validatebox 组件 |
| | min | 允许的最小值 | numberbox 组件 |
| | max | 允许的最大值 | numberbox 组件 |
| | precision | 设置显示在小数点后面的最大精度（十进制） | numberbox 组件 |
| 方法 | submit() | 提交表单，参数含有 url、提交之前的回调函数和提交成功后的回调函数 | form 组件 |
| | validate() | 表单字段验证，当全部字段都有效时返回 true | form 组件 |
| | load() | 加载记录填充表单，参数可以是字符串或对象 | form 组件 |

为了读者更好地理解，下面通过一个案例演示用户注册表单的验证。HTML 代码片段如 demo8−13.html 所示。

demo8−13.html

```
1 <div class="easyui-panel" title=" 用户注册 "
2     style="width:100%;max-width:400px;padding:30px 60px;">
3     <form id="ff" method="post">
4         <!-- 编写表单项 -->
5     </form>
6     <!-- 可在此处添加链接按钮、完成表单的提交与清除操作，代码可参考链接按钮的示例 -->
7 </div>
```

上述代码，在面板中添加了一个 id 名称为 ff 的表单。接下来，在第 4 行的位置添加表单项，如下所示。

```
<div style="margin-bottom:20px">
    <input class="easyui-textbox" name="name" style="width:100%"
        data-options="label:' 姓名 :',required:true">
</div>
<div style="margin-bottom:20px">
    <input class="easyui-textbox" name="email" style="width:100%"
        data-options="label:' 邮箱 :',required:true,
        validType: ['email','length[0,20]']">
</div>
<div style="margin-bottom:20px">
    <input class="easyui-textbox" name="message"
```

```
        style="width:100%;height:60px" data-options="label:'自我描述:',
        multiline:true">
</div>
<div style="margin-bottom:20px">
     <select class="easyui-combobox" name="language" label="语言"
        style="width:100%">
        <option value="cn">Chinese</option>
        <option value="en">English</option>
        <option value="bg">Bulgarian</option>
        <option value="ca">Catalan</option>
       <option value="de">German</option>
    </select>
</div>
```

上述代码中，定义了 3 个文本框 textbox 组件，以及 1 个具有可编辑的文本框和下拉列表的 combobox 组件。其中，label 属性用于定义组件前的标签名，required 属性设为 true，表示该表单项是必填项。validType 属性定义字段的有效类型，其值可以为字符串或数组。例如，设为 email 会匹配 email 的正则表达式规则，设置为 length[0,20] 表示限定字符的长度在 0 ~ 20 之间。multiline 属性设为 true 表示多行文本框。

使用浏览器请求访问，鼠标滑过姓名，页面效果如图 8-34 所示。

在邮箱文本框内输入一个无效的 email（如 a），页面效果如图 8-35 所示。

接着，在邮箱文本框内输入一个超过指定长度的 email（如 admin.example@test.com），页面效果如图 8-36 所示。

图 8-34　必填字段

图 8-35　验证 email 是否有效

图 8-36　验证 email 的指定长度

另外，表单的验证除了直接利用 validatebox 组件进行验证外，还可以自定义验证的规则，或利用表单组件提供的 submit() 方法将表单中的数据提交给指定的文件，按照自己指定的规则进行验证。读者可根据实际情况具体选择，使用方式可参考手册进行学习。

### 6. messager 组件

messager 组件提供了不同样式的消息框，如警示、确认、提示、进度等相关的消息框。所有的消息框都是异步的，用户可在与消息框交互后使用回调函数来完成一些动作。常用操作如表 8–17 所示。

表 8–17 messager 的常用操作

| 方 法 | 描 述 |
|---|---|
| $.messager.show() | 在屏幕的右下角显示一个消息窗口 |
| $.messager.alert() | 显示警告提示窗口 |
| $.messager.confirm() | 显示带有确定和取消按钮的确认消息窗口 |
| $.messager.prompt() | 显示一个带有确定和取消按钮的消息窗口，提示用户输入一些文本 |
| $.messager.progress() | 显示一个进度的消息窗口 |

为了读者更好地理解，下面以 $.messager.show() 和 $.messager.progress() 方法的使用为例进行讲解。如下所示。

（1）$.messager.show() 方法

打开计算机或一个系统经常会在屏幕的右下角滑出一个消息的推送窗口，为用户提供实时的信息。此功能可通过方法 $.messager.show() 实现，如下所示。

```
$.messager.show({
    width: 200,
    height: 30,
    title: '通知',
    msg: '这是一条推送消息！ ',
    showSpeed: 1000,
    timeout: 0,
    showType: 'slide'
});
```

上述代码中，width 和 height 属性用于设置消息框的宽和高，title 属性用于定义消息框的标题，属性 msg 用于设置消息的主体内容，属性 showSpeed 用于定义消息窗口完成显示所需的时间（以毫秒为单位，默认是 600）。属性 timeout 设为 0 表示除非用户关闭，否则消息窗口将不会关闭。若设为非 0 的值，则消息窗口将在超时后自动关闭（默认为 4 s）。属性 showType 定义窗口以何种动画显示，默认为 slide，其他可选值为 null、fade 和 show。

使用浏览器请求访问，页面效果如图 8–37 所示。

（2）$.messager.progress() 方法

$.messager.progress() 方法实现的进度框，常被应用于文件上传或下载，为用户提供一个可视化的进度提示。如下所示。

```
$.messager.progress({
    title: '请稍等',
    msg: '数据正在加载中...',
    interval: 500
});
setTimeout(function() {
    $.messager.progress('close');
}, 5000);
```

上述代码中，定义了一个 5 s 后自动关闭的进度框。其中，title 属性用于设置进度框的标题头；msg 设置的消息显示在进度框的主体内；interval 属性设置每次进度更新的时间长度（以毫秒为单位，默认值为 300）；$.messager.progress() 方法的参数设置为 close，表示调用 close() 方法关闭进度窗口。

使用浏览器请求访问，页面效果如图 8-38 所示。

图 8-37　消息推送

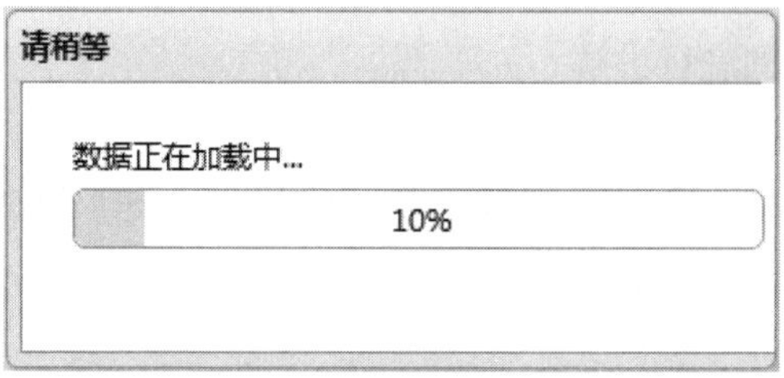


图 8-38　进度提示

jQuery EasyUI 提供的组件非常丰富，这里由于篇幅有限只能简单讲解一些主要组件的常见应用，组件的具体属性、方法与事件读者可参考 jQuery EasyUI 的手册进行参考学习，此处不再赘述。

## 8.3 jQuery Mobile

随着时代的不断发展，移动开发产品已与人们的生活息息相关。其中，移动应用界面布局的设计直接影响着用户的体验度。而 jQuery Mobile 就是一款基于 jQuery 以及 jQuery UI 为移动 Web 开发提供的用户界面库。本节将为读者详细讲解 jQuery Mobile 的获取及使用。

### 8.3.1 下载 jQuery Mobile

1. 获取 jQuery Mobile 压缩包

访问 jQuery Mobile 的官方网站（http://jquerymobile.com），如图 8-39 所示。

图 8-39 中，提供了 Custom download（自定义下载）和 Latest stable（最新稳定版）两个下载链接，这里选择 Latest stable 下载。

图 8–39　下载 jQuery Mobile

2. 引入必需文件

先将从 jQuery Mobile 网站下载到的 jquery.mobile–1.4.5.zip 压缩包解压，保存到 chapter08\mobile–1.4.5 目录中。

jQuery Mobile 在使用时与 jQuery UI 类似，操作前需要在项目的 HTML 文件中引入必需的文件。示例代码如下。

```
<link rel="stylesheet" href="mobile-1.4.5/jquery.mobile-1.4.5.min.css">
<script src="jquery-1.12.4.js"></script>
<script src="mobile-1.4.5/jquery.mobile-1.4.5.min.js"></script>
```

需要注意的是，jquery 文件必须在 mobile 文件前引入，避免程序在运行时找不到相关方法而发生错误等情况。

为了读者更好地理解，下面通过一个案例演示如何创建一个移动版的用户界面布局。HTML 代码片段如 demo8–14.html 所示。

demo8–14.html

```
<div data-role="page" id="page1" >
    <div data-role="header" data-position="fixed">
        <h1>头部栏</h1>
    </div>
    <div role="main" class="ui-content">
        <p>主体内容</p>
    </div>
    <div data-role="footer" data-position="fixed">
        <h4>尾部栏</h4>
    </div>
</div>
```

上述代码中，一个带有 data–role="page" 的元素（容器，通常使用 div）在移动设备上会被看作一个视图或页面。data–role 设置为 header 表示移动页面的头部栏，设置为 footer 表示页面的尾部栏，role 设置为 main 表示该页面的主体内容。

其中，利用 data-position="fixed" 将头部和尾部设为固定工具栏，class 设置为 ui-content 是 jQuery Mobile 提供的 CSS 样式。

使用浏览器访问 demo8-14.html，按“F12”键打开“开发者工具”，切换设备工具栏，页面效果如图 8-40 所示。

图 8-40　移动设备页面布局

## 8.3.2　移动导航

移动导航经常被定义在头部栏或尾部栏中，为用户提供导航功能。下面介绍几种常见的实现方式。

1 简单的移动导航

jQuery Mobile 提供的 Navbar 组件用于设置移动导航，使用时只需将指定容器的 data-role 设置为 navbar，在该容器中利用无序列表添加导航项即可。

例如，在尾部栏中添加含有主页、收藏、邮件和设置的导航，如下所示。

```
<div data-role="navbar">
    <ul>
        <li><a href="#" class="ui-btn-active">主页</a></li>
        <li><a href="#">收藏</a></li>
        <li><a href="#">邮件</a></li>
        <li><a href="#">设置</a></li>
    </ul>
</div>
```

上述代码中，class 值设置 ui-btn-active 表示默认选中此项。页面效果如图 8-41 所示。

图 8-41　移动导航

图 8-41 中，各导航项平均地显示在移动设备的底部，当导航项大于 5 个时，则以多行的方式显示。

2. 设置导航图标及位置

在移动设备中，经常会看到导航项会有对应的图标显示。jQuery Mobile 也提供了图标设置的功能，使用时将 data-icon 设置为图标目录下图片的名称即可。

修改上述示例代码，添加导航图标并设置图标的显示位置，如下所示。

```
<div data-role="navbar" data-iconpos="left">
    <ul>
        <li><a href="#" class="ui-btn-active" data-icon="home">主页</a></li>
        <li><a href="#" data-icon="star">收藏</a></li>
        <li><a href="#" data-icon="mail">邮件</a></li>
        <li><a href="#" data-icon="gear">设置</a></li>
    </ul>
```

```
</div>
```

上述代码中，默认情况下，添加的图标显示在导航项文字的上方，可以通过 data-iconpos 属性在导航的容器中自定义图标的位置，如将其设置 left，显示在左侧，其他可选值为 bottom、right、top 和 notext(仅显示图标，不显示文字)。

修改完成后，页面效果如图 8-42 所示。

图 8-42 带有图标的移动导航

### 8.3.3 列表视图

用户界面中的列表不仅是 Web 开发中常见的功能，在移动开发中也同样占有重要地位。下面介绍几种常见的实现方式。

1. 简单的列表视图

jQuery Mobile 提供的 Listview 组件用于设置列表视图，使用时只需将指定容器的 data-role 设置为 listview，在该容器中利用无序或有序列表添加列表项即可。

例如，在移动设备的主体内容中添加一组无序列表项，如下所示。

```
<ul data-role="listview">
    <li><a href="#">实时资讯</a></li>
    <li>新闻热点</li>
    <li><a href="#">重大事件</a></li>
</ul>
```

上述代码中，没有 a 标签的列表项，表示只读。含有 a 标签的列表项，可为其指定发出 Ajax 的请求地址，然后在 DOM 中创建新页面并启动页面转换，若想要添加的链接生效，需要将以上代码放入到 Web 站点目录下，此处不再演示。页面效果如图 8-43（a）所示。

从图 8-43（a）可以看出，列表项填充移动设备窗口的全部宽度，且有链接的列表项含有右箭头。除此之外，还可以将列表设置为有序的列表，只需将上述示例中的 ul 标签改为 ol 标签即可。

另外，在移动设备中看到的列表项，其右侧经常会表示一些数字，用于表示特定的含义，如访问量、销量等。修改为上述示例中的“实时资讯”添加数字泡标识。如下所示。

```
<li><a href="#">实时资讯</a><span class="ui-li-count">5000+</span></li>
```

上述代码中，在 li 元素中添加了一个 span 标签，将其 class 属性设置为 ui-li-count 即可在列表项的后面出现一个泡的标识，泡中显示的内容可以在 span 标签中随意定义。页面效果如图 8-43（b）所示。

(a) (b)

图 8-43 列表视图

2. 缩略图列表

含有图片的列表信息在移动应用中是常见的功能之一。jQuery Mobile 可以将任意大小的图片自动缩放到 80 px，展示到列表中。示例代码如下。

```
<ul data-role="listview" data-inset="true">
    <li>
        <a href="#"><img src="1.jpg"><h2>Desert</h2><p>提示……</p></a>
    </li>
    <li>
        <a href="#"><img src="2.jpg"><h2>Lighthouse</h2><p>提示……</p></a>
    </li>
</ul>
```

上述代码中，img 标签引入图片，h2 标签设置该列表的标题，p 标签设置列表信息的简短描述。需要注意的是，在实现此功能时，需在当前文件所在目录下添加对应的图片。设置完成后，页面效果如图 8–44（a）所示。

另外，还可以为缩略图列表添加分隔线，以上述示例中第一个列表项为例进行修改，如下所示。

```
<li>
    <a href="#"><img src="1.jpg"><h2>Desert</h2><p>提示……</p></a>
    <a></a>
</li>
```

上述代码中，在列表中多添加一对 a 标签，就能利用 jQuery Mobile 实现分隔。页面效果如图 8–44（b）所示。

(a)

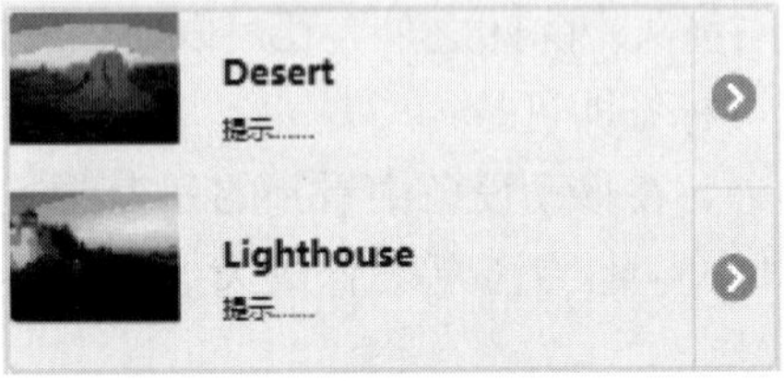

(b)

图 8–44 缩略图列表

3. 列表分类与过滤

为了给用户提供更好的体验，在开发时，对列表分类显示、内容查找过滤等操作是开发人员需要考虑的问题。

例如，在移动设备主体内容中添加一个图书与电子产品的分类，如下所示。

```
<ul data-role="listview" data-inset="true">
    <li data-role="list-divider">图书</li>
    <li><a href="#">数学书</a></li>
```

```
        <li><a href="#">语文书 </a></li>
        <li data-role="list-divider">电子 </li>
        <li><a href="#">智能手机 </a></li>
        <li><a href="#">平板电脑 </a></li>
</ul>
```

上述代码中，data-inset 设为 true 表示该列表是一个内嵌的列表，列表项中的 data-role 属性设置为 list-divider 用于标识分类的名称。页面效果如图 8-45（a）所示。

另外，列表分类还可根据列表项的开头字符进行自动划分，或是添加过滤栏通过搜索找出含有相应内容的项。示例代码如下。

```
<ul data-role="listview" data-inset="true" data-filter="true"
data-autodividers="true">
        <li><a href="#">书包 </a></li>
        <li><a href="#">书籍 </a></li>
        <li><a href="#">治理 </a></li>
        <li><a href="#">治法 </a></li>
</ul>
```

上述代码中，data-filter 属性设为 true 表示在列表的头部添加过滤栏，data-autodividers 属性设为 true 表示为列表开启自动分类功能。页面效果如图 8-45（b）所示。

(a)　　(b)

图 8-45　列表分类与过滤

## 8.3.4　选择菜单

选择菜单是表单功能中最常见的功能之一，通常应用于城市、语言等信息的选择。下面介绍几种常见的实现方式。

1. 基本选择菜单

选择菜单是由 select 和 option 元素设置的，不同之处在于 jQuery Mobile 中应用其自定义样式的按钮和菜单。示例代码如下。

```
<label for="select-mini" class="select">城市地区 </label>
<select id="select-mini" data-mini="true" data-inline="true">
        <option value="0">请选择 </option>
        <option value="bj">北京 </option>
```

```
        <option value="sh">上海</option>
        <option value="sz">深圳</option>
    </select>
```

上述代码中，label 标签的 for 属性设为 select 标签的 id 值，用于在语义上关联这两个标签。data-mini 设为 true 表示该菜单采用 jQuery Mobile 提供的迷你样式，data-inline 设为 true 表示菜单是内联式的。展开选择菜单，页面效果如图 8-46（a）所示。

除此之外，若开发需要将选择菜单中的某个选项设置为不可用的状态，则在 option 元素的开始标签中直接添加“disabled="disabled"”属性即可。

例如，将上述示例中的选项“上海”设置为不可用，展开选择菜单，页面效果如图 8-46（b）所示。

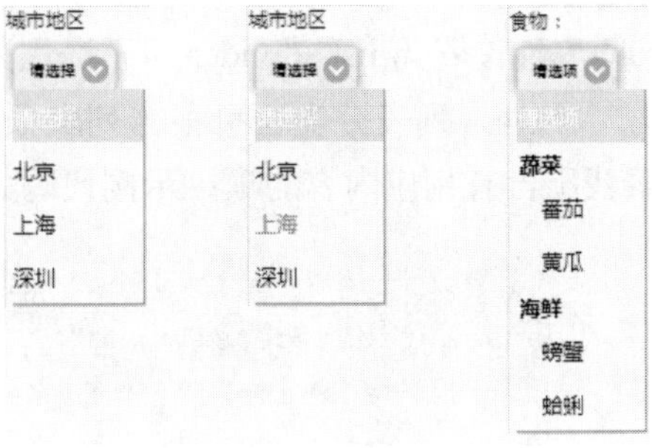


(a) (b) (c)

图 8-46 选择菜单

2. 含有分隔项的菜单

当选择菜单中含有多个类别时，可添加 optgroup 元素，让 jQuery Mobile 根据此元素中 label 属性的文本创建含有分隔项的选项。示例代码如下。

```
<label for="select-mini" class="select">食物：</label>
<select id="select-mini" data-mini="true" data-inline="true">
    <option>请选项</option>
    <optgroup label="蔬菜">
        <option value="1">番茄</option>
        <option value="2">黄瓜</option>
    </optgroup>
    <optgroup label="海鲜">
        <option value="5">螃蟹</option>
        <option value="7">蛤蜊</option>
    </optgroup>
</select>
```

上述代码中，利用 optgroup 元素定义两个分隔项，每个分隔项下有两个选择项。展开选择菜单，页面效果如图 8-46（c）所示。

jQuery Mobile 提供的组件非常丰富，这里由于篇幅有限只能简单讲解一些常见应用，读者可参考 jQueryMobile 的手册（http://api.jquerymobile.com/）进行参考学习，此处不再赘述。

## 本章小结

本章针对用户界面的设计，讲解了基于 jQuery 的 3 个插件，分别为 jQuery UI、

jQuery EasyUI 和 jQuery Mobile，并根据各插件的特点分类的演示常见功能组件的应用。

学习本章内容后，读者需要掌握至少一种插件的用户界面库的设计，能够在项目开发中应用。

## 课后习题

### 一、填空题

1. jQuery UI 中调用 effect() 方法，传递______参数可以实现反弹特效。
2. 移动设备导航中，class 设为______表示默认选中此项。
3. layout 布局时，______属性用于定义区域布局面板中的位置。
4. jQuery EasyUI 的选项卡面板中，属性______可以设置初始化选定的标签页索引。
5. 移动设备中添加列表视图，只需将容器的 data-role 设为______即可。

### 二、判断题

1. 使用 jQuery Mobile 时，jquery 文件必须在 mobile 文件前引入，否则程序会出错。（　　）
2. jQuery EasyUI 默认设置鼠标离开时自动隐藏菜单。（　　）
3. 在移动设备的头部将属性 data-position 设置为 fixed 表示将其设为固定工具栏。（　　）
4. jQuery UI 利用 jQuery 的 animate() 方法实现颜色动画效果。（　　）
5. jQuery UI 的 effect() 方法可自定义效果显示或隐藏匹配的元素。（　　）

### 三、选择题

1. 以下 jQuery UI 的组件中，可以实现折叠功能的是（　　）。

   A. Draggable　　B. Resizable　　C. Accordion　　D. Selectable

2. 将 firstDay 属性设为（　　），表示日历中每个星期显示的第一天是星期一。

   A. 0　　B. 1　　C. 2　　D. 3

3. 下列选项中，（　　）设为 true 表示自动隐藏调整元素大小的手柄图标。

   A. aspectRatio　　B. autoHide　　C. alsoResize　　D. disable()

4. 下列事件中，在调整元素大小操作开始时触发的是（　　）。

   A. create　　B. start　　C. resize　　D. stop

5. 下列选项中，（　　）区域在 layout 布局时必须进行设置。

   A. nouth　　B. east　　C. west　　D. center

### 四、简答题

1. 简述如何用 jQuery EasyUI 从服务器端获取 JSON 数据并显示到 datagrid 中。
2. 简述如何用 jQuery EasyUI 实现一个可编辑的树。
3. 简述如何用 jQuery EasyUI 实现表单验证。

## 五、编程题

1. 利用 jQuery EasyUI 实现一个可通过拖放操作编辑的课程表，效果如图 8–47 所示。

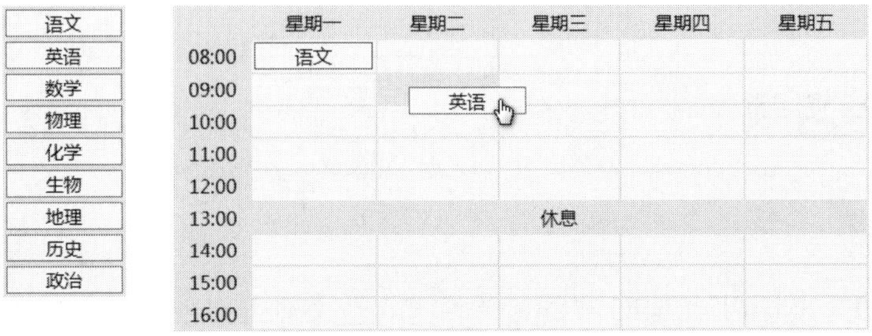


图 8–47　课程表

2. 利用 jQuery EasyUI 实现 tab 栏切换标签，效果如图 8–48 所示。

图 8–48　tab 栏切换标签

# 第9章 项目实战——在线商城

经过前面深入的学习，相信读者已经熟练掌握jQuery中的各种功能的使用了。本章将带领读者进入综合项目实战，运用jQuery、jQuery EasyUI、art–template等前端库和插件，配合后端服务器提供的API，完成在线商城项目的制作。

【教学导航】

| | |
|---|---|
| 学习目标 | 1．了解项目的整体结构<br>2．能够完成项目所有功能代码<br>3．掌握项目中使用的重点知识 |
| 学习方式 | 以任务描述、接口分析和代码演示的方式为主 |
| 重点知识 | 1．jQuery EasyUI tree 组件<br>2．jQuery EasyUI treegrid 组件<br>3．jQuery EasyUI datagrid 组件<br>4．WebUploader 上传组件<br>5．UEditor 编辑器<br>6．art-template 模板引擎 |
| 关键词 | jQuery EasyUI、WebUploader、UEditor、art-template |

## 9.1 项目简介

本项目是一个类似于淘宝、京东的电商类网站。整个系统分为前台和后台，前台用于展示商品，用户可以按照分类浏览商品，将需要购买的商品添加到购物车；后台用于管理网站中的信息，网站编辑人员可进行发布商品、上传商品图片等操作。本节将展示项目的功能模块，并对其采用的技术方案进行介绍。

### 9.1.1 项目展示

本项目的前台包括商城首页、商品列表、商品详情和购物车功能，后台包括首页管理、内容管理和系统管理功能。项目结构图如图 9-1 所示。

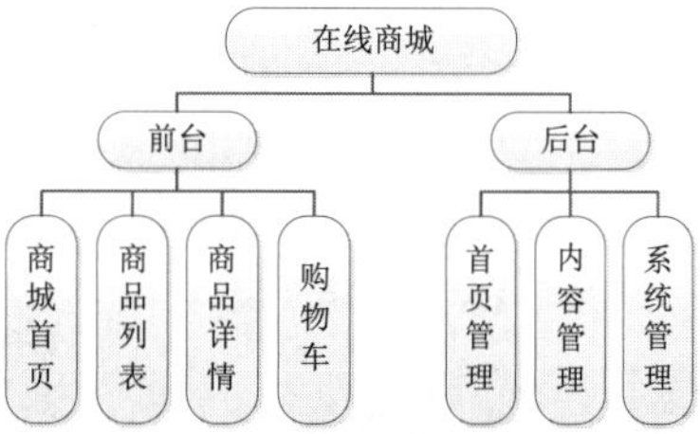


图 9-1 项目结构图

由于项目的功能模块涉及的页面较多，为了节省篇幅，这里仅展示前台和后台的首页效果，如图 9-2 和图 9-3 所示。

图 9-2 前台首页

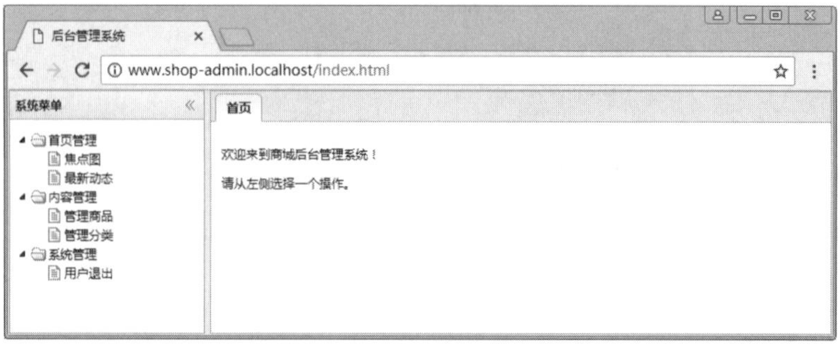


图 9-3 后台首页

### 9.1.2 技术方案

一个完整的网站分为前端和后端两部分，本书在配套源代码中提供了已经开发完成的后端项目，用于提供 API 进行数据交互。下面将针对前端和后端所用到的技术方案，以及前后端的数据交互方案进行介绍。

1. 前端方案

本项目使用了前面章节中讲解过的一些前端技术，用来增强项目的功能。具体如下。

- jQuery：简化 JavaScript 代码，提高开发效率。
- jQuery EasyUI：应用在后台管理系统中快速构建用户界面。
- WebUploader：用于商品图片的上传，支持图片预览、显示上传进度等功能。
- UEditor：应用在发布商品时编辑商品详情，提供了方便的文本格式处理。
- art-template：应用在前台进行数据展示时，将从服务器获取的数据填写到模板中渲染输出。

需要注意的是，在浏览器端使用 art-template 会影响搜索引擎抓取网页，由于本项目并不考虑此问题，所以采用了这种方式。读者在开发其他项目时，需要慎重考虑每种技术带来的优势和风险，根据实际需求选择合适的技术方案。

2. 后端方案

本项目的后端服务器采用了 Apache + MySQL + PHP 方案，具体介绍如下。

- Apache：用于提供 Web 服务器的基础功能。
- MySQL：用于提供数据库服务器功能。
- PHP：负责处理 Apache 的动态请求，并与 MySQL 服务器进行交互。

3. 前后端数据交互方案

本项目采用 API 的方式进行前后端数据交互。当用户访问网站时，首先获取到了网页模板和 JavaScript 程序，此时并没有收到来自网站数据库中的数据，数据是通过 Ajax 请求 API 服务器获得的。API 服务器项目采用了 RESTful API 设计风格的接口，这种接口具有简单明了、可读性强、风格统一等特点。

当 API 服务器收到 Ajax 请求后，就会查询数据库获取数据，然后返回 JSON 格式的执行结果，由 JavaScript 将获取到的结果填入网页模板中并进行显示。

若用户提交表单，表单中填写的数据会通过 JavaScript 收集，然后将数据发送给 API 服务器，由 API 服务器将数据保存到数据库中，再将执行结果返回。

下面通过图 9-4 演示 API 方式的交互过程。

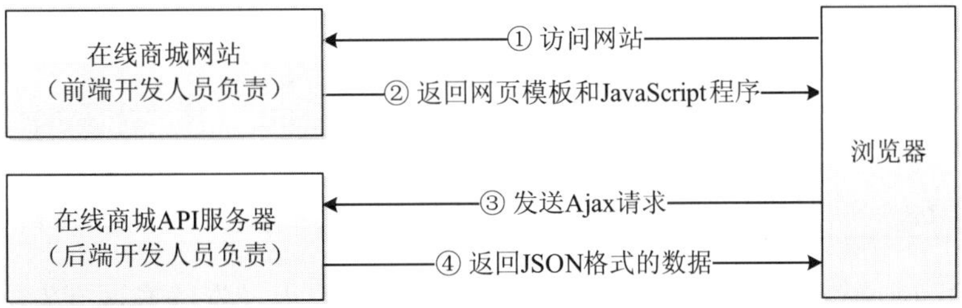


图 9-4 交互过程

从图 9-4 中可以看出，整个项目分为“在线商城网站”和“在线商城 API 服务器”

两部分，分别由前端开发人员和后端开发人员负责。当后端开发人员提供 API 之后，前端开发人员只需关心如何使用这些 API 即可。

## 9.2 项目开发说明

在本书的配套源代码压缩包中，提供了本项目的所有源代码和开发步骤文档，读者可通过这些资源进行学习。将源代码压缩包解压后，会看到每章对应的源代码目录，打开第 9 章对应的 chapter09 目录，会看到图 9–5 所示的结果。

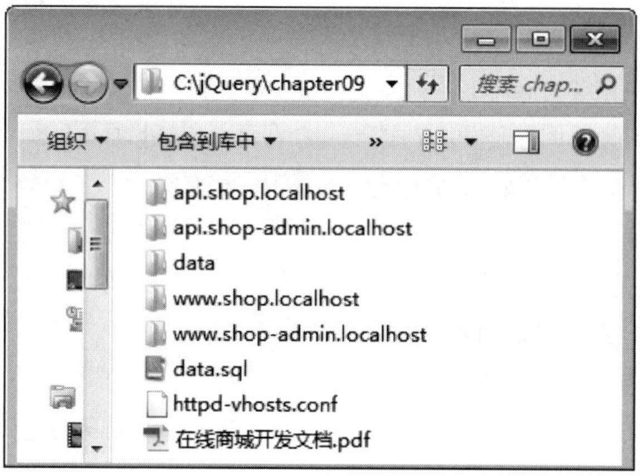


图 9–5　配套源代码

接下来对图 9–5 中的文件进行说明，具体如表 9–1 所示。

表 9–1　文件说明

| 目　　录 | 说　　明 |
|---|---|
| www.shop.localhost | 前台网站目录 |
| api.shop.localhost | 前台 API 服务器目录 |
| www.shop-admin.localhost | 后台网站目录 |
| api.shop-admin.localhost | 后台 API 服务器目录 |
| data | 数据库目录 |
| data.sql | 数据库 SQL 脚本文件 |
| httpd-vhosts.conf | 虚拟主机配置文件 |
| 在线商城开发文档 .pdf | 在线商城开发文档 |

通过 PDF 阅读器（如 Adobe Acrobat Reader DC）打开“在线商城开发文档 .pdf”可以查看项目的具体开发流程，其内容包括项目的开发环境搭建和各功能的代码实现。该文档的目录如表 9–2 所示。

表 9-2 在线商城开发文档目录

| | |
|---|---|
| 【准备工作】搭建开发环境<br>1．配置虚拟主机<br>2．项目部署<br>3．目录结构 | 【任务 5】商品图片管理<br>1．任务描述<br>2．接口分析<br>3．代码实现 |
| 【任务 1】管理员登录<br>1．任务描述<br>2．接口分析<br>3．代码实现 | 【任务 6】商城首页<br>1．任务描述<br>2．接口分析<br>3．代码实现 |
| 【任务 2】后台管理界面<br>1．任务描述<br>2．接口分析<br>3．代码实现 | 【任务 7】商城列表<br>1．任务描述<br>2．接口分析<br>3．代码实现 |
| 【任务 3】商品分类界面<br>1．任务描述<br>2．接口分析<br>3．代码实现 | 【任务 8】商城详情<br>1．任务描述<br>2．接口分析<br>3．代码实现 |
| 【任务 4】商品管理<br>1．任务描述<br>2．接口分析<br>3．代码实现 | 【任务 9】购物车<br>1．任务描述<br>2．接口分析<br>3．代码实现 |

读者在学习这个项目时，可以先将完整版项目搭建起来，通过实际操作体验一下项目的每个功能，然后自己编写代码，完成这些功能的开发。

本项目采用前后端分离的方案，为了更好地调试程序，要适当运用 Chrome 浏览器的开发者工具，查看 Ajax 请求，了解浏览器发送的每个请求的具体信息，以及服务器端返回的数据格式，然后对照文档中的“接口分析”进行学习。

## 本章小结

本章通过在线商城项目的开发，对 jQuery、jQuery EasyUI、WebUploader、UEditor、art-template 等前端库和插件进行了综合性练习。并且为了提高项目的实战性，采用前后端分离的开发方式，利用 API 接口进行数据交互，由前端负责页面呈现的逻辑代码，后端负责数据的处理。

通过本章项目的学习，读者需要将所学技术运用到项目开发中。

## 课后习题

### 一、填空题

1. jQuery 中获取被选中的复选框的选择器是 ______。
2. jQuery 中 event 对象的 ______ 属性可获取键盘按键值。
3. 获取 URL 中“?”符号后面的字符串使用 ______。
4. 上传文件时发送的请求头中 Content-Type 的值为 ______。
5. $.ajax() 中发送自定义请求头使用 ______ 参数。

### 二、判断题

1. 执行 $('#a').show() 时，若 id 为 a 的元素不存在，程序会报错。 (    )
2. $('*') 用于选取所有的元素。 (    )
3. ajax() 用于设置全局 Ajax 默认的选项。 (    )
4. contains() 用于根据包含文本匹配到指定元素。 (    )
5. 正则表达式“/.html/”用于匹配含有“.html”的字符串。 (    )

### 三、选择题

1. 下列属性中，可以用于查看 jQuery 对象原型的是（    ）。
   A. context　B.length　C. prevObject　D.__proto__
2. 下列选项中，（    ）可用来切换元素的可见状态。
   A. show()　B. hide()　C. toggle()　D. slideToggle()
3. 如果想要获取指定元素的位置，以下可以使用的是（    ）。
   A. offset()　B. height()　C. css()　D. width()
4. 以下选项中，不属于 HTTP 请求方式的是（    ）。
   A. PUT　B. DELETE　C. CREATE　D. PATCH
5. 下列关于 jQuery 选择器的说法正确的是（    ）。
   A. “:text”匹配 <textarea></textarea> 元素
   B. “:button”匹配的按钮包括提交按钮、重置按钮、普通按钮
   C. “:password”匹配所有的密码框
   D. “:checked”匹配所有的复选框

### 四、简答题

1. 简述如何取消 hover() 方法绑定的事件。
2. 简要分析 localStorage 与 cookie 的区别。